特种功能材料的性能分析及发展研究

白红存/著

中国水利水电出版社
www.waterpub.com.cn
·北京·

内 容 提 要

本书主要以结构与性能间的关系为主线，系统论述了各类特种功能材料的性能、分类与制备方法、实际应用与展望等，主要内容包括无机功能材料、金属功能材料、纳米功能材料、光电磁功能聚合物材料、吸附与催化功能高分子材料、医药功能高分子材料、新型功能材料等。

本书结构合理，条理清晰，内容丰富新颖，可供从事功能材料研究与应用工作的科技人员参考。

图书在版编目(CIP)数据

特种功能材料的性能分析及发展研究 / 白红存著．
—北京：中国水利水电出版社，2018.9 （2024.1重印）
ISBN 978-7-5170-6923-2

Ⅰ.①特… Ⅱ.①白… Ⅲ.①特种材料－功能材料－性能分析 Ⅳ.①TB39②TB34

中国版本图书馆 CIP 数据核字(2018)第 221670 号

书　　名	**特种功能材料的性能分析及发展研究** TEZHONG GONGNENG CAILIAO DE XINGNENG FENXI JI FAZHAN YANJIU
作　　者	白红存　著
出版发行	中国水利水电出版社 (北京市海淀区玉渊潭南路 1 号 D 座 100038) 网址：www.waterpub.com.cn E-mail：sales@waterpub.com.cn 电话：(010)68367658(营销中心)
经　　售	北京科水图书销售中心(零售) 电话：(010)88383994、63202643、68545874 全国各地新华书店和相关出版物销售网点
排　　版	北京亚吉飞数码科技有限公司
印　　刷	三河市元兴印务有限公司
规　　格	170mm×240mm　16 开本　17.5 印张　226 千字
版　　次	2019 年 2 月第 1 版　2024 年 1 月第 3 次印刷
印　　数	0001—2000 册
定　　价	84.00 元

凡购买我社图书，如有缺页、倒页、脱页的，本社营销中心负责调换

前　言

功能材料是新材料领域的核心，对高新技术的发展起着重要的推动和支撑作用。随着科学技术尤其是信息、能源和生物等现代高技术的快速发展，功能材料越来越显示出它的重要性，并逐渐成为材料学科中最活跃的前沿学科之一。

功能材料学是一门研究内容十分丰富、发展相当迅速的学科，不仅其概念和内容在不断更新，而且研究领域也在不断扩展。世界各国均十分重视功能材料的研发与应用，它已成为世界各国新材料研究发展的热点和重点，也是世界各国高技术发展中战略竞争的热点。本书反映了该领域的最新研究和应用情况。

本书具有系统性和权威性，由浅入深、循序渐进，力求做到理论严谨、内容丰富、重点突出、层次清晰。全书共8章，主要内容包括无机功能材料、金属功能材料、纳米功能材料、光电磁功能聚合物材料、吸附与催化功能高分子材料、医药功能高分子材料、新型功能材料等。

本书在撰写过程中，参考了大量有价值的文献与资料，吸取了许多人的宝贵经验，在此向这些文献的作者表示敬意。此外，本书的撰写还得到了出版社领导和编辑的鼎力支持和帮助，同时也得到了相关领导的支持和鼓励，在此一并表示感谢。由于功能材料是一门迅速发展的学科，加之作者自身水平有限，书中难免有错误和疏漏之处，敬请广大读者和专家给予批评指正。

作　者

2018年6月

目　录

第1章　导论

1.1　功能材料的概念

功能材料的研究所涉及的学科众多，范围广阔，除了与材料学相近的学科紧密相关外，涉及内容还包括有机化学、无机化学、光学、电学、结构化学、生物化学、电子学甚至医学等众多学科，是目前国内外异常活跃的一个研究领域。

功能材料的发展历史与结构材料一样悠久，随着人们在生产和生活方面对新型材料的需求，以及对功能材料研究的深入发展，众多有着不同于传统材料的带有特殊物理化学性质和功能的新型功能材料大量涌现，其性能和特征都超出了原有普通无机材料、金属材料以及高分子材料的范畴，使人们有必要对这些新型材料进行重新认识。而上述那些性质和功能很特殊的材料即属于功能材料的范畴。严格地讲，功能材料的定义并不准确。

功能材料是那些具有优良的电学、磁学、光学、热学、声学、力学、化学、生物医学功能，特殊的物理、化学、生物学效应，能完成功能的相互转化，主要用来制造各种功能元器件而被广泛应用于各类高科技领域的高新技术材料的统称。它是在电、磁、声、光、热等方面具有特殊性质，或在其作用下表现出特殊功能的材料。

功能材料既遵循材料的一般特性和一般的变化规律，又具有其自身的特点，可认为是传统材料更高级的运动形式。功能材料以其独特的电学、光学以及其他物理化学性质构成功能材料学科研究的主要组成部分。功能材料的研究、开发与利用对现有材料进行更新换代和发展新型功能材料具有重要意义。功能材料研究的主要目标和内容是建立起功能材料的结构与功能之间的关系，以此为理论，指导开发功能更强或具有全新功能的功能材料。

特定的功能与材料的特定结构是相联系的，功能材料的性能与其化学组成、分子结构和宏观形态存在密切关系。例如，光敏高分子材料的光吸收和能量的转移性质也都与官能团的结构和聚合物骨架存在对应关系；高分子化学试剂的反应能力不仅与分子中的反应性官能团有关，而且与其相连接的高分子骨架相关；高分子功能膜材料的性能不仅与材料微观组成和结构相关，而且与其宏观结构关系也很紧密。我们研究功能材料，就是要研究材料骨架、功能化基团以及分子组成和材料宏观结构形态及其与材料功能之间的关系，从而为充分利用现有功能材料和开发新型功能材料提供依据。这门学科始终将功能材料的特殊物理化学功能作为研究的中心任务，以开发具有特殊功能的新型功能材料为着眼点。

1.2 功能材料的性能

1.2.1 半导体电性

根据能带理论，晶体中只有导带中的电子或价带顶部的空穴才能参与导电。由于半导体禁带宽度小于 2 eV，在外界作用下（如热、光辐射），电子跃迁到导带，价带中留下空穴。这类半导体称为本征半导体。

杂质半导体分为 N 型半导体和 P 型半导体。掺入施主杂质的半导体称为 N 型半导体，如图 1-1(a)所示，其中 E_D 为施主能级。

如果在硅中掺入三价原子，成键后少一个电子，在距价带很近处，出现一个空穴能级，这个空穴能级能容纳由价带激发上来的电子，这种杂质能级称为受主能级。掺入受主杂质的半导体称为 P 型半导体，如图 1-1(b)所示，E_A 为受主能级。

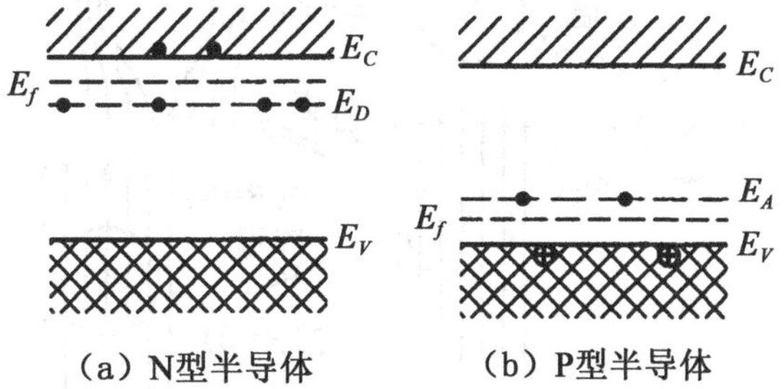

图 1-1　N 型与 P 型半导体能带结构

N 型、P 型半导体的电导率与施主、受主杂质浓度有关。低温时，杂质起主要作用；高温时，属于本征电导性。

1.2.2　超导性

1911 年荷兰物理学家昂尼斯发现汞的直流电阻在温度降至 4.2 K 时突然消失，他认为汞进入以零电阻为特征的“超导态”。通常把电阻突然变为零的温度称为超导转变温度或临界温度，用 T_c 表示。

而后迈斯纳发现了迈斯纳效应，即超导体一旦进入超导态，体内的磁通量将全部被排出体外，磁感应强度恒等于零。该效应展示了超导体与理想导体完全不同的磁性质。

所谓理想导体，其电导率 $\sigma=\infty$，由欧姆定律 $J=\sigma E$ 可知，其内部电场强度 E 必处处为零。由麦克斯韦方程 $\nabla\times E=-\partial B/\partial t$（$\nabla$为哈密顿算符）可知，当 $E=0$，则 $\partial B/\partial t=0$，表明超导体内磁场 B 由初始条件确定，即 $B=B_0$。但实验结果表明，不论是先降温后加磁场，还是先加磁场后降温，只要进入超导态（S 态），超导体就把全部磁通排出体外，与初始条件无关，如图 1-2 所示。

由此可知，电性质 $R=0$，磁性质 $B=0$ 是超导体两个最基本的特性，这两个性质既彼此独立又紧密相关。

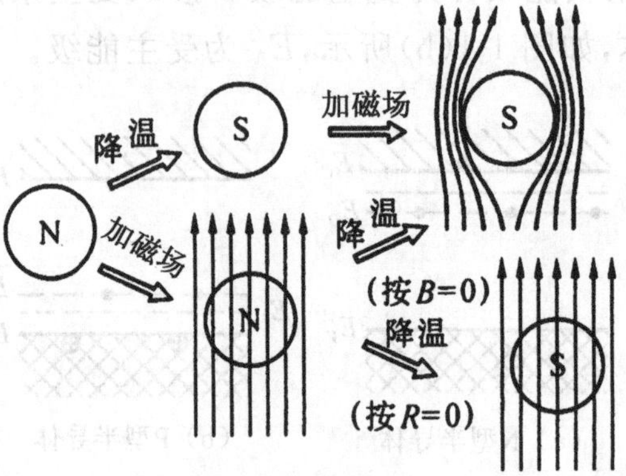

图 1-2　迈斯纳效应与理想导体情况的比较

1950 年美国科学家麦克斯韦和雷诺兹分别独立发现汞的几种同位素临界温度 T_c 各不相同，且 T_c 与各同位素相对原子质量 M 的平方根成正比：$T_c \propto 1/M^{\alpha}$（$\alpha=1/2$），即同位素相对原子质量 M^{α} 越小，T_c 就越高，后来发现其他超导元素也有类似的现象，这称为同位素效应。汞同位素的临界温度见表 1-1。

表 1-1　汞同位素的临界温度

汞相对原子质量 M	198	199.7	200.6	200.7	202.4	203.4
T_c/K	4.177	4.161	4.156	4.150	4.143	4.126

1.2.3　磁性

磁性是功能材料的一个重要性质，有些金属材料在外磁场作用下产生很强的磁化强度，外磁场除去后仍能保持相当大的永久磁性，这种特性叫铁磁性。铁、钴、镍和某些稀土金属都具有铁磁性。铁磁性材料的磁化率可高达 10^6。铁磁性材料所能达到的最大磁化强度叫作饱和磁化强度，用 M_S 表示。

在有些非铁磁性材料中，相邻原子或离子的磁矩作反方向平行排列，总磁矩为零，这种性质为反铁磁性。Mn、Cr、MnO 等都属于反铁磁性材料。

抗磁性是一种很弱、非永久性的磁性，只有在外磁场存在时才能维持，磁矩方向与外磁场相反，磁化率大约为 -10^{-5}。如果磁矩的方向与外磁场方向相同，则为顺磁性，磁导率为 $10^{-5} \sim 10^{-2}$。这两类材料都被看作无磁性的。

亚铁磁性是某些陶瓷材料表现的永久磁性，其饱和磁化强度比铁磁性材料低。

任何铁磁体和亚铁磁体，在温度低于居里温度 T_c 时，都是由磁畴组成的。磁畴是自发磁化到饱和的小区域，相邻磁畴之间的界线称为畴壁。磁畴壁是一个有一定厚度的过渡层，在过渡层中磁矩方向逐渐改变。铁磁体和亚铁磁体在外磁场作用下磁化时，磁感应强度 B 随外磁场 H 的变化如图 1-3 所示。

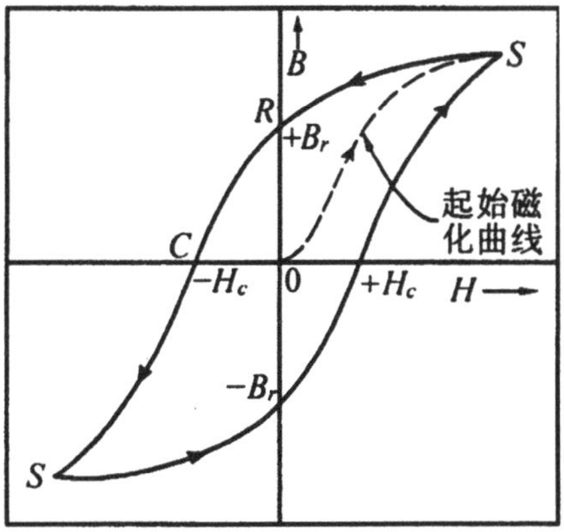

图 1-3　铁磁体和亚铁磁体的磁化曲线

1.2.4　光谱性质

人们关于原子和分子的大部分认识是以光谱研究为依据的，从电磁辐射和材料的相互作用产生的吸收光谱和发射光谱中，可以得到材料与其周围环境相互作用的信息。

激光光谱是指使物质产生发光时的激励光按频率分布的总体。通过激光光谱的测定可以确定有效吸收带的位置，即吸收光谱中哪些吸收带对产生某个荧光光谱带是有贡献的。

吸收光谱是指物质在光谱范围里的吸收系数按光频率分布的总体。一束光在通过物质之后有一部分能量被物质吸收，因此光强会减弱。发光物质的类型不同，吸收光谱也就随之不同。吸收光谱可直接表征发光中心与它的组成、结构的关系以及环境对它的影响，对发光材料的研究具有重要的作用。

发光物质发射光子的能量按频率分布的总体称为该物质的发射光谱。发射光谱同吸收光谱一样，取决于发光中心的组成、结构和周围介质的影响。

第 2 章　无机功能材料

2.1　半导体材料

2.1.1　半导体的晶体结构

2.1.1.1　金刚石结构

金刚石结构是由同种原子组成的共价键结合的面心立方复格子晶体结构，其晶体结构如图 2-1 所示。每个原子有 4 个最近邻的同种原子，彼此之间以共价键结合。元素半导体硅、锗、α-Sn 都是该类型的结构。

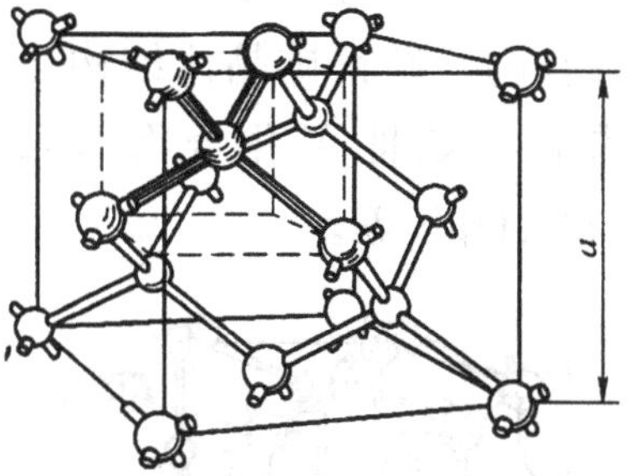

图 2-1　金刚石结构

2.1.1.2　闪锌矿结构

闪锌矿结构是由两种不同元素的原子分别组成面心晶格套构而成，套构的相对位置与金刚石结构的相对位置相同。闪锌矿结构也具有四面体结构，具有立方对称，其结构如图 2-2 所示。闪锌矿结构中两种不同原子之间的化学键主要是共价键，同时具有离子键成分，成为混合键。因此闪锌矿结构的半导体特性、电学、光学性质上与金刚石结构有许多不同之处。闪锌矿结构中的离子键成分，使电子不完全公有，电子有转移，即“极化现象”。这与两种原子的电负性之差 $\Delta X = X_A - X_B$ 有关，ΔX 越大，离子键成分越大，极化越大。

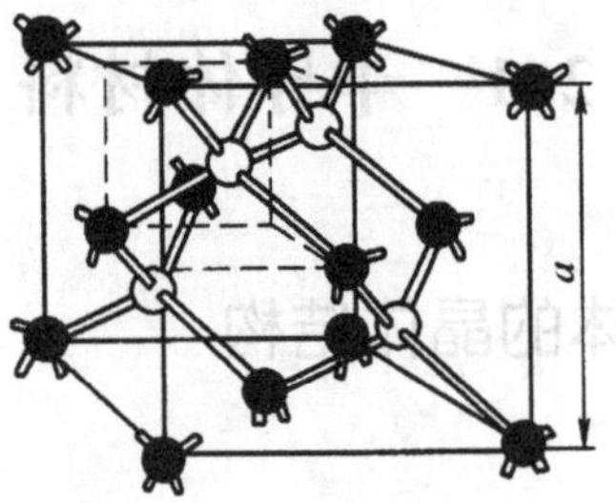

图 2-2　闪锌矿结构

2.1.1.3　纤锌矿结构

纤锌矿结构也称为六方硫化锌结构，如图 2-3 所示给出了其晶胞图。它是由两种不同元素的原子的 hcp 晶格适当错位套构而成的，也有四面体结构，具有六方对称性。纤锌矿结构在[111]方向上下两层不同原子是重叠的。纤锌矿晶体结构更适合于电负性差大的两类原子组成的晶体。如Ⅲ-Ⅴ化合物 BN、GaN、InN，Ⅲ-Ⅵ族化合物 ZnO、ZnS、CdS、HgS 等。

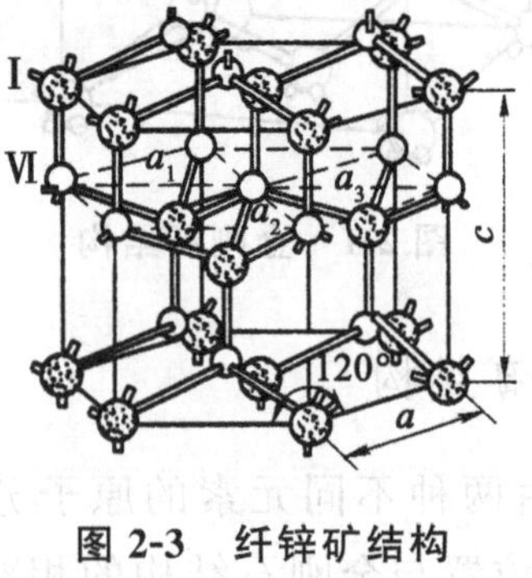

图 2-3　纤锌矿结构

2.1.1.4　氯化钠结构

氯化钠结构也是半导体材料中的晶体结构，可以看成是由两种不同元素原子分别组成的两套面心立方格子沿 1/2[100]方向套构而成的复格子，如图 2-4 所示。这两种元素的电负性有显著的差别，分别为正离子和负离子，它们之间形成离子键。具有氯化钠结构的半导体材料主要有 CdO、PbS、PbSe、PbTe、SnTe 等。

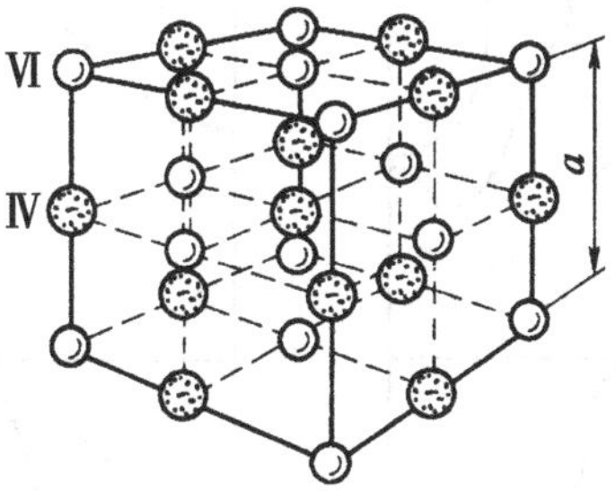

图 2-4　氯化钠结构

2.1.2　元素半导体材料

元素半导体材料是指由单体元素构成的半导体材料。共有 12 种元素具有半导体性质，即硅、锗、硼、碲、碘及碳、磷、砷、硫、锑、锡的某种同素异形体。下面主要就硅和锗展开讨论。

2.1.2.1　硅和锗的性质

硅和锗都是具有灰色金属光泽的固体，硬而脆。硅和锗在常温下化学性质是稳定的，但升高温度时，很容易同氧、氯等多种物质发生化学反应，所以在自然界没有游离状态的硅和锗存在。

锗不溶于盐酸或稀硫酸，但能溶于热的浓硫酸、浓硝酸、王水（硝基盐酸）及 HF-HNO_3 混合酸中。硅不溶于盐酸、硫酸、硝酸及王水，易被 HF-HNO_3 混合酸溶解。硅比锗易与碱起反应。硅与金属作用能生成多种硅化物，这些硅化物具有导电性良好、耐高温、抗电迁移等特性，可用于制备大规模和超大规模集成电路内部的引线、电阻等。

锗和硅都具有金刚石结构，化学键为共价键。锗和硅的导带底和价带顶不在 k 空间同一点的半导体为间接带隙半导体，如图 2-5 所示。锗的禁带宽度为 0.66 eV，硅的禁带宽度为 1.12 eV。锗的室温电子迁移率为 3 800 $cm^2/(V \cdot s)$，硅为 1 800 $cm^2/(V \cdot s)$。

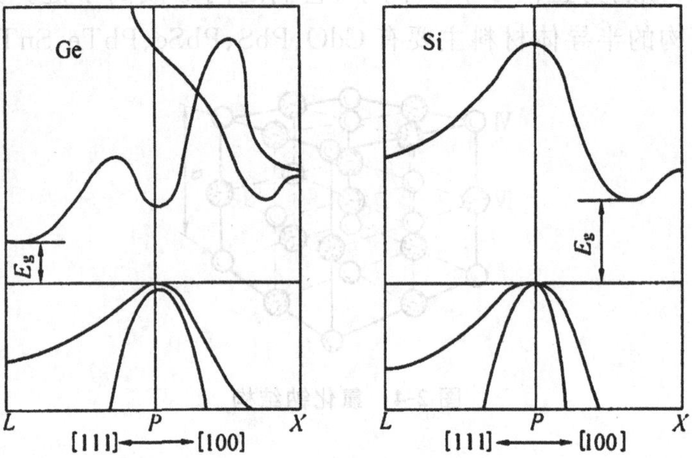

图 2-5 锗和硅的能带图

在锗、硅中的杂质分为两类，一类是ⅢA 族或ⅤA 族元素，它们在锗、硅中只有一个能级，电离能小，ⅢA 族杂质起受主作用使材料呈 P 型导电，ⅤA 族杂质起施主作用使材料呈 N 型导电；另一类是除ⅢA、ⅤA 族以外的杂质。

2.1.2.2 硅和锗晶体的制备

制备锗主要用直拉法，制备硅除了直拉法之外还有悬浮区熔法。

直拉法简称 CZ 法，是生长元素和ⅢA-ⅤA 族化合物半导体单晶的主要方法。由直拉法制备的单晶，由于坩埚与材料反应和电阻加热炉气氛的污染，杂质含量较大，生长高阻单晶困难。

悬浮区熔法可制取高纯单晶。在高纯石墨舟前端放上籽晶，后面放上原料锭。建立熔区，将原料锭与籽晶一端熔合后，移动熔区，单晶便在舟内生长。

2.1.2.3　硅和锗的应用

目前在电子工业中使用的半导体材料主要还是硅，它是制造大规模集成电路最关键的材料。

小容量整流器取代真空管和硒整流器，用于收音机、电视机、通信设备及各种电子仪表的直流供电装置。晶体二极管既能检波又能整流。晶体三极管对信号起放大和开关作用，在各种无线电装置中作为放大器和振荡器。将成千上万个分立的晶体管、电阻、电容等元件，采用掩蔽、光刻、扩散等工艺，把它们“雕刻”在晶片上集结成完整的电路，为各种测试仪器、通信遥控、遥测等设备的可靠性、稳定性和超小型化开辟了广阔前景。

利用超纯硅对 1～7 μm 红外光透过率高达 90%～95%这一特性，制作红外聚焦透镜，用于对红外辐射目标进行夜视跟踪、照相等。

由于锗的载流子迁移率比硅高，在相同条件下，锗具有较高的工作频率、较低的饱和压降、较高的开关速度和较好的低温特性，主要用于制作雪崩二极管、开关二极管、混频二极管、变容二极管、高频小功率三极管等。

2.1.3　化合物半导体材料

由两种或两种以上元素以确定的原子配比形成的化合物，并具有确定的禁带宽度和能带结构等半导体性质的称为化合物半导体材料。

2.1.3.1　砷化镓

砷化镓（GaAs）是Ⅲ-Ⅴ族化合物半导体材料中研究和应用最有成效的材料，受到广泛重视。

GaAs 为闪锌矿结构，密度为 5.307 g/cm^3，主要键合形式为共价键，还有离子键，键长为 2.44×10^{-10} m，熔点为 1 238℃。它具有非中心对称性，对晶体的解理性、表面腐蚀和晶体生长都有影响。GaAs 的能带结构为直接跃迁型半导体，有较高效率的光转换，是制作半导体激光器和发光二极管优先选用的材料，而且具有双能谷，能发生负阻现象，用来制作耿氏二极管和耿氏功能器件。

GaAs 在室温下禁带宽度为 1.43 eV，比 Si 和 Ge 宽得多，器件工作温度达到 450℃，可用作高温、大功率器件。室温下电子迁移率为 8 000 $cm^2/(V\cdot s)$，也比 Si 和 Ge 高，所以 GaAs 器件具有高频、高速特性。

GaAs 的电子有效质量为 0.07 m。比 Ge 和 Si 小得多，因此其禁带中杂质电离能小，器件有良好的低温特性；也易于制成兼并半导体，宜于制作隧道二极管。

通常在 GaAs 中掺 Te、Sn 或 Si 制备 N 型半导体，掺 Zn 制备 P 型半导体，掺 Cr、Fe 制备半绝缘的高阻 GaAs；而半绝缘 GaAs 是场效应晶体管集成电路的衬底材料。

GaAs 单晶的制备有两个需要解决的重要问题，一是 GaAs 的合成，二是砷蒸气压的控制，主要方法有水平舟生长法（HB）和液封直拉法（LEC）。HB 法又称为横拉法，它与锗的水平区熔法相似，可拉制污染少、纯度高的单晶。LEC 法用 B_2O_3 覆盖，可在高压下大批生产大直径定向单晶，用于集成电路。20 世纪 80 年代初，国际上发展不掺杂的 Si-GaAs 单晶，其热稳定性好，直径大，而且可控，基本上可满足现有微电子器件和电路的需要；但在位错密度和均匀性方面还有待提高。GaAs 的外延生长主要用气相外延和液相外延，质量大大提高，而且可以制成异质外延、多层及超薄层超晶格等多种结构。

根据 GaAs 的不同性能，用其制成的光电器件和微波器件得到广泛的应用。

2.1.3.2 磷化镓

磷化镓（GaP）与其他宽带源Ⅲ-Ⅴ族化合物半导体相同，可通过引入深中心使费米能级接近带隙中部，如掺入 Cr、Fe、O 等杂质元素可成为半绝缘材料。若在 GaP 中掺入杂质元素，将间接跃迁转化为直接跃迁，可提高发光效率。在 GaP 中掺 N 可提高绿光发光效率，掺 ZnO 络合物可提高红光发光效率。

GaP 单晶是化合物半导体材料中生产量仅次于 GaAs 单晶的材料，它主要用于制作能发出红色光、纯绿色光、黄绿色光、黄色光的发光二极管，广泛用于交通、广告等数字和图像显示。

2.1.3.3　磷化铟

磷化铟(InP)晶体呈银灰色，质地软脆。InP 具有载流子速度高、工作区长、热导率大等特点，可以制作低噪声和大功率器件。

InP 主要用于制作光电器件、光电集成电路和高频高速电子器件。在光电器件的应用方面，主要制作长波长激光器、激光二极管、光电集成电路等，用于长距离通信。它的抗辐射性能优于砷化镓，作为空间应用太阳能电池的材料更理想，其转换效率可达 20%。

2.1.3.4　碳化硅

碳化硅(SiC)是一种重要的宽禁带半导体材料。纯净的 SiC 无色透明，晶体结构复杂，有近百种。

SiC 的硬度高，莫氏硬度为 9，低于金刚石(10)而高于刚玉(8)。由于 SiC 单晶具有较大的热导率、宽禁带、高电子饱和速度和高击穿电压等特性，是制作高功率、高频率、高温“三高”器件的优良衬底材料，并可用于制作发蓝光的发光二极管。

2.1.4　薄膜半导体材料

薄膜半导体材料可以分为薄层和超薄层微结构两大类。薄层半导体材料指厚度为几个微米到亚微米之间的材料，可用常规液相外延(LPE)和化学气相沉积(CVD)法制备;超薄层微结构(超晶格、量子阱异质结构)是指在这种微结构中的势阱宽度等一些特征尺度已缩短到小于电子平均自由程或可和电子德布罗意波长相比拟的程度,这时整个电子体系维数减少,近于理想异质界面的量子区域,它只能用分子束外延(MBE)、金属有机化合物化学气相沉积(MOCVD)和化学束外延(CBE)等先进技术来生长。表 2-1 所示为薄膜半导体材料的主要类别。

表 2-1　薄膜半导体材料的主要类别

类别	材料举例①
同质外延	Si/Si,GaAs/GaAs,Ga/GaP
异质外延	Si/Al_2O_3,GaAs/Si,GaAlAs/GaAs
超晶格薄膜	GaAs-GaAlAs(周期重复)/GaAs $Si\text{-}Si_{1-x}Ga_x$(周期重复)/Si
非晶薄膜	aSi/玻璃或金属 $aSiC\text{-}aSi\text{-}aSi_{1-x}Ga_x$/玻璃或金属

注:①薄膜材料/衬底材料。

现在简单介绍几种超薄层微结构材料。

(1)晶格匹配(或失配很小)材料,当前主要研究 GaAlAs/GaAs 超晶格量子阱材料、GaAlAs/GaAs、GaInAs/InP 调制掺杂异质结构材料以及 GaInAsP/InP 等材料体系,主要用来研制高电子迁移率晶体管、异质结构双极晶体管、多量子阱激光器、光双稳态器件以及长波长光源和探测器等新一代微电子、光电子器件。

(2)晶格失配异质结构材料中材料选择范围更大了,而且可以通过形变应力和组分控制材料性质。如 GaAs/Si、InP/Si、GaAlAs/GaAs、InGaAs/InAIAs 及 InGaAsP/InP 等体系研究得比较深入,并逐步进入实用阶段,在其他一些体系还处在基本研究阶段。

总之,薄膜半导体材料开发了具有全新物理效应的新型人工材料,对器件的设计与制造从所谓的"杂质工程"发展到"能带工程”，同时也促成了“电学和光学特性可以人工剪裁”这一新范畴的诞生，这标志着功能化的半导体材料和器件的发展进入了一个崭新的阶段。

2.1.5　非晶态半导体

2.1.5.1　非晶态半导体的结构

非晶态物质与晶态物质差别在于长程无序，但也并不是非晶态半导体在原子尺度上完全杂乱无章，而是其键长几乎是严格一致的，键角限制了最邻近原子的分布，有所谓的短程有序。由于非晶态半导体的短程有序性，因而，能在非晶态半导体中测量到激活电导率、光吸收边等一些特性。长程有序性主要影响周期性势场变化情况，对散射作用、迁移率、自由程等物理量起主导作用。在能带结构上无本质差别，因此，非晶态半导体仍然可以用能带结构对其主要性能进行研究，但在状态密度的能谱和带边上有区别。

2.1.5.2　非晶态半导体的种类

(1)离子键非晶半导体。离子键非晶半导体主要是氧化物玻璃，如 V_2O_5-P_2O_5、V_2O_5-P_2O_5-BaO、V_2O_5-GeO_2-BaO、V_2O_5-PbO-Fe_2O_3、MnO-Al_2O_3-SiO_2、CaO-Al_2O-SiO_2、FeO-Al_2O_3-SiO_2 和 TiO-B_2O-BaO 等。

(2)共价键型。①四面体结构非晶半导体。主要有ⅣA 族元素非晶态半导体和化合物，如 Si、Ge 和 SiC，以及ⅢA-ⅤA 族化合物非晶态半导体，如 GaAs、GaP、InSb、InP、GaSb 等。这类非晶半导体的特点是：它们的最近邻原子配位数为 4，即每个原子周围有 4 个最近邻原子。②硫系非晶半导体。如 S、Se、Te、As_2S_3、As_2Te_3 和 As_2Se_3 等，它们往往以玻璃态形式出现。③交链网络非晶半导体。它们由上述两类非晶半导体结合而成，如 Ge-Sb-Se、Ge-As-Se、As-Se-Te、As-Te-Ge-Si、As_2Se_3-As_2Te_3、Tl_2Se-As_2Te_3 等。

2.1.5.3　非晶态半导体的制备

(1)四面体材料的制备。制备薄膜的方法如真空蒸发法、溅射法、CVD等都可以采用,但不同的材料还有不同的特殊要求。例如,用一般的真空蒸发或溅射的方法制备的非晶硅薄膜,包含大量的硅悬键,隙态密度高,性能不好。氢化可以使隙态密度减小3~4个数量级。氢化非晶硅可用反应溅射法、辉光放电分解硅烷法、CVD等方法制备。

(2)硫系及氧化物材料的制备。硫系及氧化物一般不采用气相沉积薄膜的方法制备,而是通过液相快冷得到非晶态材料。因此,非晶态常被视为过冷的液态,所要求的冷却速率因材料而异。

2.1.5.4　非晶态半导体的应用

非晶态半导体多制成薄膜,氢化后禁带宽度可在1.2~1.8 eV范围调节,但其载流子寿命较短,迁移率小,因此,一般不作为电子材料,而是作为光电材料,如制造太阳能电池。太阳能电池是一种能够直接将太阳能转换为电能的器件,以往主要用Si、CdTe和GaAs单晶材料制造,由于单晶工艺复杂,材料损耗大,价格昂贵,因此使用受限。非晶态硅薄膜可以大面积沉积,成本低,为广泛利用太阳能创造了条件。

另外,非晶态半导体还可以用来制成薄膜晶体管、图像传感器、光盘等器件。

2.2　功能陶瓷

功能陶瓷是指其自身具有某方面的物理化学特性,表现出对电、光、磁、化学和生物环境产生响应的特征性陶瓷,可用于制造很多功能材料。功能陶瓷具有性能稳定、可靠性高、来源广泛、可集多种功能于一体的特性。

2.2.1　绝缘陶瓷

绝缘陶瓷一般要求介电常数 $\varepsilon \leqslant 9$，介电损耗 $\tan\delta$ 为 $2\times10^{-4}\sim9\times10^{-3}$，要求电阻率大于 $10^{10}\ \Omega\cdot\text{cm}$。基于能带理论，一般将禁带宽度 E_g 大于几个电子伏特的陶瓷归入绝缘陶瓷，陶瓷半导体的 E_g 小于 2 eV，几种陶瓷绝缘体和半导体的带宽列于表 2-2。

表 2-2　陶瓷禁带宽度 E_g

材料	键型	E_g/eV	材料	键型	E_g/eV
Si	共价键	1.1	TiO_2	离子键	3.05～3.8
GaAs	共价键	1.53	ZnO	离子键	3.2
金刚石	共价键	6	Al_2O_3	离子键	10
$BaTiO_3$	离子键	2.5～3.2	MgO	离子键	>7.8

大多数陶瓷属于绝缘体，少数属于半导体、导体，甚至超导体。相对于金属导体和高分子绝缘体，陶瓷可以说具有非常宽广的电气性能。陶瓷存在电子载流子和离子式载流子，但由于陶瓷禁带很宽，室温附近，价带电子不容易受激跃迁至导带形成电子导电，因此，离子扩散是陶瓷导电的主要机理。陶瓷离子电导率受离子荷电量与扩散系数影响，荷电量与体积均较小的离子迁移容易，可导致较高导电性，特别像陶瓷中的碱金属离子就具有该特征，因而陶瓷材料中的 Na^+ 强烈降低其绝缘性。

基于天然矿物的绝大多数氧化物陶瓷为绝缘体，如黏土、滑石陶瓷等。主晶相为 α-Al_2O_3 的氧化铝系陶瓷中，氧化铝的含量对其电性能有较大影响，随氧化铝含量降低，其力学强度降低，介电损耗变大。除化学成分上的影响，陶瓷电绝缘性还与其介观组织形态和构成有关。一般陶瓷包含主晶相、气孔相及黏结于晶粒间的无定形玻璃相，晶相与气孔相电绝缘性很好。陶瓷整体的电绝缘性由玻璃相的化学性质决定，为避免玻璃相出现大量无定形硅酸钠结构，绝缘陶瓷玻璃相应尽可能由硅玻璃、硼玻璃、铝硅玻璃及硼硅玻璃构成，以消除玻璃相无机网络中 Na^{+} 的阴离子结合位。

绝缘陶瓷除了电性能方面要求，还应具有较高的力学强度、耐热性、高导热性。来自硅酸盐材料的氧化物陶瓷是最主要的绝缘陶瓷家族，包括主晶相为莫来石（$3Al_2O_3 \cdot SiO_2$）的普通陶瓷、主晶相为刚玉（α-Al_2O_3）的氧化铝陶瓷及主晶相为含镁硅酸盐的镁质陶瓷（MgO-Al_2O_3-SiO_2 系），可作为固定高压电线的瓷碍子。其他氧化物绝缘陶瓷还包括高导热的 BeO 绝缘陶瓷；由高岭土与 $BaCO_3$ 烧制而成的钡长石瓷（$BaO \cdot Al_2O_3 \cdot 2SiO_2$）高温介电损耗小，用作电阻瓷。非氧化物类陶瓷包括 AlN、Si_3N_4、SiC、BN 等，属于高导热绝缘陶瓷。

2.2.2 介电陶瓷

介电陶瓷在电场作用下将发生极化，材料中正负电荷发生短程的相对分离，正负电荷重心变得不重合，但电荷仍然互相束缚，不能长程迁移，这时形成的束缚态电荷分离就是电偶极子，结果在材料表面形成感生异性电荷，可以看作将外加电场电能转换存放于材料上，并可在一定条件下（撤除外电压）部分释放出电能，该过程与充放电相似，伴随电能损失，表现为材料发热，即介电损耗。某些陶瓷材料由于晶格对称性较低，本身存在正负电荷重心不重叠，自发产生偶极子，这种陶瓷称为铁电陶瓷，是介电陶瓷中的特殊类别。介电陶瓷亦称介质瓷，通常作为陶瓷电容器，广泛应用于电子工业制造。用作高频温度补偿陶瓷电容器，可稳定振荡电路谐振频率。当材料的不对称分布（也就是电极子）有两个方向的时候，温度差异也会导致电极子，这种材料称为热释电材料。

作为高频介质瓷，要求陶瓷在高频电场（1 MHz）下具有适中至较高的介电常数（8.5～900），高频介电损耗小，$\tan\delta$ 小于 6×10^{-4}。相对较大的介电常数为小尺寸高频电容器发展提供了材料基础。高频陶瓷主要由碱土金属和稀土金属的钛酸盐或它们的固溶体构成。$CaTiO_3$ 是目前用量最大的电容器陶瓷，由 $CaCO_3$ 与 TiO_2 高温烧制而成，介电常数和负的介电常数温度系数值都很大，用作小型高容量高频电容器。其他可作为电容器的介电陶瓷还包括金红石瓷、钛酸锶瓷、钛锶铋瓷、硅钛钙瓷、钛酸镁瓷、镁镧钛瓷、锡酸钙瓷等。钛酸锶瓷在温度 −250℃ 以下表现为铁电陶瓷特性，介电常数高达 2 000，实际使用一般都在室温附近，表现为非铁介电性，介电常数 270～300(0.5～5 MHz)。

作为微波介质瓷主要用于制造介质谐振器、滤波器、微波集成电路基片和元件、介质导波、介质天线等电子元器件。微波介质瓷要求具备高的品质因素(Q)、小的损耗因子、低的介电常数温度系数(α_ε，接近零的负值)和适当较高的介电常数 ε，高 Q 值可缩小谐振器的尺寸，是器件小型化、集成化的前提条件。一般要求微波介质瓷 $\varepsilon=30\sim200$，$Q\geqslant3\,000$。有代表性的微波介质瓷包括 $BaO\text{-}TiO_2$ 体系、钙钛矿型陶瓷、$(Ba,Sr)ZrO_3$、$CaZrO_3$、$Ca(Zr,Ti)O_3$、$Sr(Zr,Ti)O_3$ 及 $(Ba,Sr)(Zr,Ti)O_3$ 等。

2.2.3　铁电陶瓷

铁电体存在类似于磁畴的电畴。每个电畴由许多永久电偶矩构成，它们之间相互作用，沿一定方向自发排列成行，形成电畴。无电场时，各电畴在晶体中杂乱分布，整个晶体呈中性；有电场时，电畴极化矢量转向电场方向，沿电场方向极化畴长大。极化强度 P 随外电场强度 E 按图 2-6 的 OA 线增大，直到整个晶体成为单一极化畴(B 点)，极化强度达到饱和，以后极化时 P 和 E 呈线性关系(BC 段)。外推线性部分交于 P 轴的截距称为饱和极化强度 P_s。电场降为零时，存在剩余极化强度 P_r。在有反向电场强度 E_c 时，P 降至零，E_c 为矫顽电场。在交流电作用下，P 和 E 形成电滞回线。铁电体存在居里点，居里点以下显铁电性。

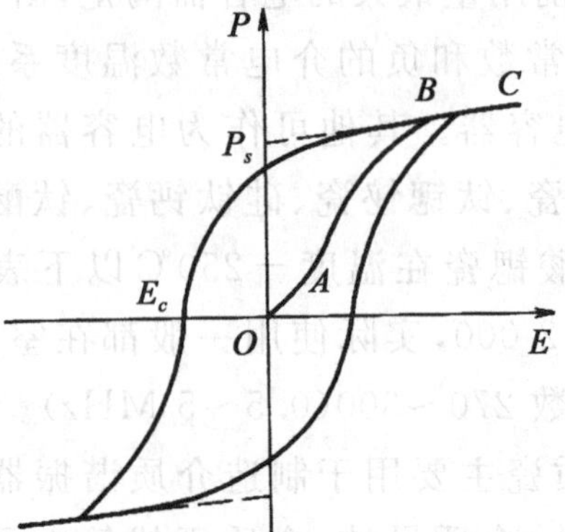

图 2-6 铁电陶瓷的电滞回线

铁电陶瓷的主晶相多属钙铁矿型、钨青铜型、焦绿石型等。铁电解质瓷具有很大的介电常数,可制成大容量电容器。介电常数与外电场呈非线性关系,可用于介质放大器。铁电陶瓷的介电常数随温度变化也呈非线性关系,用一定温度范围内的介电常数变化率或容量变化率来表示。

$BaTiO_3$ 是典型的铁电陶瓷,具有很高的介电常数,特别是在其居里点 T_c(120℃)附近,ε 可高达 6 000,远大于普通高频介质瓷的介电常数;铁电瓷的 ε 随温度变化没有线性关系;其损耗因子可高达 0.01~0.02(一般介电陶瓷约 10^{-4} 数量级),电场环境下伴随较大热效应;$BaTiO_3$ 铁电陶瓷的 T_c 过高,不利于常温使用。这些状况不利于 $BaTiO_3$ 作为铁电陶瓷使用,一般需要在陶瓷制造过程中,通过添加剂改变其 ε、tan δ、T_c,以适应使用要求。通常使用改性剂或在 $BaTiO_3$ 晶格中形成置换固溶相,或是其他形式的掺杂改性。依据置换固溶体电荷、离子直径相近原则,置换 Ba^{2+} 的有 Ca^{2+}、Sr^{2+}、Pb^{2+} 等,置换 Ti^{4+} 的有 Zr^{4+} 等。掺杂改性则包括固溶置换以外其他形式的改性,如电荷不匹配的 La^{3+}、Cd^{3+}、Dy^{3+} 部分取代 Ba^{2+};尺寸不匹配的 Nb^{4+}、Ta^{5+} 取代 Ti^{4+} 等,这些添加剂在钛酸钡中溶解度较小,但可大幅改善介电性能。

2.2.4　反铁电陶瓷

反铁电体的晶体结构类似于铁电体，有一些共同特性，如高介电常数，介电常数与温度的非线性关系。不同是，反铁电体电畴内相邻离子沿反平行方向自发极化。每个电畴存在两个方向相反、大小相等的自发极化强度。反铁电体每个电畴总的自发极化为零。当外电场降为零时，反铁电体没有剩余极化。图 2-7 所示为反铁电体的双电滞回线。施加电场于反铁电体时，P 和 E 呈线性关系，类似于线性介质。但当超过 E_c 时，P 和 E 呈非线性关系至饱和，此时反铁电体相变为铁电体，E 下降时 P 也降低，形成类似铁电体的电滞回线。当 E 降至 E_p 时，铁电体又相变为反铁电体。施加反向电场时，在第 3 象限出现与之对称的电滞回线，形成双电滞回线。

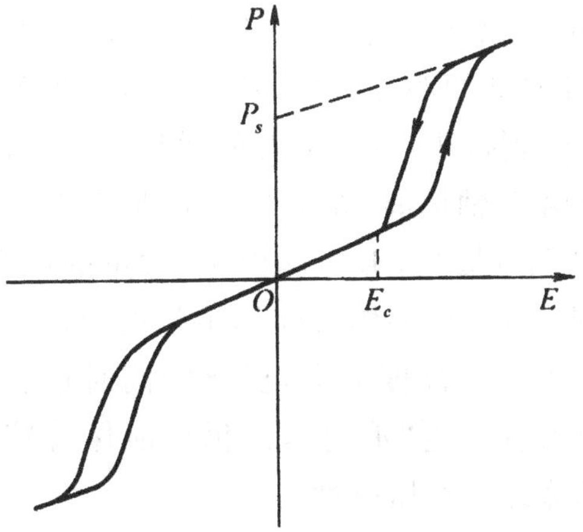

图 2-7　反铁电体双电滞回线

反铁电陶瓷种类很多，最常用的是由 $PbZrO_3$ 基固溶体组成的反铁电体。纯 $PbZrO_3$ 的相变场强 E_c 很高，当温度达到居里点附近才能激发出双回线。为使室温激发出双回线，发展了以 $Pb(Zr,Ti,Sn)O_3$ 固溶体为基的反铁电陶瓷。

反铁电陶瓷储能密度高，储能释放充分，用作储能电容器。反铁电体发生反铁电⇔铁电相变时，应变很大。这给反铁电电容器造成困难，但可利用相变形变做成机电换能器，还可用作电压调节器和介质天线。

2.2.5 压电陶瓷

压电陶瓷的优点是易于制造，可批量生产，成本低，不受尺寸和形状的限制，可在任意方向进行极化。可通过调节组分改变材料的性能，而且耐热、耐湿和化学稳定性好等。从晶体结构来看，属于钙钛矿型（ABO型）、钨青铜型、焦绿石型及含铋层结构的陶瓷材料才具有压电性。

目前最有代表性的压电陶瓷材料是锆酞酸铅（PZT），其晶格为立方晶型，其中的氧八面体中心包夹一 Ti 或 Zr 离子，此时晶胞具有高度对称性，正负电荷重心重合，如图 2-8(a)所示。当降低温度至其居里点以下时，晶格发生转变，由高度对称的立方晶系转变为对称性略低的四方晶系，其中变形氧八面体中包夹的 Ti 或 Zr 离子由于受到挤压，且有足够的运动空间，将不再位于晶胞中央位置，而是沿 Z 轴偏离，如图 2-8(b)所示，导致晶胞正负电荷中心不重合，出现电极化，形成偶极子，大量的偶极子随机取向，宏观仍表现为电中性，即晶体表面均不带电荷。在外电场强制作用下，这些偶极子发生高度取向，极化的同时也被强化。撤除电场后，极化取向虽有一定“消退”，但仍可能保持较高的极化取向度，该状态的晶体即具有压电性。

晶体和陶瓷是压电材料的两类主要分支，柔性材料则是另一分支，它是高分子聚合物。基于压电陶瓷最为关键能量转换功能，可将机械能转变为电能，或逆向转换（见图 2-9），同时具有存储保留外来刺激的性能，为压电陶瓷应用提供了基础。

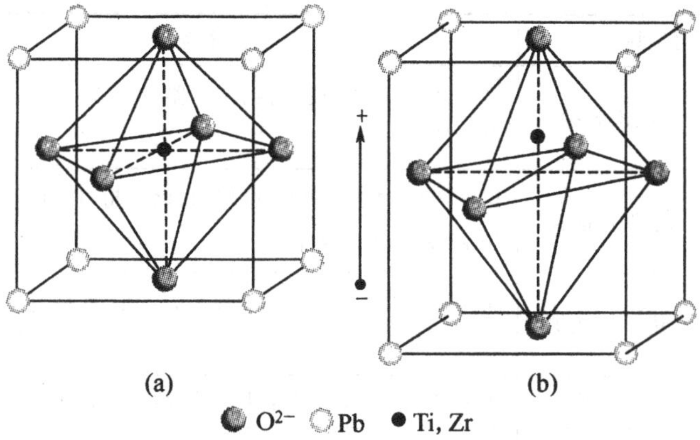

图 2-8　PZT 晶格畸变与电荷不对称性变化

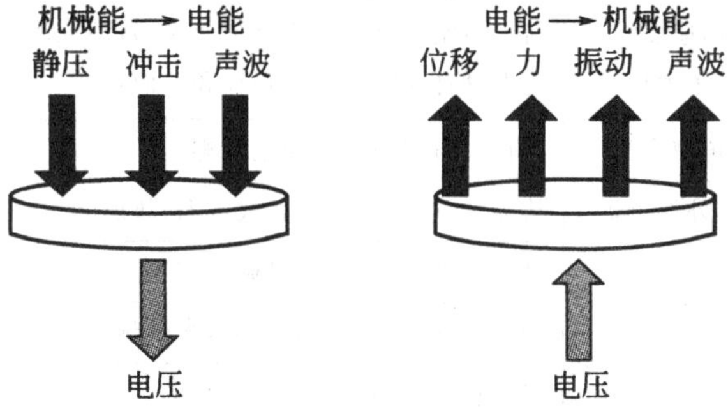

图 2-9　压电陶瓷功能原理图

压电陶瓷大致上可分为压电振子和压电换能器两大类。压电陶瓷应用领域及举例列于表 2-3。

表 2-3　压电陶瓷应用领域及举例

应用领域		举例
电源	压电变压器	雷达，电视显像管，阴极射线管，盖克计数管，激光、电子复印机等高压电源和压电点火装置
信号源	标准信号源	振荡器、电压音叉、压电音片等用作精密仪器中的时间和频率标准信号源

续表 2-3

应用领域		举例
信号转换	电声转换	拾音器、送话器、受话器、检声器、蜂鸣器等声频范围的电声器件
	超声换能器	超声切割、焊接、清洗、搅拌、乳化及超声成像等频率高于 20 kHz 的超声器件
发射与接收	超声换能器	探测地质结构、油井固实程度，探伤、测厚、催化反应、疾病诊断等
	滤波器	水下导航定位、通讯探测声呐、超声探鱼等
信号处理	放大器	声表面波信号放大器以及振荡器、混频器、衰减器等
	表面波导	声表面波传输线
传感与计测	加速度计 压力计	航天航空领域测定飞行加速度，自动控制开关、污染检测用振动计、流速计、流量计和液面计等
	角速度计	测控飞行器航向的压电陀螺
	红外探测器	检测大气变化、非接触式探温、热成像、热电探测、跟踪等
	微位移计	激光稳频补偿元件、显微加工等
存储显示	调制	用于电光、声光调制，光闸，光变频器和光偏转器
	存储	光信息存储器，声光显示器等
	显示	压电继电器等

压电陶瓷的应用十分广泛，最典型的应用是蜂鸣器和安全报警器，把陶瓷素坯轧成像纸一样的薄片烧成后，在它的两面做上电极，然后极化，这样陶瓷就具有压电性了，然后再把它与金属片黏合在一起，就做成一个蜂鸣器和安全报警器。

2.2.6 磁性陶瓷

在磁场中能被强烈磁化的陶瓷材料称为磁性陶瓷，也叫作铁氧体。铁氧体产生磁性的原因主要是电子自旋引起磁矩。磁性陶瓷还包括不含铁的磁性瓷。铁氧体是含正三价铁离子而且显示铁氧体磁性的氧化物陶瓷的总称，化学式为 $MFeO_3$，其中 M 代表 Mg、Ni、Co、Fe、Zn、Mn 及 Cd 的二价阳离子。

铁氧体可分为硬磁、软磁、旋磁、矩磁和压磁五类。硬磁铁氧体材料为铁氧体磁铁和稀土磁体。它不易磁化，也不易退磁化，其材料有钡铁氧体和锶铁氧体，分子式为 $MO \cdot nFe_2O_3$，其中 M 为 Ba、Sr、Pb 和 Ca，主要用于磁铁、磁存贮元件、扬声器、电表、助听器、录音磁头及微型电机的磁芯等。

软磁体材料有尖晶石型的 Mn-Zn 铁氧体、Ni-Zn 铁氧体、Mg-Zn 铁氧体及 Li-Zn 铁氧体，典型代表为 $Mn_{1-\delta}$-$Zn_{\delta}Fe_2O_4$ 和 $Ni_{1-\delta}$-$Zn_{\delta}Fe_2O_4$。

2.2.7 气敏陶瓷

气敏陶瓷是用于吸收某种气体后电阻率发生变化的一种功能陶瓷。下面对几种典型的气敏陶瓷展开讨论。

2.2.7.1 氧化锡系气敏陶瓷

氧化锡系是最广泛应用的气敏半导体陶瓷，氧化锡系气敏元件的灵敏度高，且出现最高灵敏度的温度较低，在 300℃左右，掺入催化剂可进一步降低其工作温度。添加摩尔分数为 0.5%～3%的 Sb_2O_3 可降低起始阻值；涂覆 MgO、PbO、CaO 等二价金属氧化物可加速解吸速度，改善老化性能。

氧化锡系气敏半导体陶瓷对许多可燃性气体，如氢、一氧化碳、乙醇、甲烷、丙烷、酮或芳香族气体都有高灵敏度。比如，可测出人体呼出气体中的酒精量。

烧结型氧化锡系气敏传感器，可吸附还原气体时电阻减少的特性，检测还原气体，主要用作家用石油液化气的漏气报警器、生产用探测警报器和自动排风扇等。氧化锡系半导体陶瓷属 N 型半导体。加入微量 $PdCl_2$ 或少量铂等负金属催化剂，可促进气体的吸附和解吸，提高响应速度和灵敏度。氧化锡系气敏传感器对

CO也特别敏感，广泛用于CO报警和工作环境的空气监测。

以SnO_2为基体，加入$Mg(NO_3)_2$和ThO_2后，再添加$PdCl_2$触媒，将这些混合物在800℃的温度下煅烧1 h，球磨粉碎成原料粉末。在粉末中加入硅胶黏结剂后分散在有机溶剂中，制成可印刷厚膜的糊状物，然后印刷在氧化铝底座上，与铂电极一起在400～800℃烧成厚膜气体氧化锡系传感器，对一氧化碳的检测更有效。

通过改变氧化锡系传感器的制备方法，氧化锡系可以制成具有多功能的气体传感器，可以具有对混合气体中的某些气体的选择敏感性。

真空沉积的氧化锡系薄膜传感器，可以检测出气体蒸汽中的CO和乙醇。

以铂黑和钯黑为触媒的氧化锡系厚膜传感器，用于检测碳氢化物，可有选择地检测出氢气和乙醇，而CO不产生可识别的信号。氧化锡系传感器对氢气的高度敏感性，被认为是由于贵金属的触媒作用，使氢气分解，从而改变了SnO_2的半导体性，提高它对氧化还原条件的敏感性。当无贵金属存在，用氧化锡系传感器监测AsH_3时，可检测出0.6×10^{-6} AsH_3的存在。

2.2.7.2 氧化锌系气敏陶瓷

氧化锌系气敏陶瓷的重要性仅次于氧化锡系气敏陶瓷。其特点是灵敏度同催化剂的种类有关，这就提供了用掺杂来获得对不同气体选择性的可能性。

ZnO的组成，Zn/O原子比大于1，锌呈过剩状态，显示出N型半导体性：当晶体的Zn/O比增大或者表面吸附对电子的亲和性较强的化合物时，传导电子数就减少，电阻加大；当与还原性气体，如H_2或碳氢化合物接触时，吸附的氧气数量减少，电阻降低。

ZnO单独使用时，灵敏度和选择性不够高，当掺杂Ga_2O_3、Sb_2O_3和Cr_2O_3等并加入铂或钯作触媒时，便可大大提高其选择性。采用铂化合物触媒时，对丁烷等碳氢化物很敏感。采用钯触媒时，则对氢气和一氧化碳特别敏感。

2.2.7.3　氧化铁系气敏陶瓷

氧化铁系气敏陶瓷不需要添加贵金属催化剂就可制成灵敏度高、稳定性好、具有一定选择性的气体传感器。现有城市煤气报警器，多采用氧化锡加贵金属催化剂的气敏元件，其灵敏度高，可以通过测定氧化铁气敏材料的电阻变化来检测还原性气体，也可通过氧化铁电阻的变化来检测氧化性气体。

氧化铁系气敏陶瓷，可以通过掺杂和细化晶粒等途径来改善其气敏特性，也有可能变成多功能的敏感材料（气敏、湿敏和热敏）。

2.2.7.4　氧化钛系气敏陶瓷

用于空气-燃料比控制的氧传感器只有半导体型的氧化钛系气敏陶瓷和离子导电型的钇或钙掺杂的氧化锆。这些氧传感器的原理是基于汽车排出气体的氧分压随空气-燃料比发生急剧的变化，陶瓷的电阻又随氧分压变化。在室温下，氧化钛的电阻很大，随着温度的升高，部分氧离子脱离固体进入环境中，留下氧空位或钛间隙，晶格缺陷为导带提供电子。随着氧空位的增加，导带中的电子浓度提高，材料的电阻下降。多孔圆片氧化钛传感元件直径为 4～5 mm，厚度为 1 mm，并埋入铂引线或制成薄膜。

2.2.8　湿敏陶瓷

湿敏陶瓷是电阻随环境湿度而变化的一类功能陶瓷。下面对几种典型的湿敏陶瓷展开讨论。

2.2.8.1　低温烧结湿敏陶瓷

$Si\text{-}Na_2O\text{-}V_2O_5$ 系和 $ZnO\text{-}Li_2O\text{-}V_2O_5$ 系，Na_2O 和 V_2O_5 气为助熔剂。$Si\text{-}Na_2O\text{-}V_2O_5$ 系的主晶相为半导体性硅，$ZnO\text{-}Li_2O\text{-}V_2O_5$ 系的

主晶相为 ZnO。烧结温度低于 900℃，孔隙度一般为 25%～40%。烧结时固相反应不完全，收缩率很小，响应速度慢。

2.2.8.2 高温烧结湿敏陶瓷

$MgCr_2O_4$-TiO_2 半导体湿敏陶瓷。以 MgO、Cr_2O_3、TiO_2 粉末为原料，经湿磨混合，干燥，压制成形，在空气中于 1 200～1 450℃ 烧结 6 h，就可以得到孔隙度 25%～35%的多孔陶瓷。TiO_2 的摩尔分数低于 30%时，陶瓷为单相固溶体，具有 $MgCr_2O_4$ 型的尖晶石结构。烧结体显微组织内 $MgCr_2O_4$-TiO_2 晶粒和晶粒间的孔隙组成，孔隙为开口型，形成连通毛细管结构，因此，容易吸附和凝结水蒸气。在 1 400℃，TiO_2 在 $MgCr_2O_4$ 中的溶解度为 31%(摩尔分数)。TiO_2 含量在 35%～70%(摩尔分数)时，相组成为 $MgCr_2O_4$ 型尖晶石和 $MgCr_2O_5$ 相。

TiO_2 含量低于 30%(摩尔分数)时 $MgCr_2O_4$-TiO_2 系陶瓷表现出 P 型半导体性。添加的 T^{4+} 离子能和 Mg^{2+} 离子一起溶于尖晶石结构的八面体间隙中，结果 Cr^{2+} 离子取代了四面体间隙位置。当 TiO_2 含量大于 40%(摩尔分数)时，陶瓷呈 N 型半导体性。电阻随相对湿度的提高而降低(吸湿过程)，或者电阻随相对湿度的降低而提高(脱湿)时，响应时间为 12 s 左右。$MgCr_2O_4$-TiO_2 多孔陶瓷的导电性由于吸附水而增高，其导电机制是离子导电。相对湿度大时，物理吸附水不但存在于晶界区域，而且存在于陶瓷晶粒的平表面和凸面部位，形成多层的氢氧基。氢氧基可能和水分子形成水合离子。当存在大量吸附水时，水合离子会水解，使质子传输过程处于支配地位。金属氧化物陶瓷表面不饱和键的存在，很容易吸附水。$MgCr_2O_4$-TiO_2 表面形成的水分子很容易在压力降低或温度稍高于室温时脱附，湿度响应快。对温度、时间、湿度和电负荷的稳定性高，主要应用于微波炉的自动控制。$MgCr_2O_4$-TiO_2 陶瓷还可以制成对气体湿度、温度具有敏感特性的多功能传感器。

2.2.8.3　厚膜湿敏陶瓷

钨锰矿结构氧化物 $MeWO_4$（Me 为锰、镍、锌、镁、钴、铁）。具有钨锰矿结构的 $MnWO_4$、$NiWO_4$，可以在 900℃ 以下不用无机黏结剂烧结成多孔陶瓷，不会损害与它黏附的金属电极，是制备厚膜湿敏元件的理想材抖。在制备厚膜湿敏元件时，先在高铝瓷基片的一面印刷并烧附高温净化用的加热电极，在基片的另一面印刷并烧附底层电极，再在这层电极上印刷感湿浆料，干燥后再印上表层电极，然后将感湿浆料和表层电极烧附在基片和底层电极上。基片面积为 5 mm^2，感湿膜厚约 50 μm。烧结后陶瓷晶粒在 1～2 μm，孔径在 0.5 μm 左右，可获得较好的感湿特性。

2.2.8.4　涂覆膜湿敏陶瓷

将感湿浆料涂覆在已印刷并且烧附有电极的陶瓷基片上，不烧结，经低温干燥而成。以 Fe_3O_4 为粉料的涂覆型湿敏元件性能较好，电阻值为 10^4～10^8 Ω，电阻随相对湿度的增加而下降，再现性好，可在全域湿度内进行测量。

涂覆膜湿敏电阻也称为瓷粉膜湿敏电阻。湿敏瓷粉还有 Fe_2O_3、Cr_2O_3、Al_2O_3、Sb_2O_3、TiO_2、SnO_2、ZnO、CoO、CuO 等。

2.3　功能玻璃

功能玻璃与普通玻璃不同，是具有特殊机械、电学、电磁、热学、化学、生物等力学性能或理化性能的材料。

2.3.1　无色光学玻璃

无色光学玻璃要求在 400～700 nm 波长整个可见光范围对

光吸收系数很低，呈无色透明状态，玻璃的组分中不含着色离子基团，过渡金属和部分稀土离子的氧化物，特别是铁、钴、镍、铜等过渡金属氧化物的含量极低，故无色光学玻璃在制作时应作特殊的提纯处理。

光学玻璃成分中引入钡、锌、硼、磷等氧化物，制成轻冕玻璃、锌冕玻璃和硼冕玻璃，其折射率较低、大都在 1.5 左右。重冕玻璃和火石玻璃的折射率为 1.57～1.62，用于制高质量的照相机和显微镜的物镜。在组分中引入稀土铜氧化物，发展了高折射低色散的镧冕玻璃、镧火石玻璃和重镧火石玻璃。氟化物、氟磷玻璃是透光波段宽的光学玻璃品种。

折射率是光学玻璃元件设计的重要光学参数，表征了玻璃的折光能力，定义为玻璃介质中的光速与真空中光速的比值，这个比值称为绝对折射率；工程中常用的是相对折射率，它定义为介质与空气中光速的比值，绝对折射率与相对折射率差别甚小。光学玻璃的折射率与玻璃的组成及结构以及制备工艺条件密切相关。含重金属（钡、镧、铅等）氧化物的光学玻璃折射率高、相应的玻璃密度也大，折射率与密度有很好的线性比例关系。

折射率值随波长改变的关系被称为色散，也是设计光学元件的一个重要参数。由于色散，不同波长的光波有不同的折射，因而造成像的色差。色差与球差、慧差、像散和像畸变等共同组成像差。光学设计的主要目的在于消除各种像差，使之达到规定的很小的值，以保证光学元件的质量。光学玻璃的色散通常用中部色散和色散系数来表示。

无色光学玻璃除作为光学仪器外，应用领域正在逐渐拓宽。例如，光学玻璃作为衬底，制作各种无源的波导器件。光学玻璃作为基板玻璃，用于小到计算器，大到壁挂式大屏幕液晶显示器。此外，光学玻璃还被广泛地用作太阳能电池、磁盘和光盘的基板。

2.3.2 光色玻璃

材料在触及光或者被光遮断时，其化学结构发生变化，可使部分的吸收光谱发生改变。这种可逆的或不可逆的显色、消色现象的物质称为光致变色，光色玻璃就是其中的一类。当受紫外线或日光照射时，玻璃由于在可见光区产生光吸收而自动变色；当光照停止时，玻璃能可逆地自动恢复到初始的透明状态。具有这种性质的玻璃称为光致变色玻璃。许多有机物、无机物有光致变色性能，但光色玻璃具有优于其他光色材料之处是因为它可以长时间反复变色而无老化现象，化学稳定性好，可制备形状复杂的制品。

2.3.2.1 卤化物光致变色玻璃

光色玻璃的光色特性与玻璃的基础组分、光敏相的种类和聚焦状态、分相热处理条件以及其他许多因素有关。光色玻璃的变色过程和照相过程有一些相似。在照相中，入射光子将胶卷上的银离子分解成银原子和卤素，通过显影的化学反应，把卤素从原来的位置扩散出去，这一过程是不可逆的。在光色玻璃中光子也将银离子变为银原子，但卤素并没有从晶体玻璃中扩散出去，仍存在于银原子附近，当光照去除后，依然能与银结合成卤化物。光色玻璃的逆过程可由热能或比使玻璃变色的激活辐射更长的可见光波长提供的活化能来完成。

光吸收峰值位置和玻璃含碱类有关，随着碱金属离子半径的增加吸收带峰值向长波区域漂移；不同的卤化银对玻璃的光色性能也有影响，光吸收峰值随着卤素原子序数的增加而向长波区延伸。为了使玻璃具有良好的光色性，提高对激活辐射的灵敏度和加快色心的破坏速度，常在玻璃成分中添加敏化剂。

除了使用熔融法制造光色玻璃外，还可用离子交换法将含有卤素、铜的 Na_2O-Al_2O_3-B_2O_3-SiO_2 玻璃浸入 $AgNO_3$ 熔盐，使 Na^+ 与 Ag^+ 交换，Ag^+ 进入玻璃表面层，再经热处理使银与卤素聚集成 AgX 微晶体，再经热处理后颗粒长大到一定的尺寸范围，才有光色效应。玻璃的热处理温度通常在转变点和软化点之间，即高于退火温度 20～100℃。热处理时间在较高温度下只需要几分钟，在较低温度下则需要数小时。在一般情况下都避免使用过高的温度，以防止玻璃变形或者乳浊。

2.3.2.2 无银的光色玻璃

卤化银光色玻璃有许多优点，但需要耗费银。无银的光色玻璃是在无银的玻璃中加入一些变价的金属氧化物如锰、钨、铈、铕、钼等的氧化物，制成的玻璃再经过热处理或用紫外线辐照后，形成了着色中心，玻璃就会具有光色性能。着色中心形成之后，使得玻璃在可见光波段的光敏性增加，产生了附加吸收。用 Cu^{+} 作为添加剂加入玻璃中，得到卤化铜光色玻璃。这种玻璃未经热处理时，在紫外、可见光波段均为透明的，热处理后，透明度显著下降，并出现乳光，且吸收限向长波方向发生了移动。卤化铜光色玻璃在加工时，会发现吸收与乳光增强现象，对应用不利，但其优点是具有比较快的变暗速度和褪色速度，而且变暗幅度很大。

2.3.2.3 光色玻璃的应用

光色玻璃因为具有变暗复明的光色性，在科学技术和人们生活中有着广泛的用途。光色玻璃除已广泛用于制造“太阳眼镜”外，在其他各个领域中也不断地进行开发。作为图像记录、全息照相材料的应用，光色玻璃是合适的材料；作为情报贮存、光记忆在显示装路的元件中的应用，光色玻璃的光色性是十分有价值的；在热带地区，光色玻璃作为汽车保护玻璃及建筑物的自动调光窗玻璃；光色玻璃制成光学纤维面板也可以用于计算技术和显示技术。

2.3.3 滤色玻璃

滤色玻璃又称为有色玻璃和颜色玻璃。滤色玻璃根据其吸收光谱的物理特性可分为截止型滤色玻璃、中性灰色滤色玻璃、选择吸收型滤色玻璃三类。

2.3.3.1　截止型滤色玻璃

截止型滤色玻璃在短波长处有强烈的吸收，几乎不透明，而在可见光的长波长部分是透明的，如硒红玻璃。其选择吸收特性常用短波的吸收截止波长来标记。

2.3.3.2　中性灰色滤色玻璃

在整个可见光波段有几乎均匀的无选择性吸收，吸收的百分数可由滤色玻璃的厚度来控制，它是可见光波段理想的光强衰减器；但由于其衰减机制是吸收，常会在强光时造成热破坏，因此强激光场合应避免直接使用。

2.3.3.3　选择吸收型滤色玻璃

在可见光谱区的一个或几个波长附近有较高的透过率，而在其他波长则有较高的吸收，从而使玻璃呈现特定的颜色。这种选择吸收常用透过波段的峰值波长及其透过波长宽度来表征。

除上述 3 种滤色玻璃外，还有一种用于红外波段的滤色玻璃，它对短波的可见光部分有强的吸收，而在很宽的红外光波段有很高的透过率，是红外技术中常用的滤色玻璃，根据其透红外特性，被称为透红外玻璃。从光谱特征看，它属于一种透过长波长的截止型滤光玻璃。

2.3.4　激光玻璃

激光玻璃是一种以玻璃为基质的固体激光材料。它广泛应用于各类型固体激光器中，并成为高功率和高能量激光器的主要激光材料。下面对几种典型的激光玻璃展开讨论。

2.3.4.1　硅酸盐激光玻璃

组分为 Na_2O-K_2O-CaO-SiO_2 的 N3 牌号硅酸盐激光玻璃是目前最常用的激光材料，它制作工艺成熟，玻璃尺寸最大，成本低廉，适宜于工业应用。组分为 $Li_2O\text{-}Al_2O_3\text{-}SiO_2$ 的 N11 牌号锂硅酸盐激光玻璃的受激发射截面较高，并可以通过离子交换技术进行化学增强，它被用于早期高功率激光系统，获得调 Q 的巨脉冲激光。

掺稀土激活离子的石英玻璃光纤是一种特殊的硅酸盐激光玻璃，主要有钕、铒、镱、钬、铥等三阶稀土激光离子掺杂。其中用掺铒的单模石英玻璃光纤制成的 1.55 μm 激光放大器，波长与光通信兼容，尺寸上又有集成前景，已在光纤通信中获得广泛应用。

2.3.4.2 磷酸盐激光玻璃

要实现核靶材料的聚变增益，激光器的功率必须大于 10^{12} W，激光器系统应该是超短光脉冲的多路多级系统。玻璃激光材料不宜作为前级种子激光，但它是后续放大级的优选材料。前级种子激光材料以掺钕氟化钇锂等激光晶体较为适宜，它们能高效率地产生 1.053 μm 的超短脉冲。牌号为 N21 和 N24 的磷酸盐激光玻璃的 1.054 μm，与此前级波长适配。掺钕磷酸盐激光玻璃具有受激发射截面大、发光量子效率高、非线性光学损耗低等优点，通过调整玻璃组成可获得折射率温度系数为负值，热光性质稳定的玻璃。典型的体系有 $BaO\text{-}Al_2O_3\text{-}P_2O_5$ 和 $K_2O\text{-}BaO\text{-}P_2O_5$ 等。它们已用于高功率激光系统中。

2.3.4.3 氟磷酸盐激光玻璃

掺钕的氟磷酸盐激光玻璃的激光波长与前级种子激光的氟化物晶体适配，它有更低的非线性折射率，在高功率密度时，光损耗极低，并且能保持较高的受激发射截面和高的量子效率。其主要组成为 $AlF_3\text{-}RF_2\text{-}Al(PO_3)_3\text{-}NdPO_3$（R 为碱土金属），在高温时氟容易与水气反应形成难熔的氟氧化物，玻璃中往往存在许多微小的固体夹杂物，使激光损伤阈值下降，不宜在高功率激光器中应用。

2.3.4.4 氟化物激光玻璃

氟化物激光玻璃的激光波长也与前级种子激光接近，发光量子效率高。氟化物玻璃从紫外到中红外有极宽的透光范围，这为激光波长在近紫外或中红外的一些激活离子掺杂、制作新激光波长激光器提供了好的条件。但是氟化物激光玻璃也存在微小的团体包裹物，难以在高功率激光器中使用。

氟化物玻璃的组成分为两类，一类是氟锆酸盐玻璃，另一类是氟铍酸盐玻璃。氟锆酸盐玻璃是一种超低损耗的红外光纤材料，在中红外区具有很高的透过率。掺钕氟铍酸盐的组分为 BeF_2-KF-CaF-AlF_3-NdF_3，非线性折射率非常低，受激发射截面比氟磷酸盐玻璃还要高，亦可掺入高浓度钕离子而没有明显的浓度淬火效应。但是铍的剧毒给玻璃的制备相加工带来很大困难，使其应用难以推广。

2.3.5　声光玻璃

声光器件分为低频和高频两大类。声光介质要求具有高的声光衍射效率、低的光波和声波损耗以及热的稳定性。为提高声光衍射效率，要求声光玻璃有较高的折射率、大的弹光系数和小的密度；声速低有利于提高衍射效率，但不利于高频的应用。由于玻璃长程无序的结构，一般具有较低的声速，有利于获得高的声光衍射效率。但是长程无序结构易产生声子黏滞效应，因而声损耗比晶态材料高，其工作频率无法做得很高。大多数声光玻璃折射率低，为改进这个性能，常引入较高成分的钡、铅、碲、镧等氧化物，以提高声光衍射品质因子。下面介绍几种典型的声光玻璃。

2.3.5.1　硫系玻璃

硫系玻璃组分是些不含氧的硫化物、硒化物或砷化物玻璃，以硫化物玻璃最为常用。硫、硒和砷的化合物在近程范围仍保持共价键特性并形成交联网络结构，因而这些玻璃具有高的折射率和较低的声损耗，从而有优秀的声光特性。这种玻璃对紫或紫外短波的光透过率低，但对红外或中红外光透过率高，常用作红外声光材料。这类玻璃中，含砷玻璃的失透温度较高，在室温工作时不易失透，性能较其他玻璃稳定。

2.3.5.2 融石英玻璃

融石英玻璃用纯 SiO_2 制成，具有低的声速，较高的声光衍射效率，很低的声损耗和光波损耗，容易制成高光学质量、宽透光波段的大块声光器件，应用于高功率、多种激光波长的声光调制，是目前最常用的声光玻璃材料。

2.3.5.3 各种重火石玻璃

玻璃组分中含有多种重金属元素氧化物，它们具有特别高的折射率，因而具有高的声光衍射效率。缺点是重金属元素的引入，常使其透明波段的短波限红移，使用波段相应较窄，光学均匀性及光透过率都比石英玻璃差。

2.3.5.4 单质半导体玻璃

单质半导体玻璃主要是非晶态硒玻璃和碲玻璃，它们具有半导体特性，具有极高的折射率，声速比硫系玻璃低，在红外波段也有宽的透过率，是优秀的红外声光材料。

2.4 激光晶体

激光晶体是晶体激光器的工作介质，它是指以晶体为基质，通过分立的发光中心吸收光泵能量并将其转化成激光输出的发光材料。

2.4.1 掺杂型激光晶体

绝大部分激光晶体都是掺杂型激光晶体，它是由激活离子和基质晶体两部分组成。

常用的激活离子大部分是过渡金属离子和稀土金属离子，具体如下：

(1)过渡金属离子。过渡金属离子的 3d 电子没有外层电子屏蔽，在晶体中受周围晶场的直接作用，因此在不同类型的晶体中，其光谱特性有很大差异。

(2)稀土金属离子。三价稀土离子的 4f 电子被 5s 和 5p 外壳层电子屏蔽，从而减少了周围晶场对 4f 电子的作用，但晶场的微扰作用使本来禁戒的 4f-4f 跃迁可能实现，产生吸收较弱和宽度较窄的吸收线，而从 4f 到 6s、6p 和 5d 能级跃迁的宽吸收带处于远紫外区，因此这类激活离子对一般光泵吸收效率较低，为了提高效率必须采用一定的技术，如敏化技术、提高掺杂浓度等。

激光晶体对基质晶体的要求是使其阳离子与激活离子的半径和电负性接近，价态尽可能相同，物理化学性能稳定和能较易生长出光学均匀性好的大尺寸晶体。基本符合上述要求的基质晶体主要有两大类，即氟化物和氧化物。表 2-4 和表 2-5 所示为常见氟化物晶体。表 2-6 所示为部分常用氧化物晶体。

表 2-4　常见氟化物晶体(1)

晶体	激活离子											
	Nb^{3+}	Tb^{3+}	Ho^{3+}	Er^{3+}	Tu^{3+}	Yb^{3+}	Sm^{2+}	Dy^{2+}	Tu^{2+}	U^{3+}	V^{2+}	Co^{2+}	Ni^{2+}
$LiYF_4$	+	+	+										
MgF_2											+	+	+
$KMgF_3$												+	
$KMnF_3$													+
CaF_2	+		+	+	+	+	+	+	+	+			
MnF_2													+
ZnF_2												+	

注：+表示至今已可组成的掺杂型激光晶体。

表 2-5　常见氟化物晶体(2)

晶体	激活离子								
	Pr^{3+}	Nd^{3+}	Dy^{3+}	Ho^{3+}	Er^{3+}	Tu^{2+}	Sm^{2+}	Dy^{2+}	U^{3+}
SrF_2		+				+	+	+	+
BaF_2		+							+
BaY_2F_8			+	+	+				
LaF_3	+	+			+				
CeF_3		+							
HoF_3				+					

表 2-6　部分常用氧化物晶体

晶体	激活离子										
	Pr^{3+}	Nd^{3+}	Eu^{3+}	Gd^{3+}	Ho^{3+}	Er^{3+}	Tm^{3+}	Yb^{3+}	Ni^{2+}	Cr^{3+}	Ti^{2+}
$LiNdO_3$					+		+				
Al_2O_3										+	+
YVO_4		+	+		+		+				
$Y_3Al_3O_{12}$		+		+	+	+	+	+		+	
$Ca(NdO_3)_2$	+	+									
$YAl_3(BO_3)_4$		+									
$Bi_4Ge_3O_{12}$		+									
$CaWO_4$	+	+			+	+	+				
$YCa_4O(BO_3)_3$		+		+				+			

2.4.2　自激活激光晶体

当激活离子成为基质的一种组分时，形成自激活晶体。在通常的掺杂型晶体中，激活离子浓度增加到一定程度时，就会产生浓度猝灭效应，使荧光寿命下降。但在一类以 NdP_5O_{14} 为代表的自激活晶体中，其含 Nd^{3+} 浓度比通常 Nd:YAG 晶体高 30 倍，但荧光效应无明显下降。表 2-7 所示为常见的自激活激光晶体。

表 2-7　常见的自激活激光晶体

晶体	空间群	最邻近的阳离子数	波长/μm	寿命		寿命比	最大浓度/cm^{-1}
				X=0.01	X=1.0		
$Nd_xLa_{1-x}P_5O_{14}$	$P2_1/C_1$	8	1.051	320	115	2.78	3.9×10^{21}
$LiNd_xLa_{1-x}P_4O_{12}$	C2/C	8	1.048	325	135	2.41	4.4×10^{21}
$KNd_xGd_{1-x}P_4O_{12}$	$P2_1$	8	1.052	275	100	2.75	4.1×10^{21}
$Nd_xGd_{1-x}Al_3(BO_3)_4$	R32	8	1.064	50	19	2.63	5.4×10^{21}
$Nd_xLa_{1-x}Na_5(WO_4)_4$	$14_1/a$	8		220	85	2.59	2.6×10^{21}
$Nd_xLa_{1-x}P_3O_9$	$C222_1$	8		375	1 230	75	5.8×10^{21}
$C_3Nd_xY_{1-x}NaC_{16}$	Fm3m	8		4 100		3.33	3.2×10^{21}

2.4.3　色心激光晶体

色心激光晶体是由束缚在基质晶体格点缺位周围的电子或其他元素离子与晶格相斥作用形成的发光中心，由于束缚在缺位中的电子与周围晶格间存在强的耦合电子能级显著加宽，使吸收和荧光光谱呈连续的特征。因此，色心激光可实现可调谐激光输出。色心激光晶体主要由碱金属卤化物的离子缺位捕获电子，形成色心。表 2-8 所示为碱金属卤化物色心激光晶体及其特性。

表 2-8　碱金属卤化物色心激光晶体及其特性

晶体	色心类型	泵浦波长/nm	输出功率/mW	效率/%	调谐范围/μm
LiF	F^{2+}	647	1 800	60	800～1 010
KF	F^{2+}	1 064	2 700	60	1 260～1 480
NaCl	F^{2+}	1 064	150		1 360～1 580
KCl:Na	F^{2+}(A)	1 340	12	18	1 620～1 910
KCl:Li	F^{2+}(A)	1 340	25	7	2 000～2 500
KCl:Li	FA(I)	530,647,514	240	9.1	2 500～2 900
KI:Li	F^{2+}(A)	1 730		3	2 590～3 165

2.4.4 半导体激光器

半导体激光器是指以半导体晶体为工作物质的一类激光器，主要有Ⅲ-Ⅴ族半导体，如 GaAs、GaN、GaAlAs 等；Ⅱ-Ⅵ族半导体，如 CdS、ZnSe 等。近年来，半导体激光器发展迅速，波长几乎可以覆盖可见光区域和近紫外区域。图 2-10 所示是几种常用的半导体激光器波段范围。半导体激光器一般采用电激励方式激励。

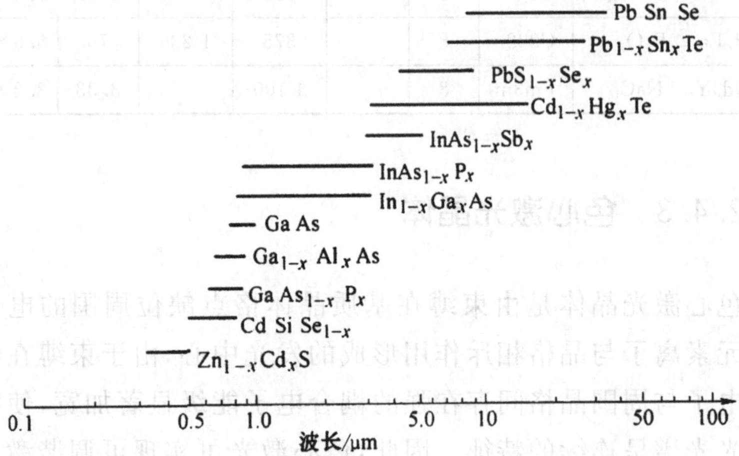

图 2-10 半导体激光器波段分布

第3章　金属功能材料

3.1　磁性材料

3.1.1　磁性材料的性质

3.1.1.1　磁畴和畴壁

磁畴是指铁磁体材料在自发磁化的过程中为降低静磁能而产生分化的方向各异的小型磁化区域，每个区域内部包含大量原子，这些原子的磁矩都像一个个小磁铁那样整齐排列，但相邻的不同区域之间原子磁矩排列的方向不同。各个磁畴之间的交界面称为磁畴壁。图3-1所示为(001)面Fe的磁畴显微图像。

在磁化方向不同的两个相邻畴的交界处，存在一个原子磁矩方向逐渐转变的过渡层，这个过渡层称为布洛赫(Bloch)磁畴壁。过渡层的厚度称为畴壁厚度。当畴壁两侧的原子磁矩的旋转平面与畴壁平面平行，两个磁畴的磁化方向相差180°，这种畴壁称为180°布洛赫壁，如图3-2(a)所示。对于厚度相当于一个磁畴尺度的薄膜材料，在膜厚方向只有一个磁畴，其磁化方向平行于膜的表面，畴壁将在薄膜的两个表面形成自由磁极和在膜内形成很大的退磁能，此时的畴壁称为奈耳(Neel)壁，如图3-2(b)所示。畴壁内原子磁矩的旋转平面平行于薄膜表面。

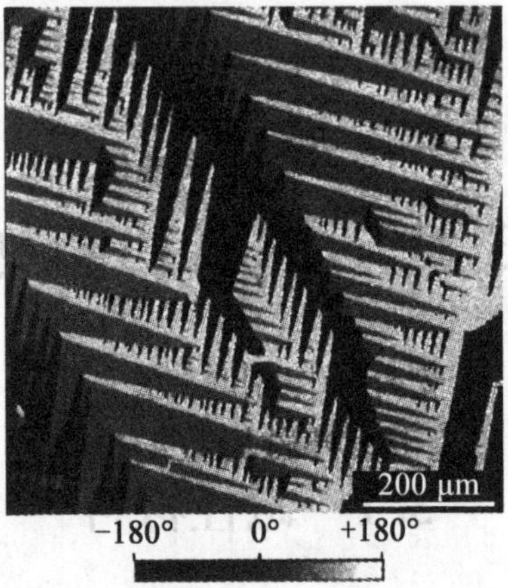

图 3-1　(001)面 Fe 的磁畴显微图像

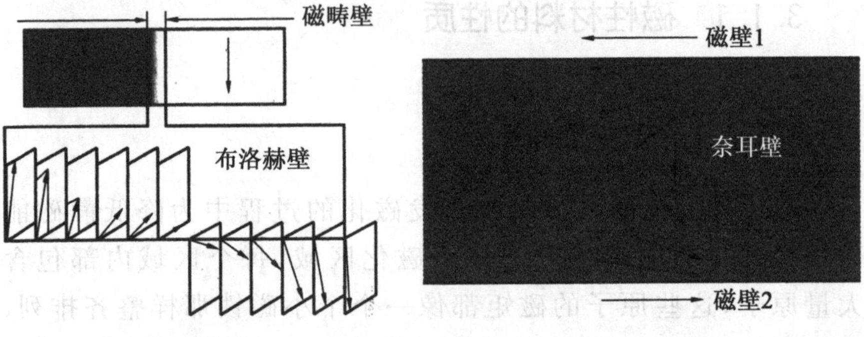

图 3-2　磁畴壁

3.1.1.2　磁致伸缩

磁性材料在磁化过程中发生沿磁化方向伸长(或缩短),在垂直磁化方向上缩短(或伸长)的现象,称为磁致伸缩。它是一种可逆的弹性变形。材料磁致伸缩的相对大小用磁致伸缩系数 λ 表示。即

$$\lambda=\frac{\Delta l}{l}$$

式中,Δl、l 分别为沿磁场方向的绝对伸长与原长。

在发生缩短的情况下,Δl 为负值,因而 λ 也为负值。饱和时的磁致伸缩系数称为饱和磁致伸缩系数,用 λ_s 表示。对于 3D 金属及

合金，λ_s 为 $10^{-5}\sim10^{-6}$。

3.1.1.3　磁各向异性

磁各向异性是指磁性材料在不同方向上具有不同的磁性能，可将它分为磁晶各向异性、形状各向异性、感生各向异性和应力各向异性等。单晶体的磁各向异性称为磁晶各向异性。以Fe、Ni、Co为例，它们的晶体结构分别为体心立方(bee)、面心立方(fee)和密排六方(hcp)，它们的易磁化方向分别为[100]、[111]和[0001]；难磁化方向分别为[111]、[100]和[1010]，如图3-3所示。

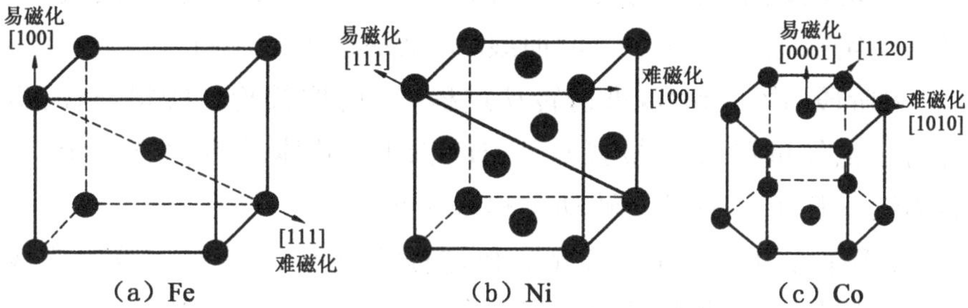

图3-3　各种晶型磁性材料的易磁化和难磁化

通过磁场热处理，即在居里温度以上通过居里温度的冷却过程中，在某个方向上施加强度足够大的外磁场，可使作用于材料的外磁场方向成为易磁化方向。磁性材料因此而获得的各向异性称为感生单轴各向异性。通过磁场热处理，使材料获得感生单轴各向异性，确保高磁导材料获得高磁导率，恒磁导材料获得恒定磁导率，矩磁材料获得高矩磁比和永磁材料获得高磁能积的重要手段。磁场热处理通常只适用于居里温度较高且此温度下离子和空穴仍保持一定扩散能力的材料。

3.1.1.4　磁化曲线及磁滞回线

处于磁中性状态下的磁性材料在磁场作用下，磁化强度 M 将随磁场强度 H 的增大而增大，最后在一定的饱和磁场强度 H_s 时达到饱和磁化强度值 M_s，这时，材料内部的原子磁矩基本上都已经沿磁场取向，再增大磁场强度，磁化强度值不会明显增大。在 M-H 图上绘出磁化强度随磁场强度变化的相应曲线称为磁化曲线，也称初始磁化曲线。相应地，磁性材料的磁感应强度 B 随磁场强度 H 变化的曲线称为 B-H 磁化曲线。

如图 3-4 所示，磁化曲线的变化分为 4 个阶段，它反映了试样磁化的 4 个过程。

a 阶段：由 O 到 A，可逆（或弹性）畴壁位移过程，M 随 H 呈线性地缓慢增长。

b 阶段：由 A 到 B，不可逆畴壁位移过程，M 随 H 急剧增长，畴壁移动出现不连续的巴克好森跳跃。如果将这段曲线放大，可以发现实际上并不是平滑的曲线，而是一连串的小折线。

c 阶段：由 B 到 C，可逆转动过程，M 的增长趋于缓慢，这时磁畴的磁化矢量已转到最接近于 H 方向的晶体易磁化方向上，M 的继续增长主要靠可逆转动过程来实现。

d 阶段：由 C 到 D，趋近饱和过程或称平行过程。磁化曲线极平缓地趋近于水平线而达到饱和状态。从理论上来讲，这时 H 仍能起到使原子磁矩克服热运动的干扰而排列更整齐的作用。但这种作用对增加 M 的贡献已十分微弱。

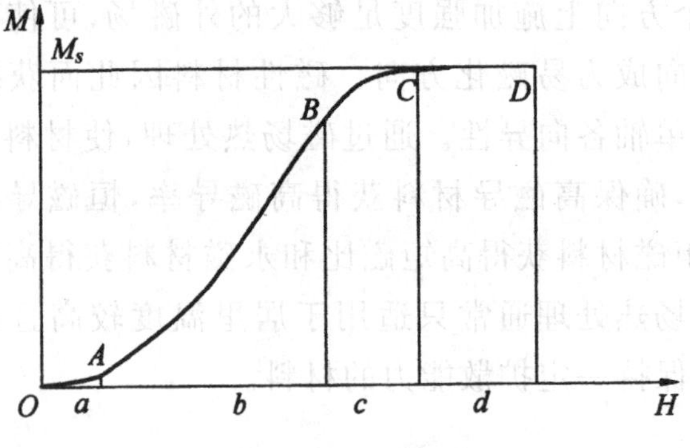

图 3-4　磁化曲线

如图 3-5 所示，如果 H 使试样饱和磁化强度 H_s 值减少，则 M 将图 3-5 中不同于原始磁化曲线的另一条曲线下降，当 H 降至零时，试样仍保持一定的剩余磁化强度 M_r。

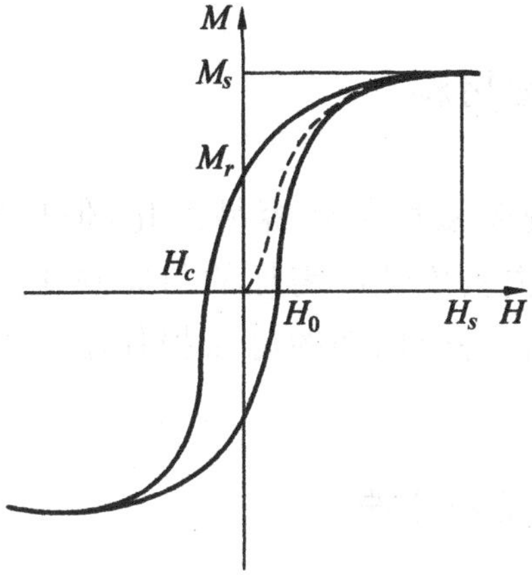

图 3-5 饱和磁滞回线

3.1.2 磁性材料的分类

磁性材料通常根据矫顽力(H_c)的大小进行分类,矫顽力小于 100 A/m(1.250 e)称为软磁材料;矫顽力介于 100～1 000 A/m (1.25～12.50 e)称为半硬磁材料;矫顽力大于 1 000 A/m(12.50 e)的称为硬(永)磁材料,如图 3-6 所示。

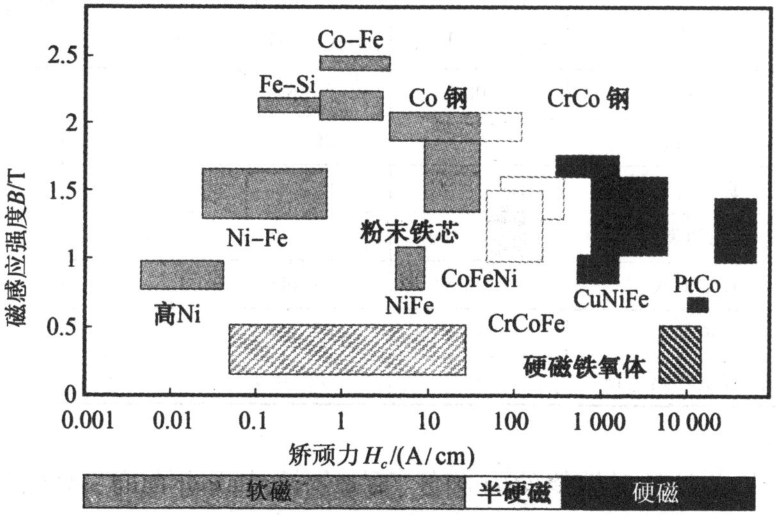

图 3-6 磁性材料的分类

3.1.3 软磁材料

软磁材料在较弱磁场下就容易磁化，但也容易退磁，其矫顽力(使已磁化材料失去磁性所需加的与原磁化方向相反的外磁场强度)低，磁导率高，每个周期的磁滞损耗小。下面就几类常用的软磁材料进行讨论。

3.1.3.1 电工用纯铁

电工用纯铁含碳量极低，其纯度在99.95%以上，退火态起始磁导率 μ_i 为 300～50μ_0(μ_0 是真空磁导率，$\mu_0=4\pi\times10^{-7}$ H/m)，最大磁导率 μ_m 为 6 000～12 000μ_0，矫顽力 H_c 为 39.8～95.5 A/m。我国生产的电工用纯铁的机械性能为：

抗拉强度 $\sigma_b=27$ kg/mm^2；延伸率 $\delta_5=25\%$；断面收缩率 $\psi=60\%$；布氏硬度 HB=131。表 3-1 所示为几种电工用纯铁的磁性能。

表 3-1 几种电工用纯铁的磁性能

名称	起始磁导率 $\mu_i(\mu_0)$/(H/m)	最大磁导率 $\mu_m(\mu_0)$/(H/m)	矫顽力 H_c/(A/m)	磁感应值 B_s/T
电铁	1 000	26 000	7.2	2.15
羰基铁	3 000	20 000	6.4	2.2
真空熔炼	—	207 500	2.2	—
真空熔炼和氢氧退火	—	88 400	3.2	2.16
真空退火	14 000	280 000	—	—
单晶	—	680 000	—	—
单晶(经磁场热处理)	—	1 430 000	12	—

影响纯铁磁性能的因素有多种，包括晶粒的结晶轴对磁化方向的取向关系，纯铁中的杂质，晶粒大小，金属的塑性变形，加工过程中的内应力等。为了改善纯铁的磁性能，除严格控制冶炼与

轧制过程外，还可以采用高温长时间氢气退火，消除晶格畸变和内应力，粗化晶粒。

3.1.3.2　电工用硅钢片

电工用硅钢片主要包括热轧硅钢片、冷轧无取向硅钢片等。

热轧硅钢片是将 Fe-Si 合金平炉或电炉熔融，进行反复热轧成薄板，最后在 800～850℃退火后制成。轧硅钢片可分为低硅（w(Si)≤2.8%）和高硅（w(Si)>2.8%）两类。其中低硅钢片具有高的 B_s 和力学性能，厚度一般为 0.5 mm，主要用于发电机制造，所以又称为热轧电机硅钢片。高硅钢片具有高磁导率和低损耗，一般厚为 0.35 mm，主要用于变压器制造，所以又称为热轧变压器硅钢片。

冷轧无取向硅钢片主要用于发电机制造，故又称为冷风电机硅钢片。其 w(Si)=0.5%～3.0%，经冷轧至成品厚度，供应态为 0.35 mm 和 0.5 mm 厚的钢带。冷轧硅钢 Si 的质量分数为 2.5%～3.5%。

习惯上将 w(Ni)=35%～80%的 Fe-Ni 合金称为坡莫合金。坡莫合金在弱场下具有很高的初始磁导率和最大磁导率，有较高的电阻率。坡莫合金的成分位于超结构相 Ni_3Fe 附近，合金在 600℃以下的冷却过程中发生明显的有序化转变。为获得最佳磁性能，必须适当控制合金的有序化转变。因此，坡莫合金退火处理时，经 1 200～1 300℃保温 3 h 并缓冷至 600℃后必须急冷。坡莫合金易于加工，可轧制成极薄带。

3.1.3.3　铁镍合金

铁镍软磁合金的主要成分是铁、镍、铬、钼、铜等元素。在弱磁场及中等磁场下具有高的磁导率，低的饱和磁感应强度，很低的矫顽力，低的损耗。该合金加工性能良好，可轧成 3 mm 厚的薄带，可在 500 kHz 的高频下应用。铁镍软磁合金与电工钢相比性能优越，被广泛地应用于仪表、电子计算机、控制系统等领域，但是价格比较昂贵。除此之外，由于工艺参数变动对其磁性能影响很大，所以产品性能不够稳定。

铁镍合金的相图与不同成分合金的性能如图 3-7 所示。常用的铁镍软磁合金的成分大致在含镍 40%～90%范围内，此成分范围的合金均为单相固溶体。超结构相 Ni_3Fe 的有序—无序转变温度为 506℃，其居里温度是 611℃，有序相对居里温度有影响。原子有序化对电阻率有影响，同时强烈影响合金磁晶各向异性常数 K_1 和饱和磁致伸缩系数 λ_s；磁导率和矫顽力亦对组织结构较敏感。

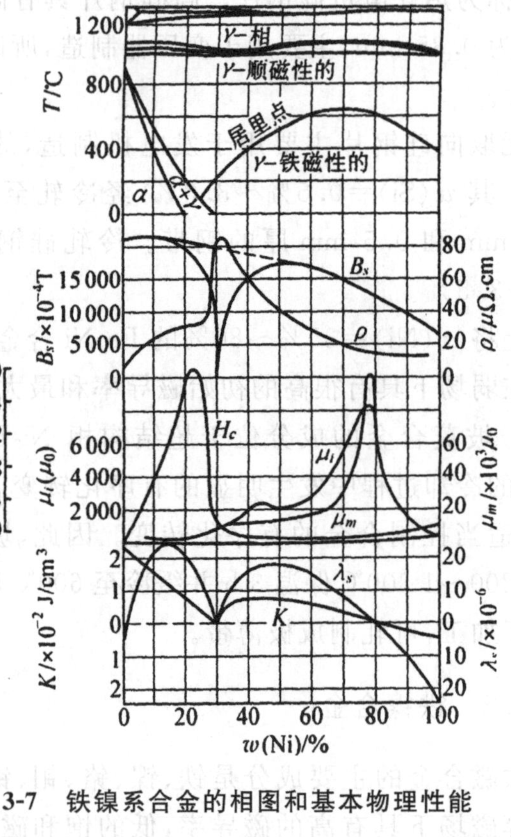

图 3-7　铁镍系合金的相图和基本物理性能

图 3-8 所示为经过不同的热处理合金磁导率的变化。由图可以看出，含镍量 76%～80%范围内的合金具有较高的磁导率，这是因为此范围正在超结构相 Ni_3Fe 成分附近，所以冷却过程中发

生了明显的有序化转变，使 K 值及 λ_s 值发生了变化。为使 K 值及 λ_s 值均趋于零，需得到适量的有序度，因此，铁镍二元合金热处理时必须急冷，否则影响其磁性能。为了改善铁镍合金的磁性能，可以向其中加入钼、铬、铜等元素，使合金有序化速度减慢，降低合金的有序化温度，简化了热处理工艺。

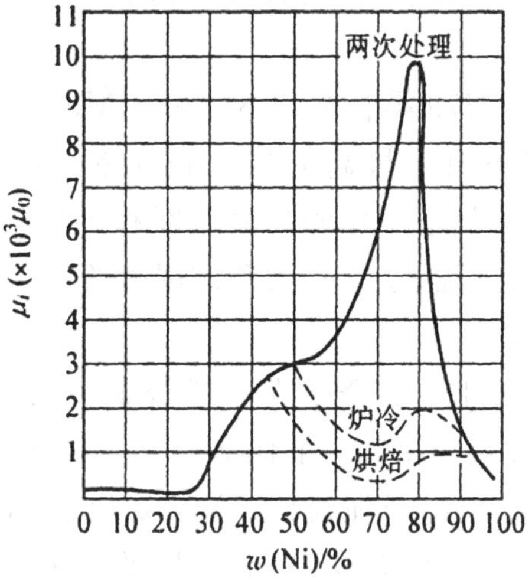

图 3-8　不同热处理工艺对铁镍合金的起始磁导率 u_i 的影响

根据特性和用途不同，铁镍软磁合金大致可分为以下几类：

(1)1J50 类。1J50 类合金含镍量为 36%～50%，具有较低的磁导率和较高的饱和磁感应强度及矫顽力，主要用于中等强度磁场，适用于中、小功率电力变压器、微电机、继电器、扼流圈、电磁离合器的铁芯、屏蔽罩、话筒振动片以及力矩马达衔铁和导磁体等。在热处理中，若能适当提高温度和延长时间，可降低矫顽力，提高磁导率。主要牌号有 1J46、1J50 和 1J54 等。

(2)1J51 类。1J51 类合金含镍量为 34%～50%，结构上具有晶体织构与磁畴织构，沿易磁化方向磁化，可获得矩形磁滞回线。在中等磁场下，有较高的磁导率及饱和磁感应强度。经过纵向磁场热处理（沿材料实际实用的磁路方向加一外磁场的磁场热处理），可使材料沿磁路方向的最大磁导率 μ_m 及矩形比 B_r/B_m 增加，矫顽力降低。这类合金主要用于中小功率高灵敏度的磁放大器和磁调制器，中小功率的脉冲变压器、计算机元件等。主要牌号有1J51、1J52和1J34等。

(3)1J65类。1J65类合金含镍量在65%左右，具有高的最大磁导率和较低的矫顽力，其磁滞回线几乎呈矩形。主要应用于中等功率的磁放大器及扼流圈、继电器等。这类合金与1J51类合金一样，经过纵向磁场热处理后可以改善磁性能。主要牌号有1J65和1J67等。

(4)1J79类。1J79类合金含Ni 79%、Mo 4%及少量Mn。该类合金在弱磁场下具有极高的最大磁导率，低的饱和磁感应强度。主要用于弱磁场下工作的高灵敏度和小型的功率变压器、小功率磁放大器、继电器、录音磁头和磁屏蔽等。主要牌号有1J76、1J79、1J80和1J83等。

(5)1J85类。1J85类合金在软磁合金中具有最高的起始磁导率、很高的最大磁导率和极低的矫顽力。这类合金对微弱信号反应极灵敏，主要应用于扼流圈、音频变压器、高精度电桥变压器、互感器、录音机磁头铁芯等。主要牌号有1J85、1J86和1J87等。

3.1.3.4 铁铝合金

铁铝合金是以铁和铝(6%～16%)为主要元素组成的软磁合金系列，含铝量在16%以下时，便可以热轧成板材或者带材；含铝量在5%～6%以上时，合金冷轧非常困难。铁和铝都是资源丰富、成本低的金属，铁铝合金的磁性能在很多方面与铁镍合金相类似，而在物理性质上还具有一些独特的优点，因此，可用来代替铁镍合金，是一种很有发展前途的软磁材料。铁铝合金常用来部分取代铁镍系合金在电子变压器、磁头以及磁致伸缩换能器等处使用。

铁铝系合金与其他金属软磁材料相比，具有以下几个特点：

(1)随着Al含量的变化，可以获得各种较好的软磁特性。如1J16有较高的磁导率；1J13具有较高的饱和磁致伸缩系数；1J12既有较高的磁导率又有较高的饱和磁感应强度等。

(2)电阻率高。1J16合金的电阻率是目前所有金属材料中最高的一种,一般为150 μΩ·cm,是1J79铁镍合金的2～3倍,因而具有较好的高频磁特性。

(3)有较高的硬度、强度和耐磨性。这对磁头之类的磁性元件来说是很重要的性能,如1J16合金的硬度和耐磨性要比1J79合金高。

(4)密度小,可减轻铁芯自重,这对于铁芯质量占相当大比例的现代电器设备来说很有必要。

(5)温度稳定可采用低温退火后淬火处理,抗辐射性能良好。

(6)对应力不敏感,适于在冲击、振动等环境下工作。

(7)时效性好,随着环境温度的变化和使用时间的延长,其磁性变化不大。

3.1.3.5　非晶态软磁合金

非晶态合金结构上的原子长程无序排列决定了其具有优良的软磁性能,它的矫顽力和饱和磁化强度虽然与铁镍合金基本相同,但含有质量比低于20%的非金属成分。非晶态合金不但具有高的比电阻,交流损失很小,而且制造工艺简单,成本也较低,同时还具有高强度、耐腐蚀等优点。

非晶态软磁合金主要有两个方面的应用:一是高磁感合金用作功率器件,如配电变压器、高频开关电源等用于电子工业;二是零磁致伸缩高磁导合金用作信息敏感器件或小功率器件,无线电工业和仪器仪表工业中的磁头、磁屏蔽和漏电保护器等。此外,非晶态软磁合金还可以用作高梯度磁分离技术中的磁介质材料,磁弹簧和磁弹性传感器材料,微电机、磁放大器、磁调制器、脉冲变压器铁芯材料以及超声延迟线等。总之,在许多方面的应用中,非晶态软磁合金已取得明显的效益。

3.1.4　硬磁材料

硬磁材料也称为永磁材料,是指材料被外磁场磁化以后,仍能在较长时间内保持着较强剩磁的材料。

评价永磁材料性能好坏的几个重要指标是：剩余磁感应强度 B_r、矫顽力 H_c、最大磁能积 $(BH)_{max}$ 以及凸起系数 η。永磁材料饱和磁滞回线的第二象限部分称退磁曲线，上述几个参数都反映在这条曲线上。同磁滞回线一样，退磁曲线也可做成 B-H 曲线和 M-H 曲线，其相应的矫顽力分别以 H_{CB} 和 H_{CM} 表示，如图 3-9 所示。退磁曲线的特性可以用凸起系数 η 表示。

$$\eta=(BH)_{max}/B_rH_c$$

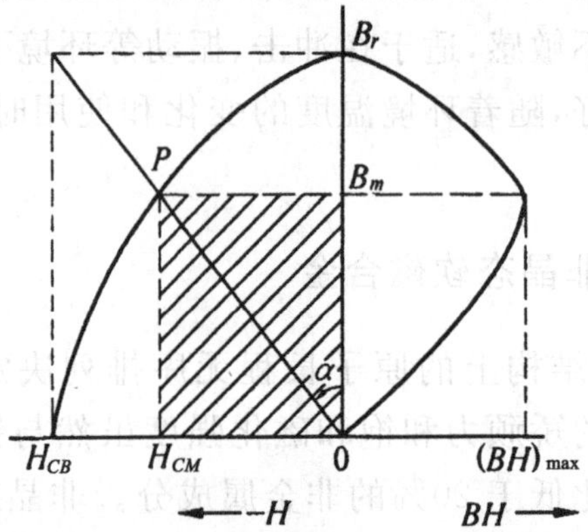

图 3-9　永磁材料的退磁曲线和磁能曲线

硬磁材料的种类很多，下面就几类常用的硬磁材料进行讨论。

3.1.4.1　铝镍钴永磁合金

铝镍钴系永磁合金以 Fe、Ni、Al 为主要成分，通过加入 Cu、Co、Ti 等元素进一步提高合金性能。从成分角度可以将该系合金划分为铝镍型、铝镍钴型和铝镍钴钛型 3 种。其中铝镍钴型合金具有高的剩余磁感应强度；铝镍钴钛型则以高矫顽力为主要特征。这类合金的性能除与成分有关外，还与其内部结构有密切关系。铸造铝镍钴系合金从织构角度可划分为各向同性合金、磁场取向合金和定向结晶合金 3 种。$AlNiCO_5$ 型合金价格适中，性能良好，故成为这一系列中使用最广泛的合金。由于采用高温铸型定向浇注和区域熔炼法，使其磁性能获得很大提高。

3.1.4.2 硬磁铁氧体

硬磁铁氧体具有高矫顽力、制造容易、抗老化和性能稳定等优点。由这类材料构成磁路时，磁路气隙的变化对气隙内磁通密度的影响不大，适用于动态磁路，如气隙改变的电动机和发电机等。硬磁铁氧体具有高电阻率和高矫顽力的特性，适应在高频与脉冲磁场中应用。硬磁铁氧体已部分取代铝镍钴永磁合金，用于制造电机器件（如发电机、电动机、继电器等）和电子器件（如扬声器、电话机等）。

工业上普遍应用的硬磁铁氧体就其成分而言主要有两种：钡铁氧体和锶铁氧体。其典型成分分别为 $BaO \cdot 6Fe_2O_3$ 和 $SrO \cdot 6Fe_2O_3$，一般以 Fe_2O_3、$BaCO_3$ 和 $SrCO_3$ 为原料，经混合、预烧、球磨、压制成型和烧结而成。这类材料具有亚铁磁性，晶体为六方结构，具有高的磁晶各向异性。铁氧体磁化以后，能保持较强的磁化性能。

钡铁氧体有各向同性和各向异性两种。各向异性钡铁氧体是利用单畴结构的微细粉末在磁场下成型，再经烧结而制得的。在外磁场的作用下，粉末颗粒的易磁化方向旋转至与磁场一致，使每个颗粒的易磁化轴平行于磁场方向，在材料中形成与单晶的磁状态近乎相同的组织。当除去外磁场后，各微晶粒的磁矩仍保留在这个方向上，因而各向异性硬磁铁氧体的磁能积要比各向同性的铁氧体大4倍之多。

锶铁氧体和钡铁氧体的物理性能相近。目前我国已经大量生产的部分硬磁铁氧体材料的主要性能见表3-2。

3.1.4.3 稀土永磁材料

稀土永磁材料的主要成分是由稀土元素与Fe、Co、Cu、Zn等过渡金属或B、C、N等非金属元素组成的金属间化合物。由于这类硬磁材料综合了一些稀土元素的高磁晶各向异性和铁族元素高居里温度的优点，因而获得了当前最大磁能积最高的硬磁性能。

表 3-2　硬磁铁氧体材料的磁性能

牌号	剩余磁感应强度 B_r/T	矫顽力 H_c/(kA/m)	最大磁能积 $(BH)_{max}$/(kJ/m³)	居里温度 T_c/℃	饱和磁化场/(kA/m)
Y10T*	≥0.20	128～160	6.4～9.6	450	800
Y15	0.28～0.36	128～192	14.3～17.5	450～460	
Y20	0.32～0.38	128～192	18.3～21.5	450～460	
Y25	0.35～0.39	152～208	22.3～25.5	450～460	
Y30	0.38～0.42	160～216	26.3～29.5	450～460	
Y35	9.40～0.44	176～224	30.3～33.4	450～460	
T15H	≥0.31	232～248	≥17.5	460	
Y20H	≥0.34	248～264	≥21.5	460	
Y25BH	0.36～0.39	176～216	23.9～27.1	460	
Y35BH	0.38～0.40	224～240	27.1～30.3	460	

注：* 表示各向同性，未加 * 为各向异性。

从 20 世纪 60 年代起，稀土永磁材料已经研究和生产了三代材料，即第一代的 $SmCO_5$ 系材料，第二代的 Sm_2Co_{17} 系材料和第三代的 Nd-Fe-B 系材料。第四代的 R-Fe-N 系和 R-Fe-C 系材料正在研究中。

(1)稀土钴系永磁合金。稀土钴系永磁合金是目前磁能积和矫顽力最高的硬磁材料，主要有 1：5 型 Sm-Co 永磁合金、2：17 型 Sm-Co 永磁合金和黏结型 Sm-Co 永磁合金。普遍应用于电子钟表、微型继电器、微型直流马达和发电机、助听器、行波管、质子直线加速器和微波铁氧器件等。

RCo_5 型合金中的 R 可以是 Sm、Pr、Lu、Ce、Y 及混合稀土(Mm)，包括 $SmCO_5$、$PrCO_5$ 和 $(SmPr)CO_5$。$SmCO_5$ 金属间化合物具有 $CaCu_5$ 气型六方结构，矫顽力来源于畴的成核和品界处畴壁钉扎。其饱和磁化强度适中(M_s=0.97 T)，磁晶各向异性极高(K_1=17.2 MJ/m³)。由于 Sm、Pr 价格昂贵，为了降低成本，发展了一系列以廉价的混合稀土元素全部或部分取代 Sm、Pr；用 Fe、Cr、Mn、Cu 等元素部分取代 Co 的 RCO_5 型合金。

金属间化合物 Sm_2Co_{17} 也是六方晶体结构，饱和磁化强度较高（$M_s=1.20$ T），磁晶各向异性较低（$K_1=3.3$ MJ/m^3）。以 Sm_2Co_{17} 为基的磁体是多相沉淀硬化型磁体，矫顽力来源于沉淀粒子在畴壁的钉扎。R_2Co_{17} 型合金较 RCO_5 型矫顽力低，但剩余磁感应强度及饱和磁化强度均高于后者。在 R_2Co_{17} 的基础上又研制了 R_2TM_{17} 型永磁合金，其成分为 $Sm_2(Co,Cu,Fe,Zn)_{17}$，其磁性能优于 RCO_5 型合金，并部分地取代了 RCO_5 型合金。

(2) Nd-Fe-B 系永磁合金。Nd-Fe-B 永磁材料最大磁能积的理论计算值高达 512 kJ/m^3，是磁能积最高的永磁体。传统的 Nd-Fe-B 永磁材料包括烧结永磁材料和黏结永磁材料。前者磁性能高，但工艺复杂，成本较高，典型化学成分比为 $Nd_{15}Fe_{77}B_8$；后者尺寸精度高，形态自由度大，且可与块状永磁材料做成复合永磁体，缺点是磁性能低。

Nd-Fe-B 系合金不含 Sm、Co 等贵金属，因此价格较第一、第二代稀土便宜，但磁性好，而且不像稀土钴合金那样容易破碎，加工性能好；合金密度较稀土钴低 13%，更有利于实现磁性器件的轻量化、薄型化。但 Nd-Fe-B 合金也存在一些缺点，如耐蚀性差、居里温度低（583 K）、使用温度受限（上限仅为 400 K）、磁感应强度温度系数大等。

Nd-Fe-B 磁体的磁性能是由主磁相的性能及磁体的组织结构决定的。其矫顽力除取决于主磁相的各向异性场外，还与晶粒尺寸、取向及其分布、晶粒界面缺陷及耦合状况有很大关系。Nd-Fe-B 磁体的矫顽力（1.2～1.3 T），远低于 $Nd_2Fe_{14}B$ 硬磁相各向异性场的理论值；磁体的剩磁 B_r 值则与饱和磁化强度、主磁相体积分数、磁体密度和定向度成正比；弱磁相及非磁相隔离或减弱主磁相磁性耦合作用，可提高矫顽力，但降低饱和磁化强度和剩磁值。

为了进一步改善 Nd-Fe-B 合金的性能，国内外学者做了许多工作，主要从调整合金的成分和制备工艺两方面考虑。如在合金中加入一定量的镍，或在磁体表面镀保护层，均可提高其耐腐蚀性；用Co和Al取代部分Fe或用少量重稀土取代部分Nd，可明显降低合金的磁性温度系数，如$Nd_{15}Fe_{62.5}B_{5.5}Al$的居里温度可达500℃；在Dy和Co的共同作用下，加入Al、Nb、Ga可以提高合金的内禀矫顽力，加入一定量的Mo也可以提高矫顽力，同时还可改善合金的温度稳定性。

Nd-Fe-B永磁合金具有良好的永磁性能、成熟的制备技术及不断降低的成本，尤其是很高的最大磁能积，使其在电子技术、核磁共振仪、通信工程、汽车及电机制造等方面有相当广泛的应用前景。

(3)R-Fe-N系永磁合金。R-Fe-N系永磁合金是目前国内外正在研究开发的第四代稀土永磁材料。其中R通常为Sm或Nd、Er、Y。$Sm_2Fe_{17}N_x$的居里温度为746 K，大大高于Nd-Fe-B的583 K。N以间隙原子形式溶入Sm_2Fe_{17}晶格，产生晶格畸变，磁化方向改变，具有单轴磁各向异性；磁晶各向异性场约为$Nd_2Fe_{14}B$的两倍，理论磁能积与$Nd_2Fe_{14}B$相近。$Sm_2Fe_{17}N_x$是亚稳态化合物，在600℃以上不可逆分解为SmN_x和Fe，所以只能用黏结法制备，因而限制了更广泛的应用。

3.1.4.4 可加工的永磁合金

可加工永磁合金是指机械性能较好，允许通过冲压、轧制、车削等手段加工成各种带、片、板，同时又具有较高磁性能的硬磁合金。这类合金在淬火态具有良好的可塑性，可以进行各种机械加工。合金的矫顽力是通过淬火塑性变形和时效(回火)硬化后获得的。属于时效硬化型的磁性合金主要有以下几个系列：

(1)α-铁基合金。主要有Fe-Co-Mo、Fe-Co-W合金，磁能积在8 kJ/m^{3}左右。这类合金以α-Fe为基，通过弥散析出金属间化合物Fe_mX_n来提高硬磁性能。Co的作用是提高B_s，Mo则提高

H_c。实际上，在铁中加入能缩小 γ 区并在 α-Fe 中溶解度随温度降低而减小的元素，都有可能成为 α-Fe 基永磁合金。如 Fe-Ti、Fe-Nb、Fe-Be、Fe-P 和 Fe-Cu 等。

α-铁基合金主要用作磁滞马达、形状复杂的小型磁铁，也可以用在电话接收机上。

(2)α/γ 相变型铁基合金。这类合金是在 Fe 中加入扩大 γ 区的元素，使合金在高温下为 γ 相，室温附近为 $\alpha+\gamma$ 相，利用 α/γ 相变来获得高矫顽力。主要为 Fe-Co-V 系、Fe-Mn 系等合金。

①Fe-Co-V 合金。Fe-Co-V 永磁合金是最早研究和使用的硬磁合金之一，其成分为 50%～52%的 Co，10%～15%的 V，其余为 Fe，有时含少量的 Cr。为了提高磁性能，回火前必须经冷变形，且冷变形度越大，含 V 量越高，磁性能越好。由于该合金延展性很好，可以压制成极薄的片，故可用于防盗标记。这类合金还广泛应用于微型电机和录音机磁性零件的制造。

②Fe-Mn-Ti 合金。Fe-Mn 系一般含 Mn 量为 12%～14%。添加少量 Ti 的 Fe-Mn-Ti 合金经冷轧和回火后，可进行切削、弯曲和冲压等加工，而且由于不含 Co，所以价格较低廉。一般用来制造指南针、仪表零件等。

(3)铜基合金。铜基合金包括 Cu-Ni-Fe 和 Cu-Ni-Co 两种合金，成分分别为 60% Cu-20% Ni-Fe 和 50% Cu-20% Ni-2.5% Co-Fe。它们的硬磁性能是通过热处理和冷加工获得的，其磁能积为 6～15 kJ/m^3，可用于测速计和转速计。Cu-Ni-Fe 合金锭不能热加工，且直径限制在 3 cm 以下。

(4)铁铬钴合金。Fe-Cr-Co 永磁合金的基本成分为 20%～33%的 Cr，3%～25%的 Co，其余为铁。通过改变组分含量或添加其他元素如 Ti 等，可改变其硬磁性能。该系列合金冷热塑性变形性能良好，可以进行冷冲、弯曲、钻孔和各种切削加工，制成片材、棒材、丝材和管材，适于制成细小和形状复杂的永磁体。主要用于电话器、转速表、扬声器、空间过滤波器、陀螺仪等方面。

Fe-Cr-Co 合金的磁性能已经达到 $AlNiCO_5$ 合金的水平，而原材料成本比 $AlNiCO_5$ 低 20％～30％，目前已部分取代 AlNiCo 系永磁合金及其他延性永磁合金。不过，Fe-Cr-Co 合金的硬磁性能对热处理等较为敏感，难以获得最佳的硬磁性能。

3.2　超导材料

3.2.1　超导材料的特性

3.2.1.1　零电阻现象

常导体的零电阻是指在理想的金属晶体中，由于电子运动畅通无阻因此没有电阻；而超导体零电阻是指当温度降至某一数值 T_c 或以下时其电阻突然变为零。电阻率 ρ 与温度 T 的关系如图 3-10 所示。

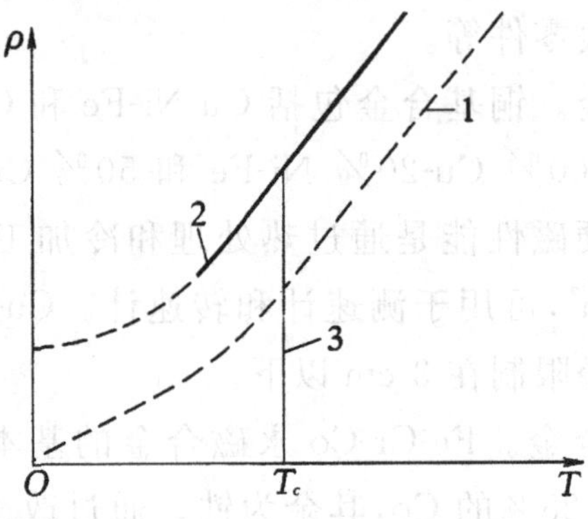

图 3-10　电阻率 ρ 与温度 T 的关系

1—纯金属晶体；2—含杂质和缺陷的金属晶体；3—超导体

3.2.1.2　完全抗磁性

1933 年，Meissner 和 Ochsenfeld 首次发现了超导体具有完全抗磁性的特点。把锡单晶球超导体在磁场($H\leqslant H_c$)中冷却，在达到临界温度 T_c 以下，超导体内的磁通线被排斥出去，或者先把超导体冷却至 T_c 以下，再通以磁场，这时磁通线也被排斥出去，如图 3-11 所示。即当超导体处于超导态时，在磁场作用下表面产生一个无损耗感应电流，这个电流产生的磁场恰恰与外加磁场大小相等、方向相反，总合成磁场为零，这就是迈斯纳效应。

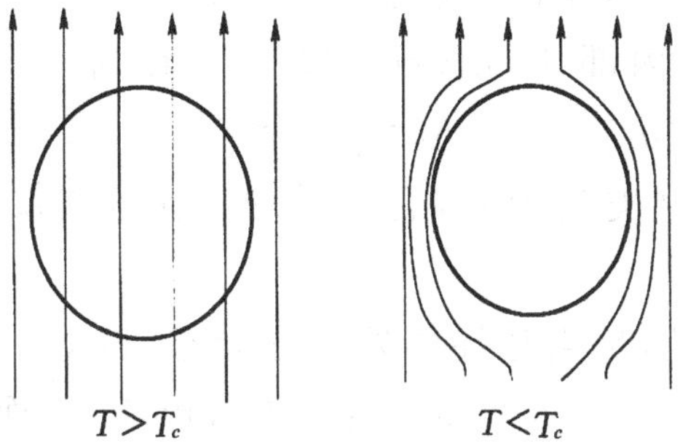

图 3-11　超导体的完全抗磁性

超导态具有两大基本属性零电阻现象和迈斯纳效应是相互独立又相互联系的。单纯的零电阻并不能保证迈斯纳效应的存在，但零电阻又是迈斯纳效应的必要条件。因此，衡量一种材料是不是超导体，必须看是否同时具备零电阻和迈斯纳效应。

3.2.2　超导机理

在阐明超导机理的几种理论中，二流体模型是当前较有说服力的、较为流行的一种。

二流体模型认为：超导体处于超导态时传导电子分为两部分，即一部分叫作常导电子，另一部分叫作超流电子。

两种电子占据同一体积，彼此独立运动，在空间上互相渗透。常导电子的导电规律与常规导体一样，受晶格振动而散射，因而产生电阻，对热力学熵有贡献。超流电子处于某种凝聚状态，不受晶格振动而散射，对熵无贡献，其电阻为零，它在晶格中无阻地流动。

这两种电子的相对数目与温度有关，$T>T_c$ 时，没有凝聚；$T=T_c$ 时，开始凝聚；$T=0$ 时，超流电子成分占 100%。

3.2.3 两类超导体

按超导体的磁化特性不同可将其分为两类。

第一类超导体在低于临界磁场 H_c 的磁场 H 中处于超导态时，在超导体内部 $B=\mu_0(H+M)=0$；在高于 H_c 的磁场中则处于正常态，$B/\mu_0=H$，$-M=0$。除 Nb、V、Tc 以外，一般元素超导体都属于这类超导体，它们的 H_c 最高值仅为 10^4 A/m 数量级。

完全抗磁性，是当超导体处于超导态时，如果周围存在小于 H_c 的磁场，在超导体表面能感生出屏蔽电流，从而产生一个恰好能抵消外磁场的附加磁场，使外磁场完全不能进入超导体内部，这种完全抗磁性又称为迈斯纳效应，如图 3-12 所示。完全抗磁性和电阻消失现象是超导体的两个相互独立的基本特征。

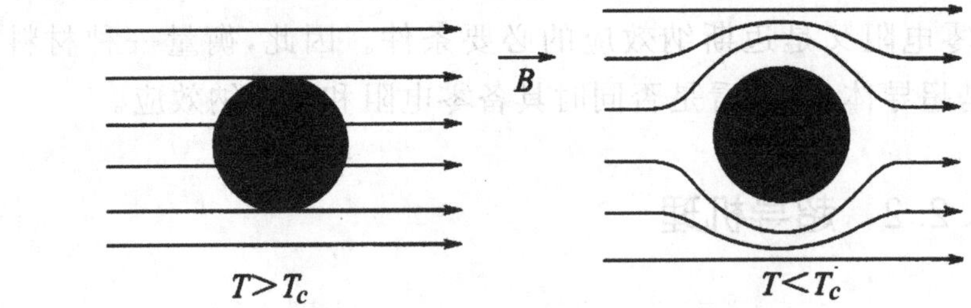

图 3-12 第一类超导材料的迈斯纳效应

第二类超导体有两个临界磁场：下临界磁场 H_{c1} 和上临界磁场 H_{c2}。当外加磁场小于 H_{c1} 时，第二类超导体也表现出完全抗磁性；当外磁场达到 H_{c1} 时，就失去完全抗磁性，磁力线开始穿过超导体内部。随着外磁场的增大，进入超导体内的磁力线增多。

磁力线进入超导体，表明超导体内已有部分区域转变为正常态。此时的第二类超导体成为混合态。混合态中的正常区是以磁力线为中心，半径很小的圆柱形区域。正常区周围是连通的超导区，如图 3-13 所示。在超导体样品的周界仍有逆磁电流。

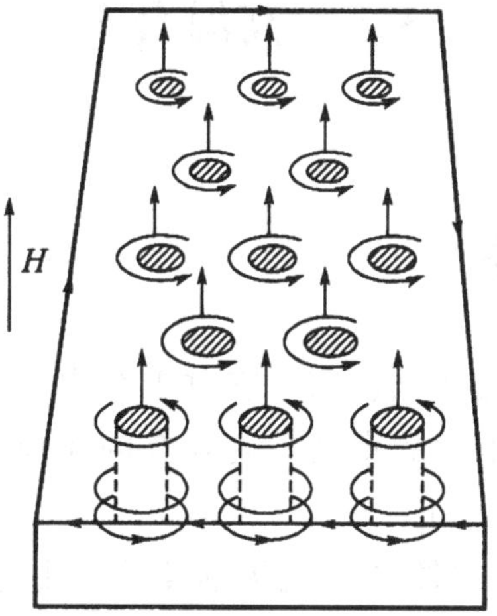

图 3-13 第二类超导体的混合态

图 3-14 所示为第二类超导体的磁化性能曲线。

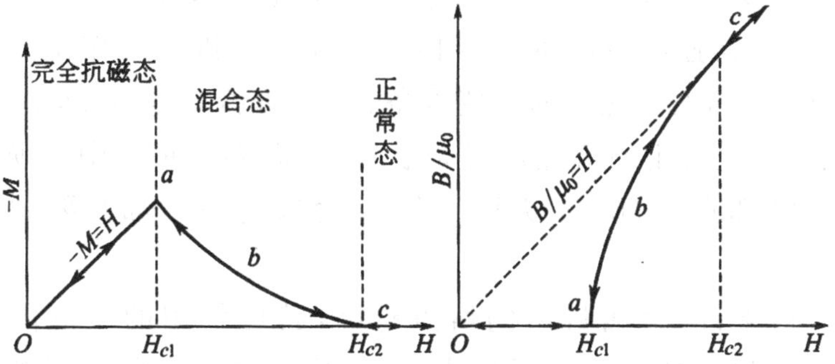

（a）$-M$-H曲线　　（b）B/μ_0-H曲线

图 3-14 第二类超导体的磁化曲线与 B/μ_0-H 曲线

由图 3-14 可见，当外加磁场增加时，超导体沿 $Oabc$ 方向磁化，当外磁场减小时，则沿 $cbaO$ 反向进行。具有这种可逆磁化行为的第二类超导体，称为理想第二类超导体。

在第二类超导材料中，虽然其完全抗磁性在较低的磁场下就遭到破坏，但其完全导电性却可保持到较高的磁场。因此，对这类材料的开发和应用就得到普遍的重视。

3.3 高温合金

3.3.1 概述

高温合金又称为耐热合金，它对于在高温条件下的工业部门和应用技术，有着重大的意义。尤其有的还要求材料能在高温下连续工作几万小时以上。

最具有代表性的领域为航天航空发动机燃烧及相关零部件制造。先进飞机的关键部件之一就是发动机，涡轮进口气体温度常可达 1 700℃以上，如果把涡轮前温度由 900℃提高到 1 300℃，则发动机推力将会增加到 130%，耗油率会大幅度下降。先进的矢量推进发动机对矢量喷管结合处的耐温要求高达 2 000℃，可见耐高温、高强度材料的重要性。喷气发动机的工作温度高达 1 380℃以上，石油化工的某些设备、各种加热炉、热处理炉、热分解炉、煤气化所用的流化床燃烧装置、高温煤气炉的中间换热器传热管等都在 1 000℃以上工作。显然，这一切都需要超耐热合金。

一般来说，金属材料的熔点越高，其可使用的温度限度越高。如用热力学温度表示熔点，则金属熔点 T_m 的 60%被定义为理论上可使用温度的上限 T_c，即 $T_c=0.6T_m$。这是因为随着温度的升高，金属材料的机械性能显著下降，氧化腐蚀的趋势相应增大。因此，一般的金属材料都只能在 500～600℃下长期工作，在 700～1 200℃高温下仍能长时间保持所需力学性能，具抗氧化、抗腐蚀能力，且能满意工作的金属材料称为高温合金。

高熔点只是高温合金的一个必要条件。纯金属材料中尽管有熔点高达 2 000℃以上的，但在远低于其熔点下，力学强度迅速下降，高温氧化、腐蚀严重，因而，极少用纯金属直接作为高温材料。普通的碳钢在 800～900℃时强度就大大降低了。但是在其中加入其他一些金属成分（如镍、铬、钨）制成高温合金，耐高温水平就可以大幅提高。

超耐热合金根据其用途和工作条件的不同，对性能的要求有所不同。由于金属的氧化和其他腐蚀反应的速度随着温度的升高而显著加快，还由于在高温下金属受外力或反复加热冷却作用下会因疲劳而断裂，有的甚至不受外力作用也会因蠕变而自动不断地变形。因此，对高温材料的要求主要有两个方面：一是在高温下要有优良的抗腐蚀性；二是在高温下要有较高的强度和韧性。

第Ⅴ副族元素、第Ⅵ副族元素、第Ⅶ副族元素，原子中未成对的价电子数很多，在金属晶体中形成坚强化学键，而且其原子半径较小，晶格结点上粒子间的距离短，相互作用力大，所以其熔点高、硬度大，是高熔点金属。高温合金主要是指第Ⅴ～Ⅶ副族元素和第Ⅷ族元素形成的合金。

3.3.2　提高高温合金性能的实现途径

为了提高高温合金的高温强度和耐腐蚀性，通常通过改变合金的组织结构和采用特种工艺技术这两种途径来实现。

3.3.2.1　改变合金的组织结构

金属在高温下氧化的起始阶段是化学反应过程，随着氧化反应的进一步发展，便成了复杂的热化学过程。在金属表面形成氧化膜后，氧原子穿过表面氧化膜的扩散速度决定了反应是否继续向内部扩展，而前者取决于温度和表面氧化膜的结构。

铁能与氧形成 FeO、Fe_2O_3、Fe_3O_4 等一系列氧化物，温度在

570℃以下，铁表面形成构造复杂的Fe_2O_3和Fe_3O_4氧化膜，氧原子难以扩散，起到减缓深入氧化、保护内部的作用；但是温度提高到570℃以上，氧化物中FeO含量增加。FeO晶格中，氧原子不满定额的，结构疏松，深入氧化逐渐加剧。在钢中加入对氧的亲和力比Fe强的Cr、Si、Al等，可以优先形成稳定、致密的Cr_2O_3、Al_2O_3或SiO_2等氧化物保护膜，即控制了FeO的形成，提高耐热钢高温抗腐蚀的能力。

钢的组织状态对其耐热性也有影响，奥氏体组织的钢比铁素体组织的钢耐热性高。Ni、Mn、N的加入能扩大和稳定奥氏体面心立方结构。其结构密集、扩散系数小、能容纳大量合金元素，能利用性能优异的γ'-[Ni(Ti,Al)]相的析出来强化，故其高温强度较好。

为了增强金属材料的耐高温蠕变性能，可以加入一些能提高其再结晶温度的合金元素，如W、Mo、V等。在钢中加入1%的Mo或W，可使得其再结晶温度提高115℃或45℃。

3.3.2.2 采用定向凝固和粉末冶金来提高合金的高温强度

定向凝固——高温合金中含有多种合金元素，塑性和韧性均较差，一般采用精密铸造工艺成型，当铸造结构中的一些等轴晶粒的晶界垂直于受力方向时，最容易产生裂纹。当叶片旋转时，所受的热应力和拉力平行于叶片纵轴，若定向凝固工艺形成沿纵轴方向的柱状晶粒，可以消除垂直于应力方向的晶界，使热疲劳寿命提高10倍以上。

粉末冶金——加入高熔点金属W、Mo、Ta、Nb，凝固时会在铸件内部产生偏析，使组织成分不均匀，如果采用粒度数十至数百微米的合金粉末，经过压制、烧结、成型工序制成零件，便可消除偏析现象，不但组织成分均匀，而且可以节省大量材料。例如，一个锻造涡轮盘毛坯质量为180～200 kg，而用粉末冶金法制造的涡轮盘质量只有73 kg。由于涡轮盘的轮缘和轮壳温度和受力情况不同，可以用成分和性能不同的两种合金粉末来制造，做到既经济又合理。

3.4　贮氢合金

3.4.1　金属贮氢原理

贮氢材料的金属氢化物有以下两种类型：

(1) Ⅰ和Ⅱ主族元素与氢作用，生成的离子型氢化物。这类化合物中，氢以负离子态嵌入金属离子间。

(2) Ⅲ和Ⅳ族过渡金属及 Pb 与氢结合，生成的金属型氢化物。氢以正离子态固溶于金属晶格的间隙中。

金属与氢的反应，是一个可逆过程。正向反应，吸氢、放热；逆向反应，释氢、吸热；改变温度与压力条件可使反应按正向、逆向反复进行，实现材料的吸释氢功能。平衡氢压-氢浓度等温曲线见图 3-15。

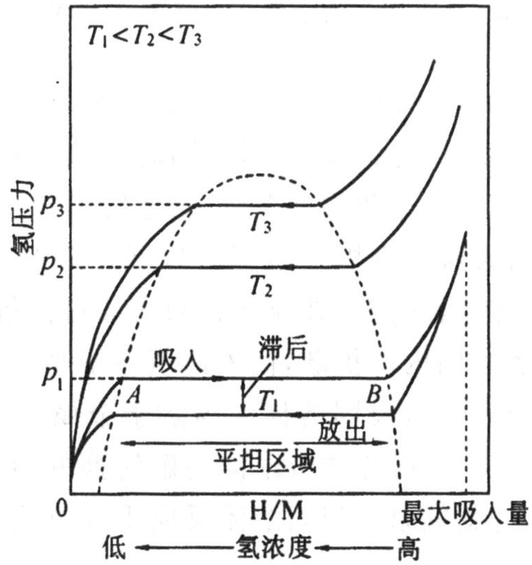

图 3-15　金属-氢体系的氢压-氢浓度等温(p-C-T)曲线

根据 p-C-T 曲线可以作出贮氢合金平衡压-温度之间的关系图，如图 3-16 所示。

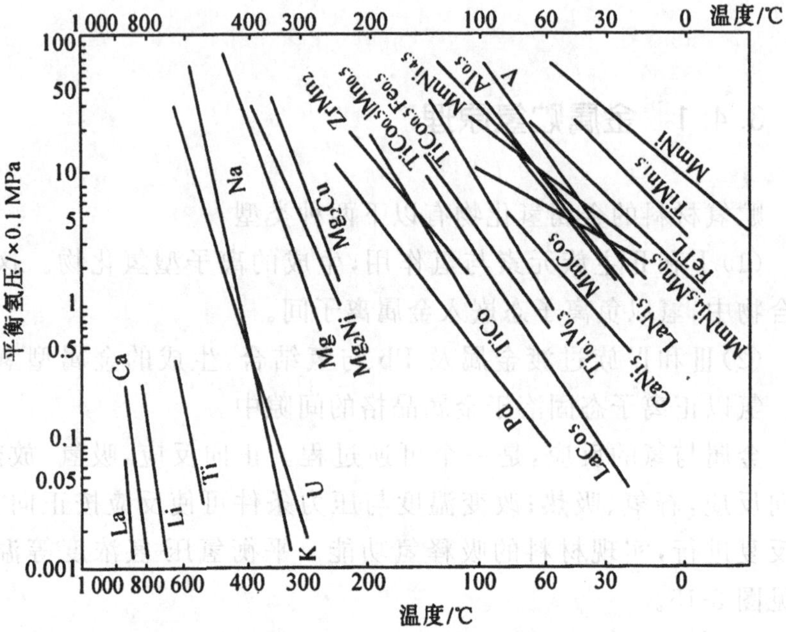

图 3-16　各种贮氢合金平衡分解压-温度关系曲线

图 3-16 表明，对各种贮氢合金，当温度和氢气压力值在曲线上侧时，合金吸氢，生成金属氢化物，同时放热；当温度与氢压力值在曲线下侧时，金属氢化物分解，放出氢气，同时吸热。

贮氢合金的吸氢反应机理如图 3-17 所示。氢分子与合金接触时，就吸附于合金表面上，氢分子的 H—H 键离解为原子态氢，H 原子从合金表面向内部扩散，侵入比氢原子半径大得多的金属原子与金属的间隙中形成固溶体。固溶于金属中的氢再向内部扩散，这种扩散必须有由化学吸附向溶解转换的活化能。固溶体一旦被氢饱和，过剩氢原子与固溶体反应生成氢化物，这时，产生溶解热。

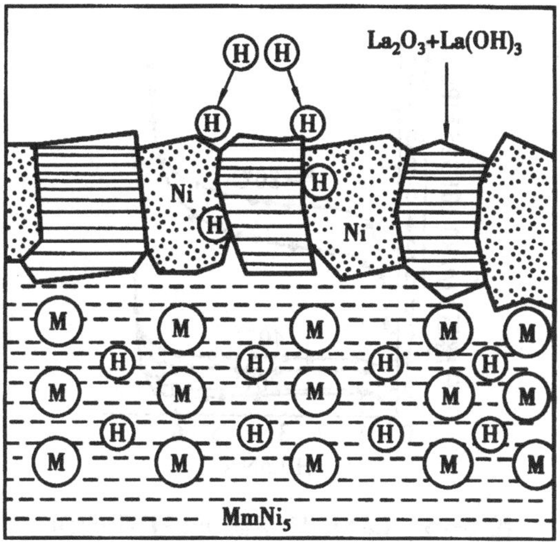

图 3-17　合金的吸氢反应机理

3.4.2　贮氢合金材料

3.4.2.1　稀土系贮氢合金

$LaNi_5$ 是稀土系贮氢合金的典型代表，室温即可活化，吸氢放氢容易，平衡压力低，滞后小(见图 3-18)，抗杂质。但是成本高，大规模应用受到限制。$LaNi_5$ 是六方结构，其氢化物仍保持六方结构。为了克服 $LaNi_5$ 的缺点，开发了稀土系多元合金，主要有以下几类：

(1)$LaNi_5$ 三元系。主要有两个系列：$LaNi_{5-x}M_x$(M＝Al，Mn，Cr，Fe，Co，Cu，Ag，Pd 等)型和 $R_{0.2}La_{0.8}Ni_5$(R＝Zr，Y，Gd，Nd，Th 等)型。$LaNi_{5-x}M_x$ 系列中最受注重的是 $LaNi_{5-x}Al_x$ 合金，M 的置换显著改变了平衡压力和生成热值，如图 3-19 所示。

(2)$MlNi_5$ 系。以 Ml(富含 La 与 Nd 的混合稀土金属，La＋Nd＞70％)取代 La 形成的 $MlNi_5$，价格便宜，而且在贮氢量和动力学特性方面优于 $LaNi_5$，更具实用性，如图 3-20 所示。以 Mn，Al，Cr 等置换部分 Ni，发展了 $MlNi_{5-x}M_x$ 系列合金，降低了氢平衡分解压。$LaNi_{5-x}Al_x$ 已大规模应用于氢的贮运、回收和净化过程中。

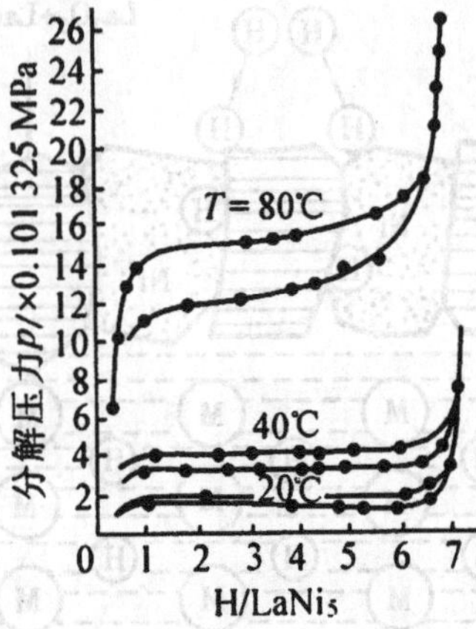

图 3-18　$LaNi_5$-H 系统 *p-C-T* 平衡图

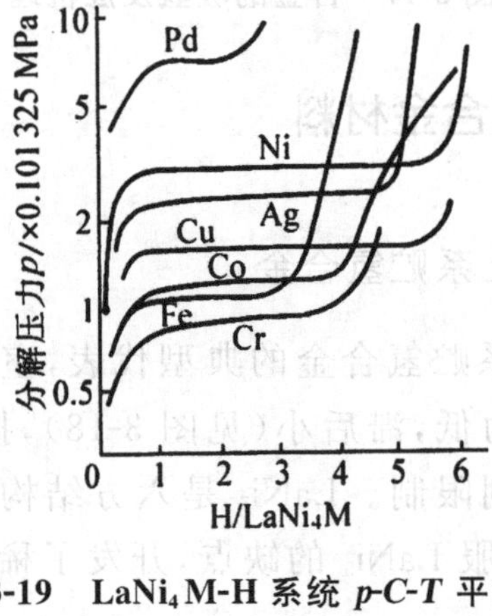

图 3-19　$LaNi_4M$-H 系统 *p-C-T* 平衡图

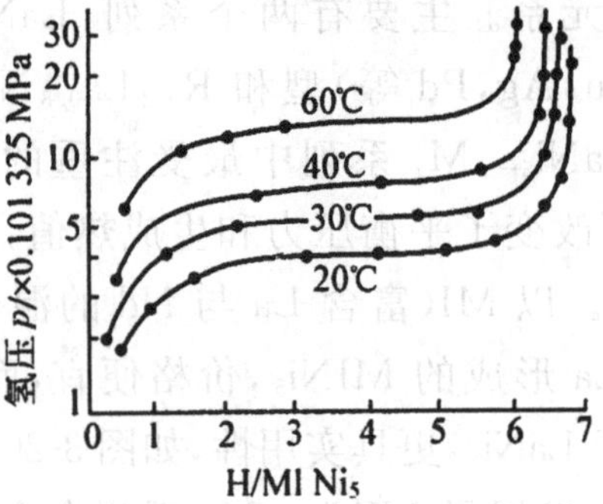

图 3-20　$MmNi_5$-H 系统 *p-C-T* 平衡图

(3) $MmNi_5$ 系。$MmNi_5$ 用混合稀土元素(Ce,La,Sm)置换 $LaNi_5$ 中的 La。$MmNi_5$ 释氢压力大，滞后大，难于实用。为此，在 $MmNi_5$ 基础上又开发了许多多元合金，如用 Al,B,Cu,Mn,Si,Ca,Ti,Co 等置换 Mm 而形成的 $Mm_{1-x}A_xNi_5$ 型(A 为上述元素中的一种或两种)合金；用 B,Al,Mn,Fe,Cu,Si,Cr,Co,Ti,Zr,V 等取代部分 Ni，形成的 $MmNi_{5-y}B_y$ 型合金(B 为上述元素中的一种或两种)。其中取代 Ni 的元素均可降低平衡压力，Al,Mn 效果较显著，取代 Mm 的元素则一般使平衡压力升高。图 3-21 所示为 $MmNi_{5-y}B_y$-H 系合金氢化特性。

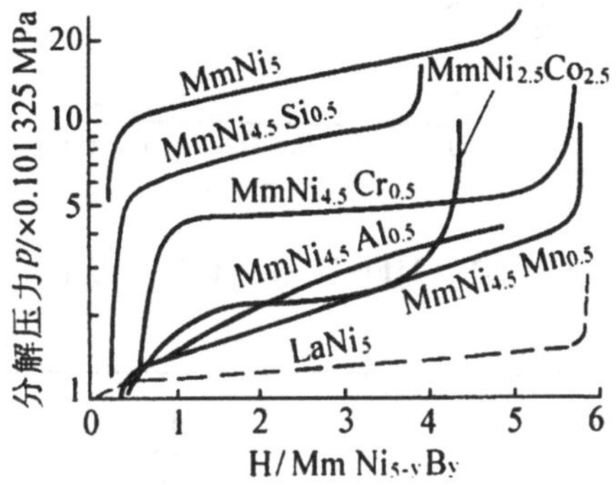

图 3-21 $MmNi_{5-y}B_y$-H 系统 *p-C-T* 平衡图

3.4.2.2 钛系贮氢合金

(1)钛铁系合金。钛和铁可形成 TiFe 和 $TiFe_2$ 两种稳定的金属间化合物。TiFe 可在室温与氢反应生成 $TiFeH_{1.04}$ 和 $TiFeH_{1.95}$，如图 3-22 所示。由图可以看出 *p-C-T* 曲线有两个平台，分别对应两种氢化物。

TiFe 合金的缺点是活化困难，抗杂质气体中毒能力差。为改善 TiFe 合金的贮氢特性，研究了以过渡金属 M 置换部分铁的 $TiFe_{1-x}M_x$ 三元合金，其中 M＝Co,Cr,Cu,Mn,Mo,Ni,Nb,V 等。加入过渡金属使合金的活化性能得到改善，氢化物稳定性增加，但平台变得倾斜。这一系列合金中具有代表性的是 $TiFe_{1-x}Mn_x$ (x＝0.1～0.3)，如图 3-23 所示。$TiFe_{0.8}Mn_{0.2}$ 在室温和 30 MPa

氢压下即可活化，生成的 $TiFe_{0.8}M_{0.2}H_{1.95}$ 贮氢量为 1.9 wt%（wt%是质量百分含量），但 *p-C-T* 曲线平台倾斜度大，释氢量少。日本研制出一种新型 Fe-Ti 氧化物合金，贮氢性能很好。

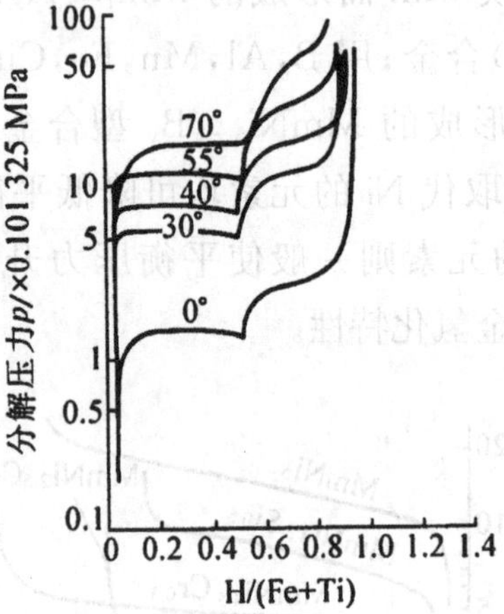

图 3-22　TiFe-H 系 *p-C-T* 平衡图

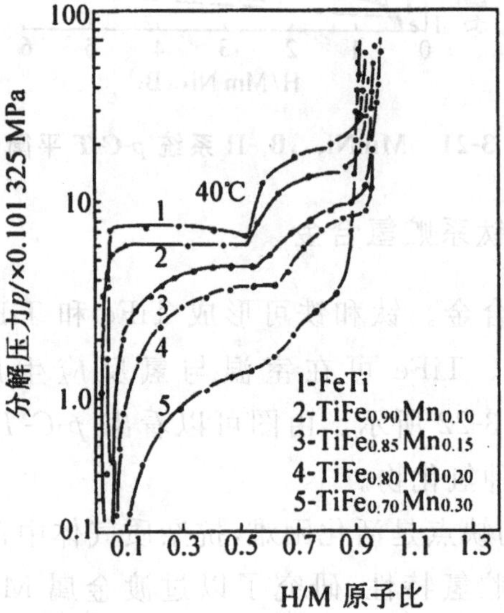

图 3-23　$TiFe_{1-x}M_x$ 系 *p-C-T* 平衡图

(2)钛镍系合金。钛镍系合金的研究始于20世纪70年代初，被认为是一种具有良好应用前景的贮氢电极材料，曾与稀土镍系贮氢材料并驾齐驱。Ti-Ni系有3种化合物，即TiNi、Ti_2Ni和$TiNi_3$。TiNi是一种高韧性的合金，难于用机械粉碎。而组成稍偏富钛侧，就会在TiNi母相的表面以包晶形式析出脆性Ti_2Ni相，较易粉碎。Ti_2Ni与氢反应生成$TiNiH_2$，吸氢量达1.6 wt%，理论容量达420 mA·h/g，但离解压低，只能放出其中的40%。TiNi合金在270℃以下与氢反应生成稳定的氢化物$TiNiH_{1.4}$，因Ni含量高，氢离解压高，反应速度快，但容量只有245 mA·h/g。$TiNi_3$相在常温下不吸氢。

人们一直在寻求改进Ti-Ni性能的途径。例如，制备混相合金，使合金中既含有贮氢量大的相，又含有电催化活性高的相，也就是包含上述TiNi和Ti_2Ni的混合相。或者用原子半径大的Zr部分替代TiNi中的Ti，以提高TiNi合金相的晶胞体积，增大可逆贮氢量。选择与Ti能固溶且吸氢量大的V部分替代Ti，或采用Zr、V部分替代Ti，制取$(Ti_{0.7}Zr_{0.2}V_{0.1})Ni$，合金的电化学容量达到320 mA·h/g，比TiNi二元合金高得多，也比AB_5型合金(320 mA·h/g)要高。但该合金的循环稳定性较差，经10次充放电循环后容量迅速衰退至200 mA·h/g。

戴姆勒-奔驰公司对使用Ti-Ni系合金作为可逆电池的研究发现，将TiNi和Ti_2Ni混合粉末烧结成的电极，最大放电容量为300 mA·h/g，充放电效率近100%，但Ti_2Ni在电解液中的循环寿命很短。如果在Ti_2Ni中加入Co和K，则可使Ti_2Ni电极的循环寿命大大提高。另外，用Al代替部分Ni，在$Ti_2Ni_{1-x}Al_x$电极材料中，随合金中Al的增大，电极比容量降低，但循环寿命提高。

3.4.2.3 镁系贮氢合金

镁与镁基合金贮氢量大、重量轻、资源丰富、价格低廉。主要缺点是分解温度过高，吸放氢速度慢，使镁系合金至今仍处于研究阶段。

镁与氢在300～400℃和较高的氢压下反应生成MgH_2,具有四方晶金红石结构,属离子型氢化物,过于稳定,释氢困难。在Mg中添加5%～10%的Cu或Ni,对镁氢化物的形成起催化作用,使氢化速度加快。Mg和Ni可以形成Mg_2Ni和$MgNi_2$两种金属化合物,其中$MgNi_2$不与氢发生反应,Mg_2Ni在一定条件下(2 MPa,300℃)与氢反应生成Mg_2NiH_4,稳定性比MgH_2低,使其释氢温度降低,反应速度加快,但贮氢量大大降低。在Mg-Ni合金中,当Mg含量超过一定程度时,产生Mg和Mg_2Ni二相,如图3-24所示,等温线上出现两个平坦区,低平坦区对应反应

$$Mg+H_2 \rightleftharpoons MgH_2$$

高平坦区对应反应

$$Mg_2Ni+2H_2 \rightleftharpoons Mg_2NiH_4$$

Mg和Mg_2Ni二相合金具有较好的吸释氢功能,Ni含量在3%～5%时,可获得的吸氢量最大为7%。

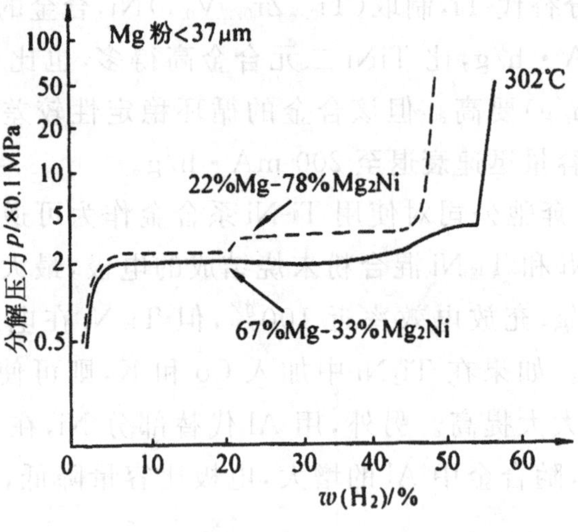

图3-24 Mg-Mg_2Ni-H系统*p-C-T*平衡图

目前镁系贮氢合金的发展方向是通过合金化,改善Mg基合金氢化反应的动力学和热力学。研究发现,Ni、Cu、Re等元素对Mg的氢化反应有良好的催化作用,对Mg-Ni-Cu系、Mg-Re系、

Mg-Ni-Cu-M(M＝Cu,Mn,Ti)系、La-M-Mg-Ni(M＝La,Zr,Ca)系及 Ce-Ca-Mg-Ni 系多元镁基贮氢合金的研究和开发正在进行。

3.4.2.4 机械合金化技术及复合贮氢合金

机械合金化(MA)是 20 世纪 70 年代发展起来的一种用途广泛的材料制备技术。将欲合金化的元素粉末以一定的比例,在保护性气氛中机械混合并长时间随球磨机运转,粉末间由于频繁的碰撞而形成复合粉末,同时发生强烈的塑性变形;合金粉末周而复始地复合、碎裂、再复合,组织结构不断细化,最终达到粉末的原子级混合而形成合金。

MA 技术可以细化合金颗粒,破碎其表面的氧化层,形成不规则的表面,使合金表面参与氢化反应的活性点增加;晶粒细化使氢化物层厚度减少,相应地参与氢化反应的合金增加。MA 技术可以方便地控制合成材料的成分和微观结构,制备出纳米晶、非晶、过饱和固溶体等亚稳态结构的材料。如用 MA 技术制备的纳米晶镁基贮氢合金,由于纳米晶中高密度晶界一方面可以作为贮氢的位置,另一方面为氢在合金中的扩散提供快速通道,使合金具有很好的动力学性能,吸释氢速度加快。

机械合金化技术成本低、工艺简单、生产周期短;制备的贮氢合金具有贮氢量大、活化容易、吸释氢速度快、电催化活性好等优点。美中不足的是用 MA 制备贮氢合金尚处于实验室研究阶段,理论模型,工艺参数,工艺条件还有待于进一步优化。

3.4.3 贮氢材料的应用

3.4.3.1 贮氢容器

传统的贮氢方法,如钢瓶贮氢及储存液态氢都有诸多缺点,而贮氢合金的出现解决了上述问题。首先,氢以金属氢化物形式存在于贮氢合金之中,密度比相同温度、压力条件下的气态氢大 1 000 倍。可见,用贮氢合金作贮氢容器具有重量轻、体积小的优点。其次，用贮氢合金贮氢，无须高压及储存液氢的极低温设备和绝热措施，节省能量，安全可靠。

由于贮氢合金在储入氢气时会膨胀，因此通常情况下要在粒子间留出间隙。为此出现了一种“混合贮氢容器”，也就是在高压容器中装入贮氢合金。通过与高压容器相配合，这种空隙不仅可有效用于贮氢，而且整个容器也将增加单位体积的贮氢量。贮氢容器设想使用普通的轻量高压容器。这种容器用碳纤维强化塑料包裹着铝合金衬板。装到容器中的贮氢合金采用贮氢量为重量 2.7 %、合金密度为 5 g/cm^3 的材料。对能够贮入 5 kg 氢气的容器条件进行了推算。与压力相同(但没有采用贮氢合金)的高压容器相比，重量增加了 30%～50%，但是能够将体积缩小 30%～50%。

3.4.3.2 氢化物电极

20 世纪 70 年代初发现，$LaNi_5$ 和 TiNi 等贮氢合金具有阴极贮氢能力，而且对氢的阴极氧化也有催化作用。20 世纪 80 年代以后，用金属氢化物电极代替 Ni-Cd 电池中的负极组成的 Ni/MH 电池才开始进入实用化阶段。

以氢化物电极为负极，$Ni(OH)_2$ 电极为正极，KOH 水溶液为电解质组成的 Ni/MH 电池，如图 3-25 所示。

充电时，氢化物电极作为阴极贮氢，M 作为阴极电解 KOH 水溶液时，生成的氢原子在材料表面吸附，继而扩散入电极材料进行氢化反应生成金属氢化物 MH_x；放电时，金属氢化物 MH_x 作为阳极释放出所吸收的氢原子并氧化为水。

决定氢化物电极性能的最主要因素是贮氢材料本身。作为氢化物电极的贮氢合金必须满足以下几个基本要求：

(1)在碱性电解质溶液中良好的化学稳定性。

(2)合适的室温平台压力。

(3)高的阴极贮氢容量。

(4)良好的电催化活性和抗阴极氧化能力。

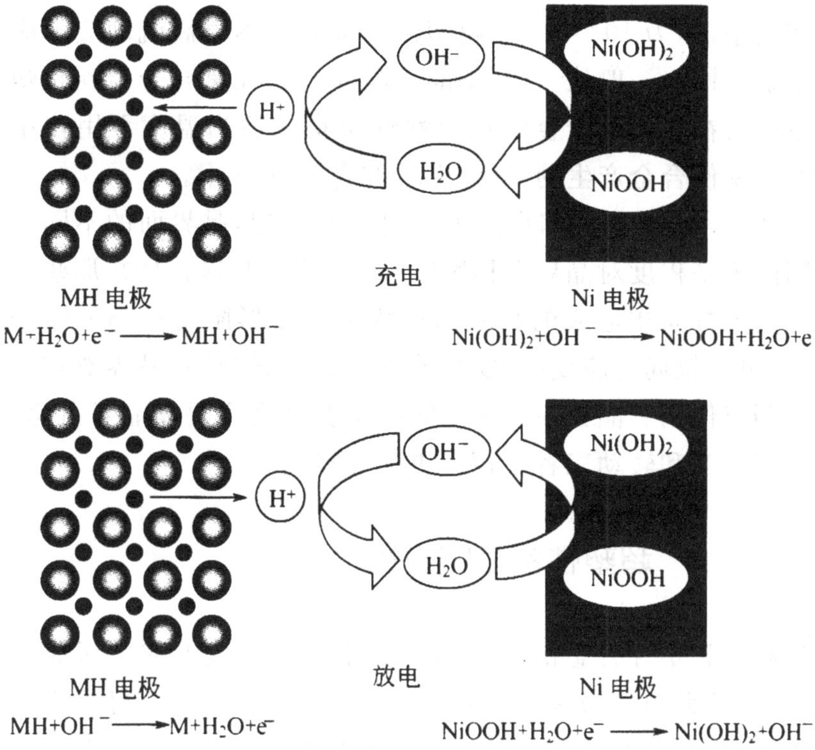

图 3-25　Ni-MH 镍氢电池充放电过程示意图

3.4.3.3　H_2 的回收与纯化

利用 $TiMn_{5.5}$ 贮氢合金，可将 H_2 提纯到 99.9999%以上，可回收氨厂尾气中的 H_2 以及核聚变材料中的氘，利用它可分离氕、氘和氚。

3.5　超塑性合金

3.5.1　超塑性机理

只有在特定的条件下，金属才具备超塑性。超塑性合金必须具有细小等轴晶粒的两相组织，晶粒直径小于 10 μm，在塑性变形过程中不显著长大。变形温度为熔点的0.5～0.65倍。应变速率较小，约为10^{-4} S^{-1}。超塑性合金利用本身高流动应力应变速率敏感性。一般认为，超细晶粒晶界的存在是合金出现超塑性的原因所在。所谓合金的超塑性现象是在适当温度下用较小的应变速率使合金产生的300%以上的平均延伸率。

1986年，张作梅和卢连大通过实验发现，晶界面的不同位向和凹凸不平程度对晶界滑移影响极大，晶界滑移总是在那些与最大剪应力方向相适应的晶界面所构成的变形阻力最小的路径上发生，单晶粒局部应变(主要是外壳上的)和转动对晶界滑移有重要的调节作用。晶粒在三维空间的重新排列主要靠晶界滑移、晶粒局部应变和转动三者的相互协调来实现。

3.5.2 超塑性合金的应用

利用超塑性合金的高变形能力采用真空成型或气压成型对其加工，既大幅度减少加工用力和加工工序，又可获得相当高的加工精度，尤其适于极薄管或板，以及具有极微小凹凸表面制品的制造。利用其晶粒的超细化，即晶界体积比的增加使得低压下的固相结合易于进行，已在轧制黏合多层材料、包覆材料、复合材料等方面得到应用，也在以箔材或细粉形式用作黏合剂方面开发了一些新用途。同时，超塑性合金也可以单独或与其他材料复合用作减振消音材料。

第4章 纳米功能材料

4.1 概 述

4.1.1 纳米材料的定义

把组成相或晶粒结构的尺寸控制在100 nm以下的具有特殊功能的材料称为纳米材料，即将三维空间内至少有一维处在纳米尺度范围(1～100 nm)的结构单元或由它们作为基本单元构成的具有特殊功能的材料。常规纳米材料中的基本颗粒直径不到100 nm，在1 nm^3 空间大约可容纳100个原子。

科技的发展使得新型的纳米材料层出不穷。当前我国从纳米尺度、纳米结构单元与纳米材料3个方面对纳米材料进行了定义：

(1)纳米尺度：1～100 nm范围内的几何尺度。

(2)纳米结构单元：纳米结构的基本单元包括团簇、纳米微粒、人造原子、一维纳米材料(纳米管、纳米线、纳米棒、纳米带、纳米单层膜及纳米孔等)。

(3)纳米材料：物质结构在三维空间至少有一维处于纳米量级(1～100 nm)的材料，它是由尺度介于分子、原子及宏观体系之间的纳米粒子所组成的新一代材料。

上述我国对纳米材料的定义是比较充分的，但仍然需要指出的是"结构"在材料科学中是多尺度的，涉及从原子结构、分子结构、晶体结构到宏观结构等多个层次。纳米材料反映的是材料外观尺度的特征，因此可将纳米材料简单定义为"三维外观尺度中至少有一维处于纳米级(1～100 nm)的物质以及以这些物质为主要结构单元所组成的材料"。

4.1.2 纳米材料的分类

从不同的角度，纳米材料可以划分成不同的类型，具体分类方法如图 4-1 所示。

- 纳米材料
  - 按照结构分
    - 零维纳米材料
    - 一维纳米材料
    - 二维纳米材料
    - 三维纳米材料
  - 按化学组分分
    - 纳米金属
    - 纳米晶体
    - 纳米陶瓷
    - 纳米玻璃
    - 纳米高分子
    - 纳米复合材料
  - 按材料物性分
    - 纳米半导体
    - 纳米磁性材料
    - 纳米非线性光学材料
    - 纳米铁电体
    - 纳米超导材料
    - 纳米热电材料
  - 按应用分
    - 纳米电子材料
    - 纳米光电子材料
    - 纳米生物医用材料
    - 纳米敏感材料
    - 纳米储能材料
  - 按纳米材料有序性分
    - 结晶纳米材料
    - 非晶纳米材料

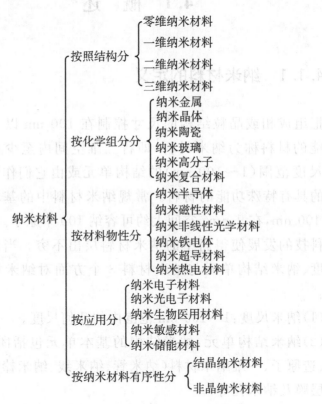

图 4-1 纳米材料的分类

4.1.3 研究纳米材料的重要意义

近年来，纳米科技的迅速发展给世界经济体系带来了可观的收益的同时，也极大地造福了我们的生活。纳米科技颠覆了人类对客观世界的认识，它将人类带入了一个原子和分子水平上的微观世界领域，它的最终目标是通过重新排列分子和原子使物质具有人们所需要的特性，从而制造出具有特定功能的产品，从根本上改变人们的生产和生活方式。

纳米技术开辟了人们认识自然的新层次，是人类进步的阶梯，知识创新的源泉。借此人们可以通过新物质表现出来的新特性对传统的器件和复合材料进行改性，加以重新利用。而且还可以有更多的自由度按人类的意愿合成具有特殊性能的新材料，所以结构设计和表面改性成了未来纳米领域研究的重要课题。纳米科技浪潮的持续推进有助于人类社会的发展，对人类的生产方式和认知做出了越来越大的贡献。

4.1.3.1　引发生产方式的变革

20 世纪 80 年代末，纳米科技的兴起也意味着信息产业即将掀起一股快速发展的浪潮，但现实并不是如我们所想，因为加工精度、研发投资极大以及量子尺寸效应对现有器件特性影响而带来的物理和技术限制问题和器件自身性质的限制问题成了信息产业发展路上的拦路虎。要想在纳米科技的航船上扬帆远航，我们必须清楚地认识到这条道路上存在的理论和技术问题，找到相应的解决办法，制定新的技术标准。用纳米技术制造的新型计算机，它的运算能力和存储容量是现代计算机不能相比的；宽带通信的速度也将会大大增加，这将是对信息产业和其他相关产业的一场深刻的革命。

生命科技在纳米科技的影响下同样也面临着巨大变革。科学家把纳米物质注入生物体后会导致新的生物效应，这将是人类以前不敢想象的。在纳米层次，生物系统具有完整、精密的结构和自我修复功能的组织，这可能使科学家将人造组件和装配系统放入细胞中，以制造出结构经过组装后的新材料和新器件。更多的与生物机体兼容的材料有可能使人类模拟自然自行装配，因此，纳米科技是未来信息与生命科学发展的基础，必将对我们的未来工作和生活产生深远的影响。

4.1.3.2　引发人类认知的变革

纳米科技让人们感受到物质不同于原有的、新的功能与特性的同时，也在改变着人类的观念和认知方式。从用肉眼观察客观世界到认识到物质中分子、原子及纳米微粒的过程中，人们认识自然的水平又进了一步。通过纳米科技，我们认识到了物质的本质，了解了物质从量变到质变的过程。它通过重新排列原子和分子，使其内部的间距和空间位置发生了变化，从而制造出具有特定功能的新材料。

今天当我们站在 21 世纪的起点上，回顾纳米技术带给我们的巨大影响，我们可以确信，纳米技术也将以空前的影响力和渗透力，改变科学方法和技术发展的轨迹，改变人类的生产方式、生活方式和伦理观念。

4.2　纳米材料的结构单元

4.2.1　团簇

原子、分子或离子团簇，简称团簇，是由几个乃至上千个原子、分子或离子通过物理或化学结合力组成的相对稳定的微观或亚微观聚集体，其物理和化学性质随所含的原子数目而变化。

团簇是一种物质初始状态，代表了物质的凝聚，也可以认为其是小分子或者原子物质向大块物质转变的过渡，是介于原子、分子与宏观固体之间的物质结构的新层次，有时被称为物质的“第五态”。从原子到宏观块体材料的演变，4 个原子之前的排列只有一种形式，对于 4 个原子是四角排列，即四面体排列，当再增加一个原子到 5 个原子时，就有两种排列形式，即可能有两种长大的方式，如图 4-2 所示。

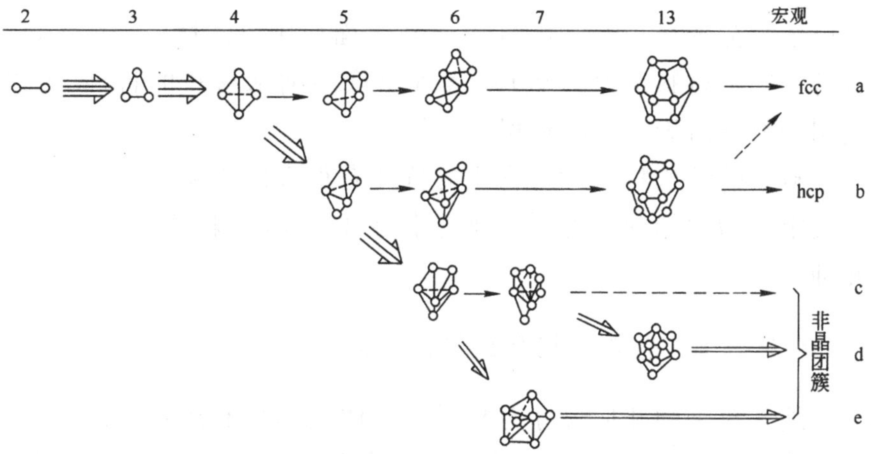

图 4-2 从原子到宏观块体材料的演变

原子团簇按照所属原子种类不同可分为多个种类：

(1)一元原子团簇，主要由金属团簇（如 Na_n、Ni_n 等）和非金属团簇组成；非金属团簇又可分为碳簇和非碳簇（如 B、P、S、Si 簇等）。

(2)二元团簇，如 In_nP_m、Ag_nS_m 等。

(3)多元团簇，如 $V_n(C_6H_6)_m$ 等。

(4)原子簇化合物，此类化合物由其他分子与原子团簇互相结合形成。

4.2.2 纳米粒子

纳米粒子是肉眼和一般的光学显微镜看不见的微小粒子，一般指颗粒尺寸在 1～100 nm 之间的粒状物质。它的尺度大于原子簇，小于通常的微粉。这类物质的尺寸只有人体红细胞的几分之一，小到需要使用高倍的电子显微镜才能够对其进行观察。根据组成物质的不同，可以将纳米粒子分为无机纳米粒子（主要是金属或非金属）和有机纳米粒子（主要是高分子或纳米药物）两大类。

通常来说，当物质粒子尺寸达到 1～100 nm 时，纳米粒子所含原子数范围在 10^3～10^7 个。其比表面积比块体材料大得多，就具备了纳米材料的基本效应，表现出许多纳米材料的特性，可以应用到航空航天、医疗、环保等领域。

粒子的结构特点对与物质的特性有很大的影响，很大程度上就决定了物质的理化性质。纳米粒子的结构一般可以分为以下几种：

4.2.2.1 晶体结构与纳米晶体超点阵结构

纳米粒子的几何尺寸对粒子的晶体结构具有决定性的影响，晶体的晶向生长速率也会对晶体结构有所影响。图 4-3(a)所示为一立方-八面体纳米晶体粒子形态与 R 变化的过程。由图可以看出，随着 R 值的不断增加，该立方-八面体纳米晶体粒子形态一直处于变化之中。

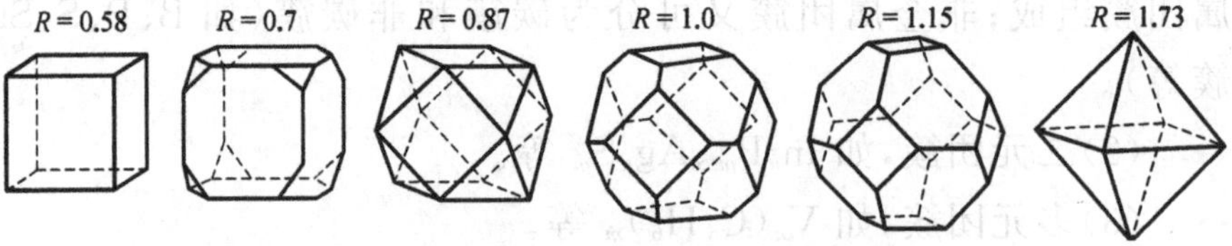

(a) 立方-八面体纳米晶体粒子形态随R值的变化

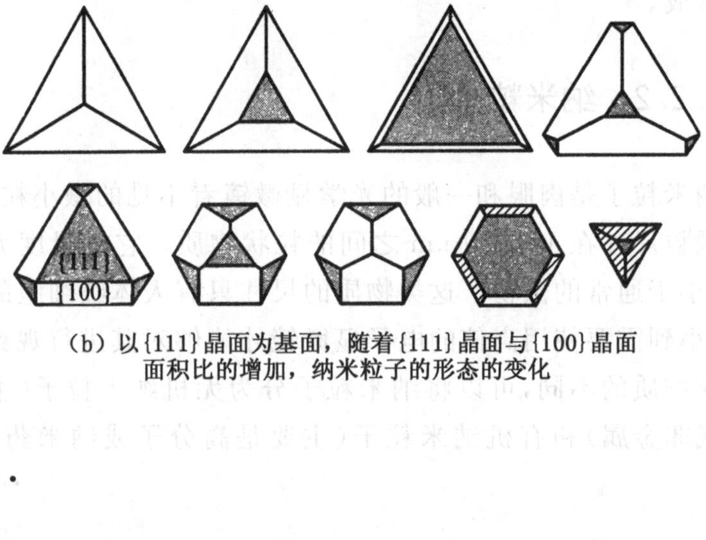

(b) 以{111}晶面为基面，随着{111}晶面与{100}晶面面积比的增加，纳米粒子的形态的变化

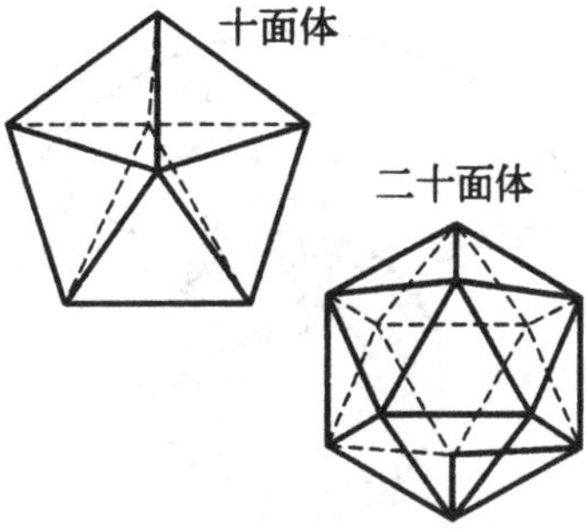

（c）十面体和二十面体形态的纳米粒子

图 4-3　纳米粒子的晶体结构受粒子几何尺寸的影响

超点阵结构就是利用胶体化学的方法将尺寸和形态可控的无机纳米粒子与有机物分子耦合在一起形成图 4-4 所示的结构。

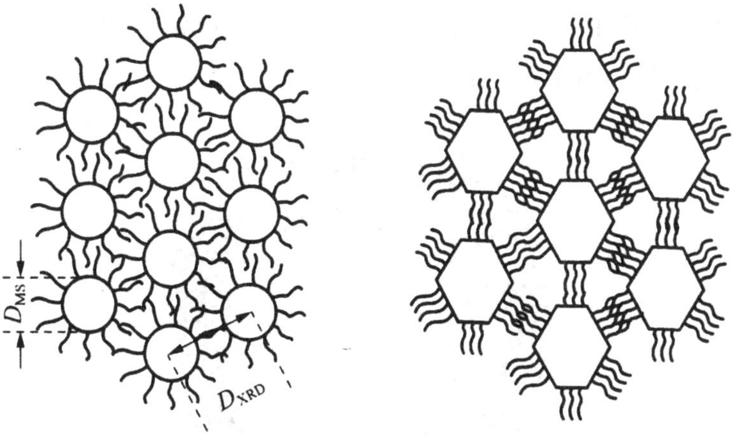

（a）球状纳米粒　　（b）多面体纳米粒

图 4-4　纳米粒的超点阵结构

4.2.2.2　有机物纳米粒子结构

有机物纳米粒子结构根据不同的形成方法可以分为以下 3 类：

(1)中空纳米球。中空纳米球的形成过程是脂质体特色及特殊形态的分子加之其双亲特性能够在水性溶液中能形成分子致密排列的中空球状双层结构，如图 4-5 所示。

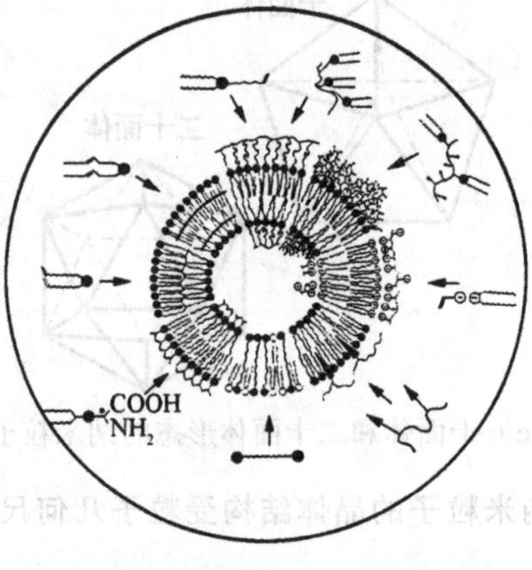

图 4-5　中空纳米球结构

(2)树枝状聚合物纳米粒子。树枝状聚合物纳米粒子的制备可以采取 3 种方法进行:有机合成法、收敛法以及扩散法。该物质的分子结构非常规整,具有三维结构的大分子物质在表面堆砌,形似树枝,如图 4-6 所示。

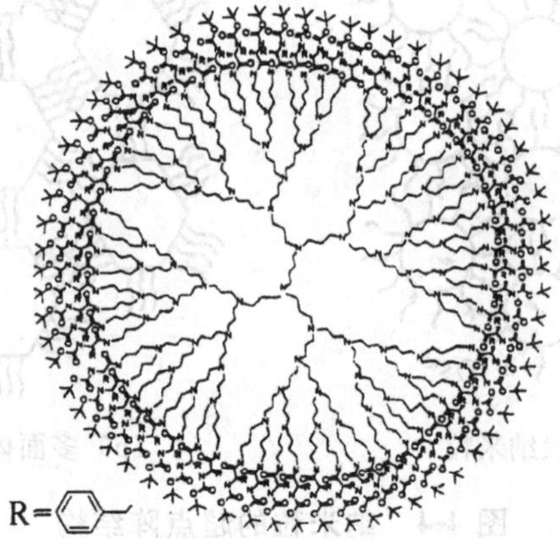

图 4-6　树枝状聚合物纳米粒结构

(3)层状结构纳米粒子。层状结构纳米粒子主要采取逐层沉积的方法进行制备。可以形成层状结构的纳米粒子在静电的作用下吸附在物质表面,静电还可以继续吸附外一层的纳米粒子,如此循环往复即可形成多层结构的纳米粒子,如图 4-7 所示。

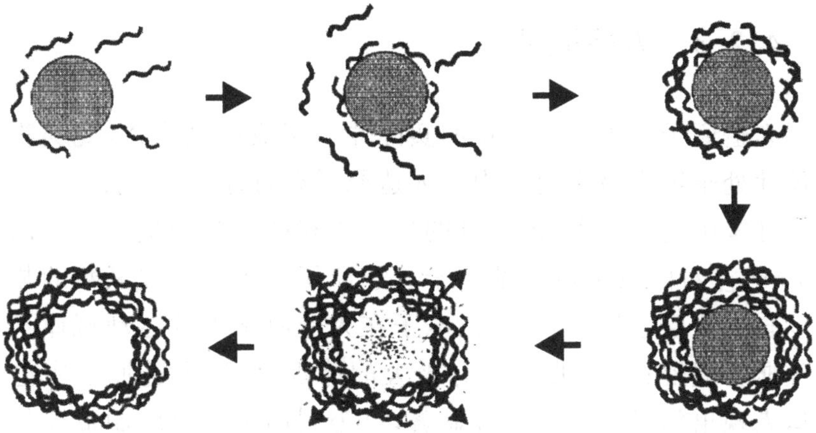

图 4-7　多层结构的纳米粒子的形成过程示意图

4.2.2.3　复合结构

人们通过原子或分子层级上纳米结构进行调整，已经获得了许多具有特殊结构和性质的纳米粒子，如图 4-8 所示。

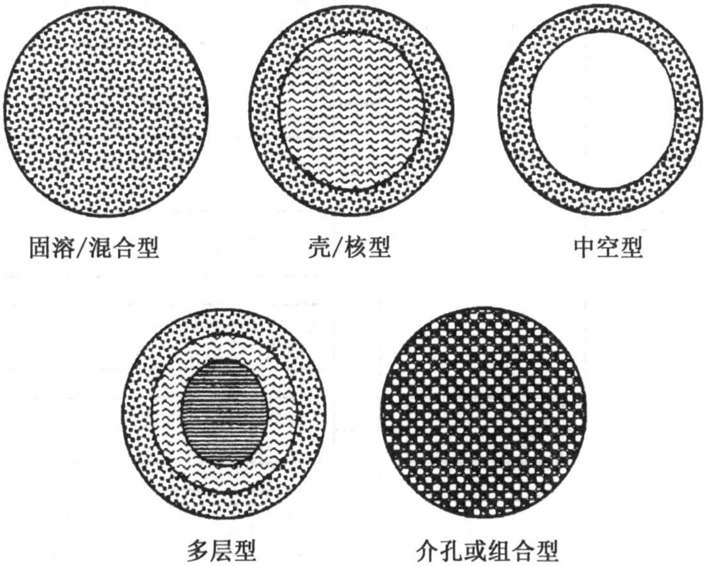

图 4-8　纳米粒子复合结构

4.2.3　人造原子

人造原子是由一定数量的实际原子组成的聚集体，此类物质的尺寸处于纳米级别范围内。人造原子有时称为量子点。

准零维的量子点、准一维的量子棒和准二维的量子圆盘以及100 nm左右的量子器件都属于人造原子。当电子波函数的相干长度与人造原子尺寸相当时，电子在人造原子中的运动规律不能用经典物理解释，其波动性有极大的体现，使得人造原子中电子输运表现出的量子效应十分显著，可为利用量子效应制造器件提供一定的理论指导。

人造原子与真正原子之间具有一定的相似之处，当然二者之间的差别也很明显，具体如图4-9所示。

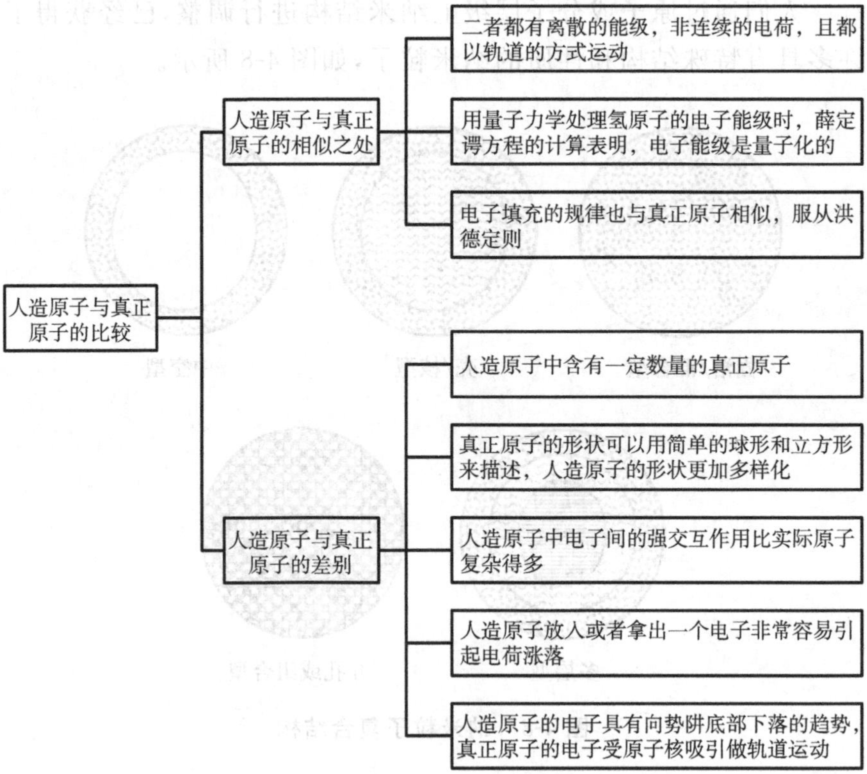

图4-9　人造原子与真正原子的比较

4.2.4 准一维纳米材料

1991年，日本电气公司的饭岛（Iijima）等在研究巴基球分子的过程中发现了纳米碳管，由于其在介观物理学和纳米仪器制造中的特殊应用而得到人们很大的关注。

准一维纳米材料是指在两个维度上是纳米尺寸，而其长度较大，甚至为宏观量（如毫米、厘米级）的新型纳米材料。根据具体形状分为管、棒、线、丝、环、螺旋等。准一维纳米材料可用于制造纳米器件，如用作扫描隧道显微镜（STM）或原子力显微镜（AFM）的探针、纳米器件和超大集成电路中的连线、光导纤维、微电子学方面的微型钻头以及复合材料的增强剂等。

4.3 纳米材料的基本效应

4.3.1 量子尺寸效应

量子化是指物质某一物理量的变化不是连续的，与之相对应的经典力学中，物质量的变化是连续的，图4-10所示为量子力学与经典力学的形象化区分。

图4-10 量子力学与经典力学的形象化区分

在量子力学中，阶梯式的变化被称为能级，还可以根据能级与能级之间的间隔大小来判断物质材料的导电能力，间隔越小，导电能力越强，如图 4-11 所示。在纳米材料的研究中，将该间隔称为能隙。

图 4-11　导体、半导体和绝缘体的能级间隔示意图

量子尺寸效应是指纳米材料的组成粒子尺寸下降到某一值或某一尺度时，粒子的电子能级由准连续变为离散能级。如图 4-12 所示，纳米材料中微粒尺寸达到与光波波长或其他相干波长等物理特征尺寸相当或更小时，微粒中存在离散的最高被占据分子轨道能级（HOMO）和最低未被占据的分子轨道能级（LUMO），也可以明显地看出能隙变宽。

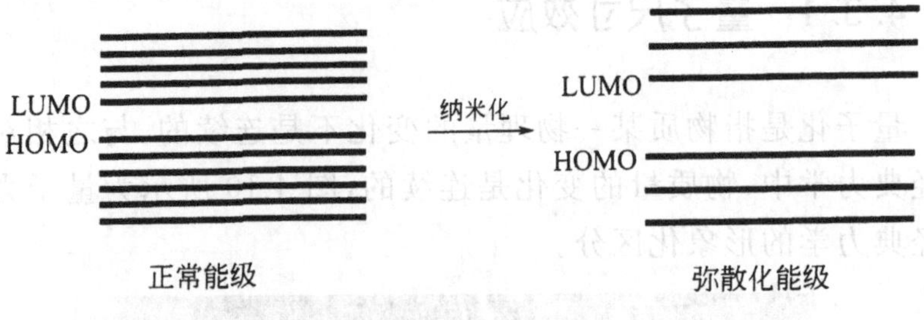

图 4-12　金属的量子尺寸效应

当能级间距比纳米微粒具有的其他形式的能量大时，量子尺寸效应十分显著，会引起纳米材料的性能与宏观状态时有明显改变。例如，普通银为良导体，当温度为 1 K，银纳米微粒粒径小于 14 nm 时，纳米银却是金属绝缘体。

4.3.2　小尺寸效应

纳米材料的小尺寸效应，即纳米微粒的尺寸与德布罗意波长相当或更小时，材料的性质发生变化，进而出现了光、热、磁学等的新现象。

4.3.2.1　小尺寸效应下的纳米材料光学性质

金属纳米微粒的颜色为黑色，其颜色的深度与小尺寸效应有关，尺寸越小，金属纳米材料的颜色越深，一般金属纳米材料均为黑色。纳米铂材料为黑色，纳米铬材料亦为黑色。之所以会出现这一现象，是因为金属纳米颗粒比正常的金属材料的反射率低很多，一般金属纳米材料的反射率都小于 1%。高效光热、光电转换材料是利用大约几纳米厚度即可消光这一特性制备的，将太阳能转化为热能和电能，也可作为红外敏感材料和隐身材料。

4.3.2.2　小尺寸效应下的纳米材料热学性质

相的稳定性是小尺寸效应下纳米材料的另外一个特性。当组成相的尺寸减小到足够小的时候，原子系统中的热力学参数和各种弹性受到限制，而发生足够的变化，导致平衡相的关系被改变。例如，由 Gibbs-Thomson 效应而引起的，金属原子簇因受到小尺寸效应的限制，其熔点的温度会比同种固体材料熔点的温度低很多。平均粒径为 40 nm 的纳米铜粒子的熔点由 1 053℃下降到 750℃，降低 300℃左右。并且 Gibbs-Thomson 效应在所限定的系统中引起较高的有效的压强的作用。银的熔点 690℃，超细银熔点将降低至 100℃。低温烧结银超细材料制成的导电浆料，可用塑料来代替高温陶瓷元件基片。日本川崎制铁公司采用 0.1～1 μm 的铜、镍超微颗粒制成导电浆料可代替钯与银等贵金属。

超细微粒熔点下降这一特点引起了粉末冶金工业的高度关注，而且被广泛应用。例如，为了降低钨颗粒的烧结温度，一般在其中加入质量分数为0.1%～0.5%的纳米镍粉，加入后钨颗粒的烧结温度由3 000℃降至1 200～1 300℃。

4.3.2.3 小尺寸效应下的纳米材料磁学性能

表4-1所示为体材料和纳米材料的对照表。纳米材料具有很高的磁化率和矫顽力，具有低饱和磁矩和低磁滞损耗。20 nm纯铁纳米微粒的矫顽力是大块铁的1 000倍，当将其尺寸减小到6 nm时，矫顽力变为零，材料变现出超顺磁性。

表4-1 纳米材料与体材料的磁性对比

体系	纳米材料	体材料
Na,K	铁磁	顺磁
Fe,Co,Ni	超顺磁	铁磁
Gd,Tb	超顺磁	铁磁
Cr	顺磁	反铁磁
Rh,Pd	铁磁	顺磁

此外，小尺寸效应还可以引起力学特性、声学特性、化学性能及超导电性等方面的改变。

4.3.3 表面效应

由图4-13可以大致看出，纳米材料的一个结构特征是，纳米颗粒具有较多的表面原子。表4-2所示为部分统计结果，当颗粒在4 nm以下时，纳米颗粒具有较多的表面原子(30%～50%)，随着纳米颗粒直径的增加，表面原子的百分比急剧下降，当达到纳米尺度的上限100 nm时，表面原子仅占2%左右。

图 4-13　纳米颗粒与表面原子

表 4-2　纳米微粒尺寸与表面原子数的关系

纳米微粒直径/nm	一个纳米微粒包含的总原子数	微粒表面原子所占比例/%
100	3 000 000	2
10	30 000	20
4	4 000	40
2	250	80
1	30	99

在等温等压条件下，表面能与纳米粒子的表面积成正比。纳米材料因自身颗粒具有巨大的表面积，而带有巨大的表面能量，使得微粒具有很高的物理、化学活性，人们把此现象称为纳米材料的表面效应。

表面原子数占全部原子数的比例和粒径之间关系如图 4-14 所示。纳米微粒具有较多的表面原子，也就是说，纳米材料具有高的表面能。由于随着粒径减小表面原子数增加，原子近邻配位很不完全，表面原子具有很高的活性。如金属纳米微粒可以在空气中点燃，无机纳米微粒可以吸附空气中的气体，并发生反应。

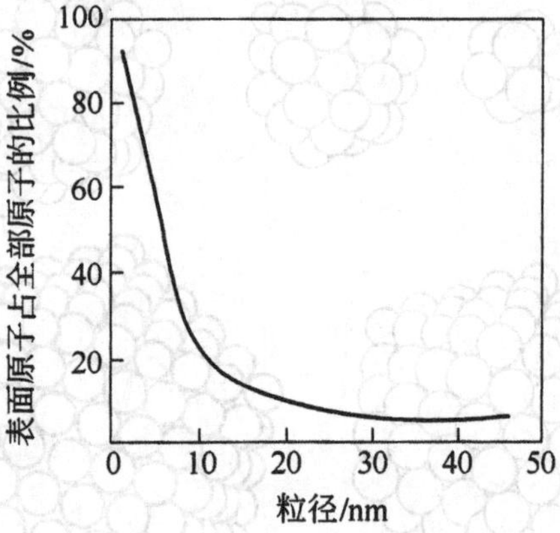

图 4-14　表面原子所占比例和粒径之间的关系

图 4-15 展示了纳米微粒表面效应的实质，实心圆表示表面原子，空心圆表示内部原子，该图中实心圆的原子近邻配位很不完全，"A"原子很不稳定，很快会到"B"位置上，为了达到稳定状态，表面原子极易与其他原子结合，所以具有很高的活性。

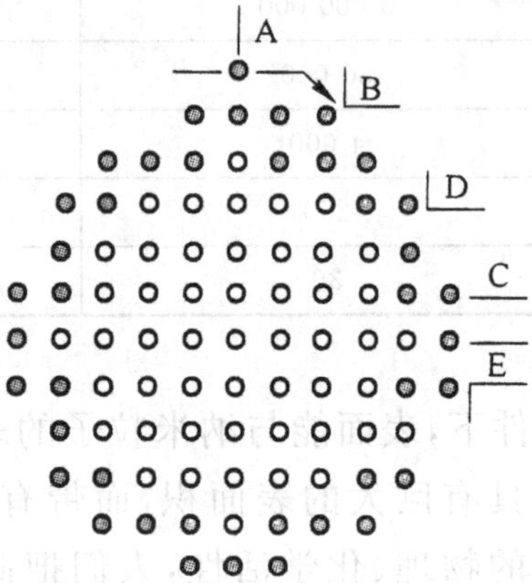

图 4-15　单一立方结构的晶粒的二维平面图

4.3.4　宏观量子隧道效应

微观的量子隧道效应在一些宏观物理量中得以体现，例如，电流强度、磁化强度、磁通量等，称为宏观量子隧道效应。

4.3.4.1　弹道传输

当粒子的长度（L）从宏观尺度（mm）减小至纳米尺度（nm）或原子尺度时，电子传输的属性将会发生重大的变化，如图 4-16 所示。

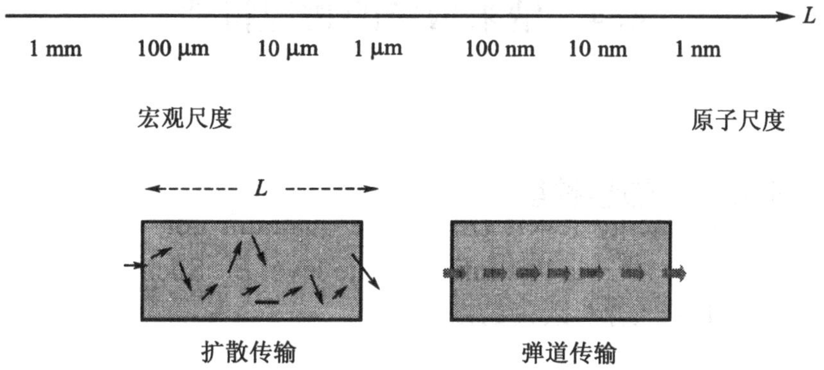

图 4-16　粒子的长度（L）从 mm 减小至 nm 或原子尺度时电子传输的属性的变化

在长度的一端（宏观尺度一端），电子的传输可通过扩散方程来描述，电子被认为是一个粒子，在传输中会遇到各种障碍而反复地散射，从而引起电子在一个宏观的系统中传输时，电子从进到出表现为“随机游动”的特点。

在另一端（纳米尺度一端），当电子器件的尺寸小于电子散射长度（平均自由程）时，电子从一个电极传输到另一个电极时，不会遇到任何散射问题，这样的电子运动称为弹道传输。电子的弹道传输通过短而窄的隧道就会导致量子化的电导。

4.3.4.2　非弹性隧穿

当源极的能级比漏极的能级高得多（不匹配）时，若电子要隧穿通过势垒时，电子的传输存在另外一种可能性。通过激发声子可释放出多余的能量，如果声子的能量恰好等于不匹配的带隙能时,电子将发生隧穿。为了实现这个非弹性隧穿过程,就需要一种对表面态进行掺杂、吸附分子、势垒中组合的中间过渡层的第3种材料。实验中发现,由半导体(或金属)/氧化物/金属组成的结构材料可发生这种隧穿。用于激发位于金属/氧化物界面处的杂质分子的振动(声子)需要消耗一部分电子的能量。

4.4 纳米微粒的物理特性

4.4.1 热学性能

4.4.1.1 纳米微粒的熔点

材料热性能与材料中分子、原子运动行为之间存在着密切的联系。当热载子(电子、声子及光子)的各种特征尺寸与材料的特征尺寸(晶粒尺寸、颗粒尺寸或薄膜厚度)相当时,反应物质热性能的物性参数如熔化温度、热容等会体现出鲜明的尺寸依赖性。特别是,低温下热载子的平均自由程将变长,使材料热学性质的尺寸效应更为明显。

图4-17所示为几种金属纳米粒子熔点的尺寸效应。随粒子尺寸的减小,熔点降低。

由图4-17可知,金属粒子的熔点急剧下降出现在金属粒子尺寸在10 nm以后,就金属粒子而言,其3 nm左右尺寸的熔点是块体金材料的1/2。用高倍率电子显微镜观察尺寸为2 nm的纳米金粒子的结构可以发现,纳米金颗粒形态可以在单晶、多晶与孪晶间连续转变。这与传统材料有固定熔点,在固定熔点下融化的行为几乎完全不符。单位质量粒子融化的潜热吸收随纳米材料的熔点降低和尺寸的减小而减小。人们在具有自由表面的共价半导体的纳米晶体、惰性气体和分子晶体中也发现了熔化的尺寸效应现象。

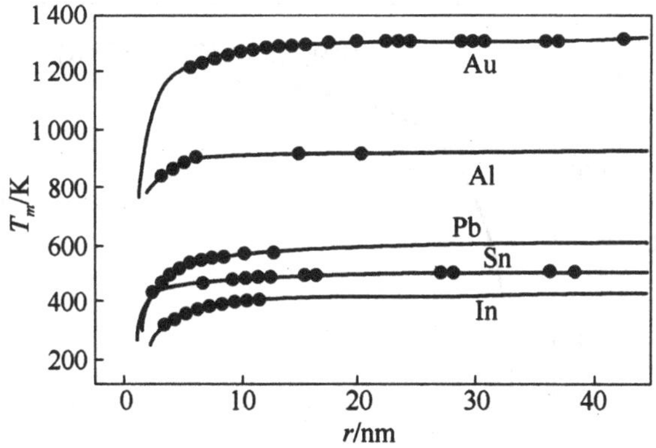

图 4-17　几种纳米金属粒子的熔点降低现象

熔化是指晶体从固态长程有序结构到液态无序结构的相转变。对某一给定的材料而言，固态与液态之间的转变温度就是材料的熔点。当温度高于熔点温度时，材料由原来的固体转变为液体，材料的晶体结构消失，液相中不规则的原子排列是材料中原子的重要呈现方式。铜的熔点为 1 053℃，而平均粒径为 40 nm 的铜粒子的熔点仅为 750℃；铅的熔点为 327.4℃，而 20 nm 的球形铅粒子的熔点降低至 39℃；银的熔点为 960.5℃，而在 100℃以下时纳米银就开始融化；金的熔点为 1 064℃，而 2 nm 的金粒子的熔点为 327℃。上述数据说明，纳米材料的熔点比常规材料低很多。图 4-18 给出了金纳米微粒的粒径与熔点的关系。由图 4-18 可以看出，当金纳米微粒的粒径小于 10 nm 时，熔点急剧下降。

1954 年，M. Takagi 首次通过实验观察到熔化的尺寸效应，证实了纳米粒子的熔点低于其相应块体材料的熔点。后来经过大量的实验研究总结了这一观点，熔点随颗粒尺寸的减小，为单调下降趋势，在小尺寸区更加明显。纳米材料熔点降低可以用热力学的观点加以解释。用这些观点不仅能预测出小颗粒的熔点变化，而且还有助于理解表面熔融的过程。物质由固体转变为液体是随着温度的升高，从颗粒表面开始的，颗粒中心在此时依然是固体。这种表面熔融取决于影响体系能量平衡的固液相界面上的表面张力。

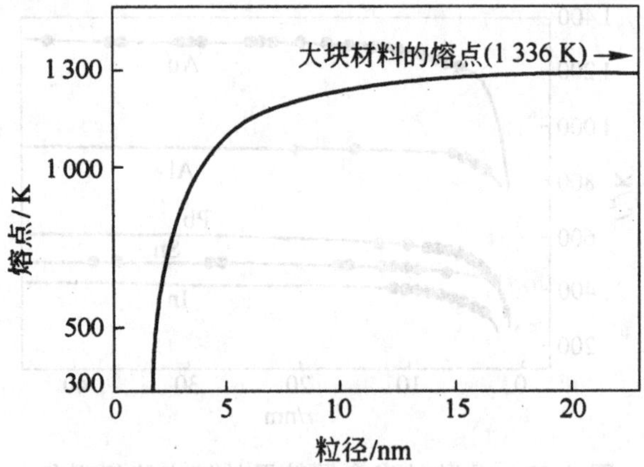

图 4-18　金纳米微粒的粒径与熔点的关系

4.4.1.2　纳米微粒的烧结温度

将粉末用高压压制成型，这些粉末在低于熔点的温度下互相结合成块，使其密度与常规材料的密度接近时所需的最低加热温度就是纳米微粒的烧结温度。纳米材料在较低的温度下就能完成烧结，并且达到致密化的目的，这是因为纳米材料中微粒的尺寸小，使其有恒高的表面能，压制成的块状材料表面依然有很高的能量，能驱动界面原子的运动，有利于界面原子的扩散。例如，常规 Si_3N_4 烧结温度高于 2 273 K，纳米 Si_3N_4 烧结温度降低 673～773 K。常规 Al_2O_3 烧结温度在 2 073～2 173 K，在一定条件下，纳米的 Al_2O_3 可在 1 423～1 773 K 烧结，致密度可达 99.7%。

如图 4-19 所示为 TiO_2 的韦氏硬度随烧结温度的变化。加热纳米 TiO_2 至 773 K 时，TiO_2 会出现明显的致密化现象，而晶粒的增加很微小，使纳米微粒 TiO_2 在比大晶粒样品低 873 K 的温度下烧结就能达到类似的硬度。

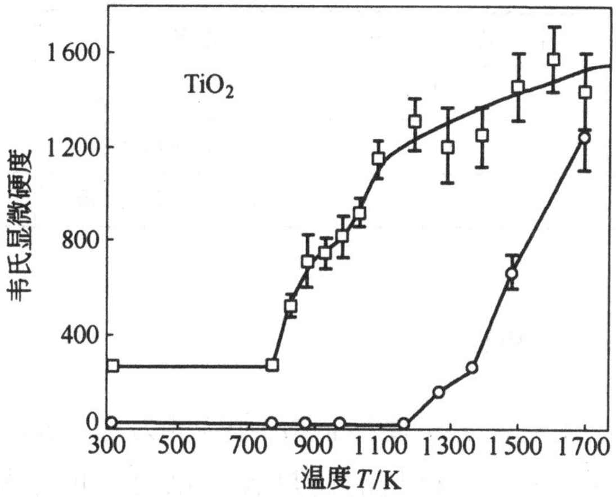

图 4-19 TiO_2 的韦氏硬度随烧结温度的变化

□—初始平均粒径尺寸为 12 nm 的纳米微粒；

○—初始平均粒径尺寸为 1.3 μm 的大晶粒

4.4.1.3 纳米晶体的热膨胀

热膨胀是指材料的长度或体积在不加压力时随温度的升高而变大的现象。固体材料热膨胀的本质在于材料晶格点阵的非简谐振动。由于晶格振动中相邻质点间作用力是非线性的，点阵能曲线也是非对称的，使得加热过程中材料发生热膨胀。一般来讲，结构致密的晶体比结构疏松的材料的热膨胀系数大。表 4-3 同时给出了用不同方法制备的纳米晶材料的热膨胀系数相对于粗晶的变化，表中 $\Delta\alpha_l^{nc}=(\alpha_l^{nc}-\alpha_l^{c})/\alpha_l^{c}$，$\alpha_l^{nc}$ 和 α_l^{c} 分别为纳米晶、粗晶的线膨胀系数。

表 4-3 纳米晶体材料热膨胀系数的变化

样品	平均晶粒尺寸/nm	制备方法	$\Delta\alpha_l^{nc}$/%
Cu	8	惰性气体冷凝	94
Cu	21	磁控溅射	0
Pd	8.3	惰性气体冷凝	0
Ni	20	电解沉积	−2.6

续表 4-3

样品	平均晶粒尺寸/nm	制备方法	$\Delta\alpha_l^{nc}$/%
Ni	152	严重塑性变形	180
Fe	8	高能球磨	130
Au(超细粉末)	10	电子束蒸发沉积	0

4.4.1.4 比热容

固体物质升高一定温度所需要的热量为物质的比热容，这是物质的典型性质之一。材料的比热容与该材料的结构，组态熵和振动熵密切相关，最近相邻原子的构型将直接影响振动熵和组态熵的值。晶界面上分布着纳米晶体中的大部分原子，晶粒原子的最近相邻原子构型和界面原子的最近相邻原子构型明显不同。因此，纳米晶体的比热容与其块体材料的比热容明显不同。

许多科学家都在研究纳米晶体的比热容。最近的实验测量表明，纳米粒子比块体物质具有更高的比热容。

(1)中、高温度下的比热容。在高温下研究纳米尺度粒子对比热容影响的一个很好的例子是 J. Rupp 和 R. Birringer 的研究工作。他们分别研究了尺寸为 8 nm 和 6 nm 的纳米晶体铜和钯(用 X 射线衍射的方法得到)。两种样品均被压成小球，然后采用差热扫描量热计测量其比热容。测量温度范围是 150～300 K，结果如图 4-20 所示。

对于铜和钯这两种金属，其纳米晶体的比热容都要大于其多晶体的比热容。在不同的温度下，钯的比热容提高了 29%～53%，铜的比热容提高了 9%～11%。这项研究表明，在中高温度下，纳米晶体物质的比热容有普遍的提高。

(2)低温下的比热容。在低温条件下研究纳米粒子比热容取得一定成果的是 H. Y. Bai、J. L. Luo、D. Jin 和 J. R. Sun。他们研究的样品是用加热蒸发的方法制成的，用 TEM 测得样品的粒径为 40 nm。实验得到的多晶铁和纳米铁晶体的比热容数据如

图 4-21 所示。相比而言，当温度接近 10 K 时，纳米铁晶体的比热容要比普通铁的比热容大。

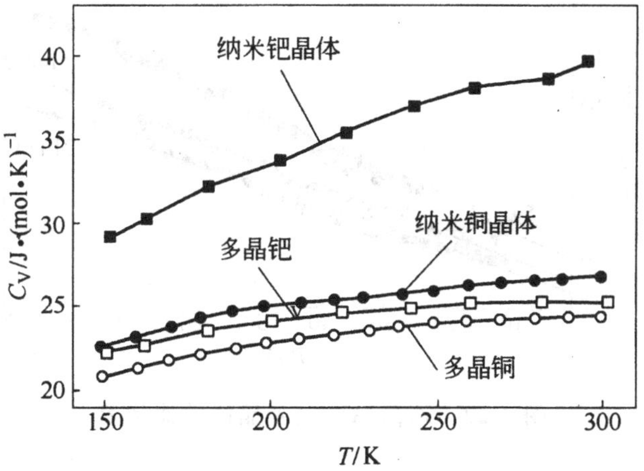

图 4-20　高温下钯和铜的纳米晶体与多晶体比热容的比较

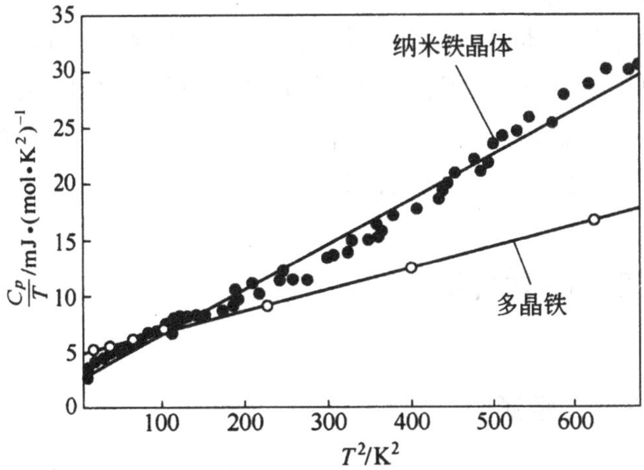

图 4-21　纳米铁晶体和多晶铁比热容的对比

此外，U. Herr、H. Geigl 和 K. Samwer 也进行过相应的研究工作，他们测试了纳米晶体 $Zr_{1-x}Al_x$ 暂合金的比热容。图 4-22 所示为粒径为 7 nm、11 nm 和 21 nm 粒子的研究结果。通过图 4-22 可以发现，随着粒径的减小，比热容增大。

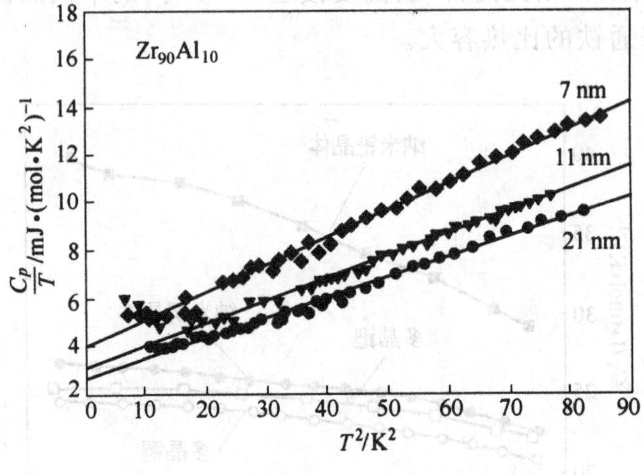

图 4-22　$Zr_{1-x}Al_x$ 纳米晶体的比热容

分析上述中、高温和低温比热容实验的研究成果，除了极低温度（低于几开尔文）以外，高温和低温下纳米晶体的比热容都有所增大。纳米晶体材料的界面结构原子杂乱分布，晶界体积分数大（与常规块体相比），因而纳米晶体的熵对比热容的贡献比常规材料高得多。需要更多的能量来给表面原子的振动或组态混乱提供背景，使温度上升趋势减慢。

4.4.2　磁学性能

4.4.2.1　矫顽力

纳米材料磁学性能中影响矫顽力大小的首要因素是晶粒尺寸的变化。对纳米材料的晶粒类型大致与球形一致的晶粒，其矫顽力随着晶粒尺寸的减小而增大，到达某一极大值时，随着晶粒尺寸的减小矫顽力也在降低，其中产生最大矫顽力的尺寸可以看作单畴的尺寸。不同合金体系的纳米材料的单畴尺寸值在几十到几百纳米之间。当晶粒尺寸大于单畴尺寸时，矫顽力 H_c 与平均晶粒尺寸 D 的关系为

$$H_c = C/D$$

式中，C 是与材料有关的常数。由上述表达式可知，当晶粒尺寸大于单畴尺寸时，矫顽力 H_c 与晶粒尺寸 D 成反比。纳米材料的矫顽力随尺寸变化的值也会出现特殊情况，即纳米材料的尺寸小于某一临界尺寸时，随纳米晶粒的减小，矫顽力急剧下降，将此时的矫顽力与晶粒尺寸的关系可以表示为

$$H_c = C'D^6$$

式中，C' 为与材料有关的常数。上式与实测数据符合很好。图 4-23显示了一些 Fe 基合金的矫顽力 H_c 与晶粒尺寸 D 的关系。图 4-24 所示补充了 Fe 和 Fe-Co 合金微粒在 1～1 000 nm 范围内矫顽力 H_c 与微粒平均尺寸 D 之间的关系，图中同时给出了剩磁比 M_r/M_s 与 D 的关系。

矫顽力的尺寸效应可用图 4-25 来定性解释。图 4-25 中横坐标上直径 D 有 3 个临界尺寸。

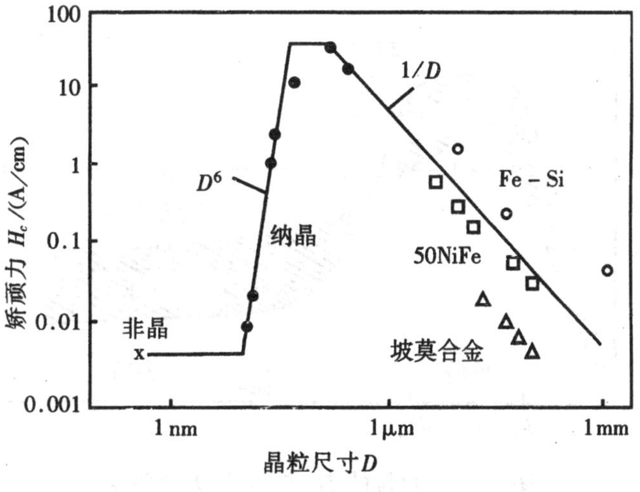

图 4-23　矫顽力 H_c 与晶粒尺寸 D 的关系

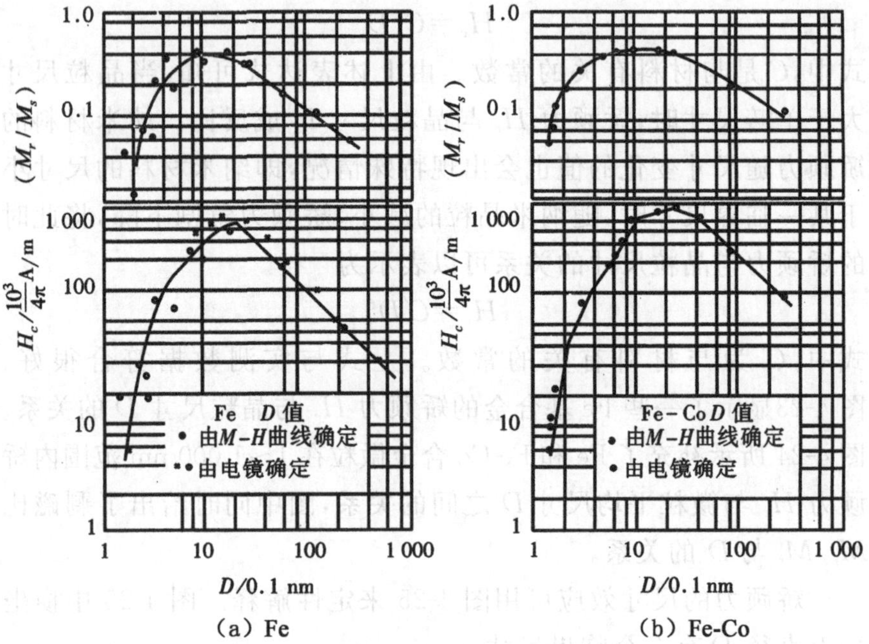

图 4-24 Fe 和 Fe-Co 合金微粒 H_c 与 D 之间的关系

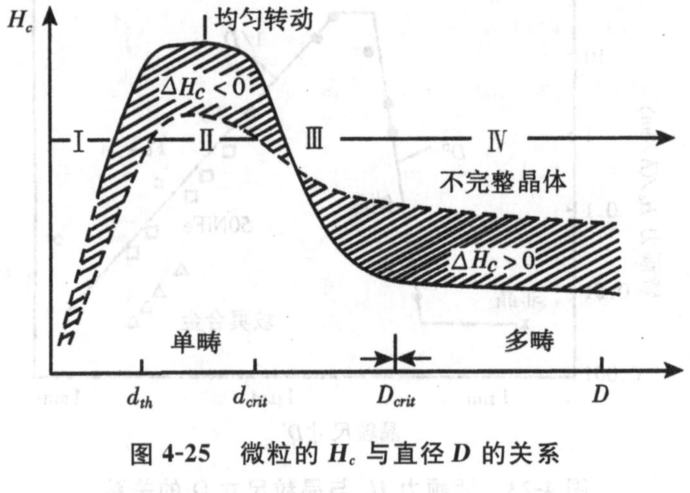

图 4-25 微粒的 H_c 与直径 D 的关系

当 $D>D_{crit}$ 时，粒子为多畴，其反磁化为畴壁位移过程，H_c 相对较小。

当 $D<D_{crit}$ 时，粒子为单畴，但在 $d_{crit}<D<D_{crit}$ 时，出现非均

匀转动，随 D 的减小而增大。

当 $d_{th}<D<d_{crit}$ 时，为均匀转动区，H_c 达极大值。

当 $D<d_{th}$ 时，H_c 随 D 的减小而急剧降低，这是由于热运动能 k_BT 大于磁化反转需要克服的势垒时，微粒的磁化方向做“磁布朗运动”，热激发导致超顺磁性所致。

4.4.2.2 超顺磁性

当纳米微粒尺寸小到很小时，纳米材料的矫顽力就会无限接近于 0，就会进入一种超顺磁的状态，例如，α-Fe、Fe_3O_4 和 α-Fe_2O_3粒径分别为 5 nm、16 nm 和 20 nm 时变成顺磁体。

对于一单轴的单畴粒子集合体，各粒子的易磁化方向平行，磁场沿易磁化方向将其磁化。当磁场取消后，剩磁 $M_r(0)=M_s$，M_s 为饱和磁化强度。磁化点转受到难磁化方向的势垒 $\Delta E=KV$ 的阻碍，只有当外加磁场足以克服势垒时才能实现反磁化。如果微粒尺寸足够小，可出现热运动能使 M_s 穿越势垒 ΔE 的概率，即出现宏观量子隧道效应，隧穿概率

$$p\approx\exp(-KV/k_BT)$$

式中，K 为各向异性常数；V 为微粒的体积。

若经过足够长的时间 τ 后剩磁 M_r 趋于零，其衰减方程如下：

$$M_r(t)=M_r(0)\exp(-t/\tau)$$

式中，τ 为弛豫时间。τ 可表示如下：

$$\tau=\tau_0\exp\left(\frac{KV}{k_BT}\right)=f_0^{-1}\exp\left(\frac{KV}{k_BT}\right)$$

式中，f_0 为频率因子，其值约为 $10^9\ s^{-1}$。

4.4.2.3 磁化率

磁化率是表示材料磁化难易程度的量。纳米微粒的磁化率 χ 与温度和颗粒中所含电子总数奇偶性相关。研究表明，N 为奇数时，χ 服从居里一外斯定律 $\chi=\dfrac{C}{T-T_c}$，χ 与 T 成反比；N 为偶数

时，χ 与 T 成正比。

纳米磁性金属的磁化率是常规金属的 20 倍。图 4-26 所示为 $MgFe_2O_4$ 微粒在不同测量温度下 χ 与粒径的关系。

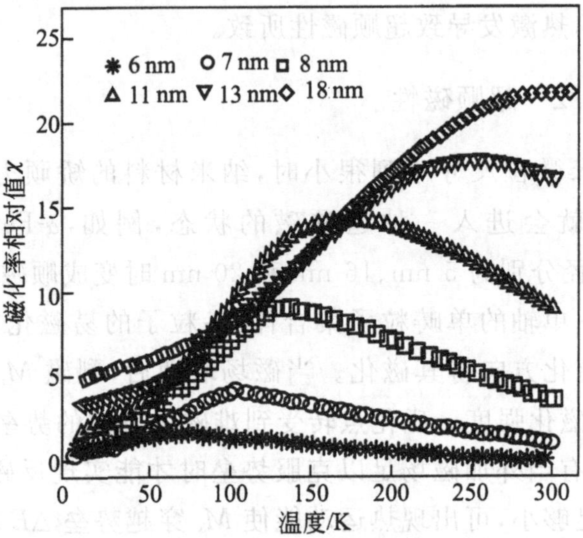

图 4-26　$MgFe_2O_4$ 微粒的 χ 与温度和粒径的关系

图 4-26 直观地表明了粒径对 χ 的影响。曲线从下到上分别代表 6 nm、7 nm、8 nm、11 nm、13 nm 和 18 nm 粒径的测量值。微粒有最大 χ 值，相对应的温度称为“冻结或截至”温度 T_B。温度达到 T_B 后继续上升，此时 χ 值呈现下降趋势。微粒粒径越小，T_B 值越小。

4.4.2.4　饱和磁化强度

一般情况下，微晶的饱和磁化强度不受晶粒尺寸的影响。但当其尺寸减小到 20 nm 以下时，因为其表面原子百分比较高，而且表面原子的结构和对称性与内部原子不同，所以会极大地降低饱和磁化强度。例如，8 nm Fe 的饱和磁化强度比粗晶块体 Fe 的降低了近 40%，纳米 Fe 的比饱和磁化强度随粒径的减小而下降，如图 4-27 所示。

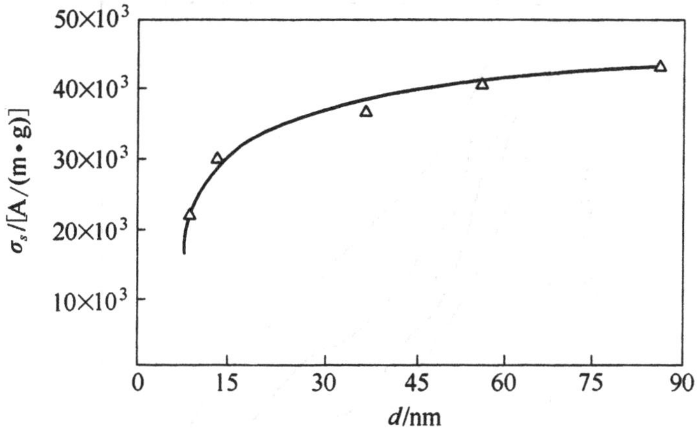

图 4-27 室温比饱和磁化强度 σ_s 与平均颗粒直径 d 的关系曲线

4.4.3 光学性能

4.4.3.1 蓝移

蓝移，即纳米微粒的吸收带一般会出现向短波方向移动的现象。如纳米 SiC 微粒和大块 SiC 固体的红外吸收峰分别为 814 cm^{-1}和 794 cm^{-1}。与大块固体相比，纳米微粒的红外吸收峰向短波方向移动了 20 cm^{-1}。由不同尺寸的 CdS 溶胶微粒的吸收谱可以看出，CdS 溶胶微粒的吸收光谱随着尺寸的减小逐渐蓝移，如图 4-28 所示。

4.4.3.2 红移

红移，即纳米微粒的光吸收带会向长波方向移动。从谱线的能级跃迁而言，谱线的红移是因为能隙减小，带隙、能级间距变窄，引起电子的跃迁而造成的。通常认为，纳米材料的每个光吸收带的峰位受红移和蓝移的双重影响。微粒粒径减小，由于量子尺寸效应发生蓝移，微粒内部内应力增大引起能带结构变化。电子波函数的增大，使得能级间距变窄，发生红移。

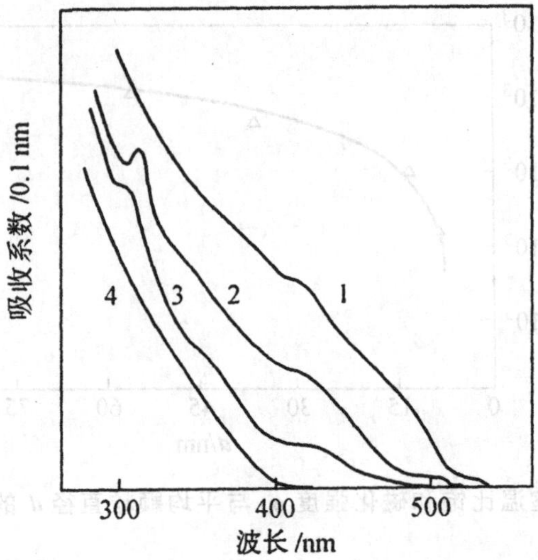

图 4-28　CdS 溶胶微粒在不同尺寸下的吸收谱

1—6 nm；2—4 nm；3—2.5 nm；4—1 nm

4.4.3.3　量子限域效应

激子的概念首先是由 Frenkel 在理论上提出来的。当入射光的能量小于禁带宽度（$\omega < E_g$）时，不能直接产生自由的电子和空穴，而有可能形成未完全分离的具有一定键能的电子-空穴对，称为激子，如图 4-29 所示。

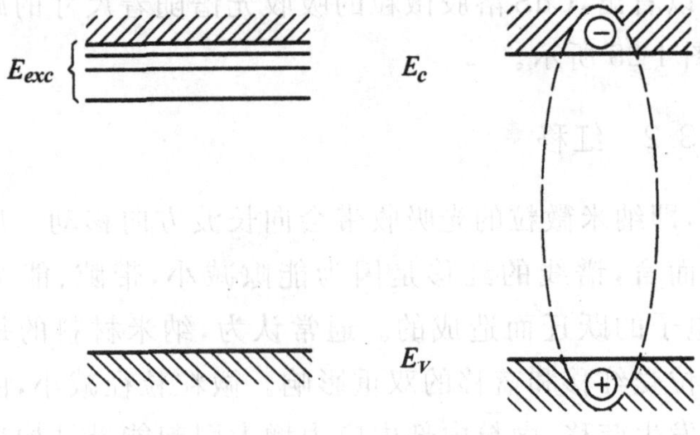

图 4-29　激子形成示意图

根据电子与空穴相互作用的强弱，激子分为万尼尔(Wannier)激子和弗仑克尔(Frenkel)激子。Wannier 激子又称为弱束缚激子。在半导体、金属等纳米材料中通常遇到的多是万尼尔激子。Frenkel 激子又称为紧束缚激子，与弱束缚激子情况相反，其电子与空穴的束缚能较大。

半导体纳米微粒的半径小于激子玻尔半径时，电子的平均自由程被限制在很小的范围，很容易和空穴产生激子，因此纳米材料中激子的含量很高。微粒的尺寸越小，越容易产生激子，材料内激子含量越高。人们把这种效应称为量子限域效应。该效应使得纳米半导体具有与常规半导体不同的光学性能。图 4-30 所示的曲线为不同尺寸的 CdS 纳米微粒的可见光-紫外吸收光谱比较。随着微粒尺寸的变小出现明显的激子峰，波长向短波方向移动，发生了谱线蓝移现象。

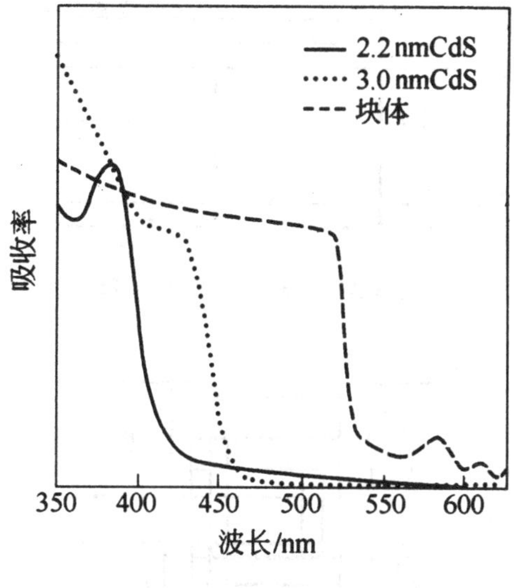

图 4-30　不同尺寸的 CdS 纳米微粒的可见光-紫外吸收光谱

4.4.3.4　纳米微粒的发光机制

被激发到高能级的电子在一定的光照条件由激发态跃迁到低能级空穴的微观过程就是所谓的光致发光。荧光是在激发器中所发射的光;磷光是指在激发停止后还继续发生的光。

辐射跃迁和非辐射跃迁是依据物理机制随电子跃迁的分类。如图 4-31 中的虚线箭头所示,能级间间距很小时,非辐射性衰变过程发射声子也是电子跃迁的一种形式。这种形式下,并不会发射光子,只有增大能级间的间距,才有可能是点辐射跃迁,发射光子,产生发光现象。图 4-31 中 E_0 是基态,$E_1 \sim E_6$ 为激发态,从 E_2 到 E_1 或 E_0 能级的电子跃迁就能发光。一般我们在分析发光现象时都会将其与电子辐射跃迁的微观过程结合。图 4-32 所示为量子阱之间的吸收发射跃迁示意图。从图 4-33 的不同纳米微粒尺寸的透射吸收率,会发现纳米结构材料的发光谱与常规材料的明显不同,其中有许多新的发光带,而在常规材料中是观察不到的。

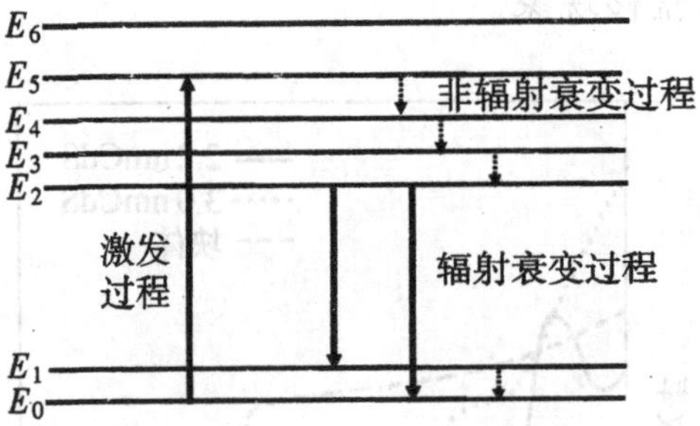

图 4-31　激光和发光过程

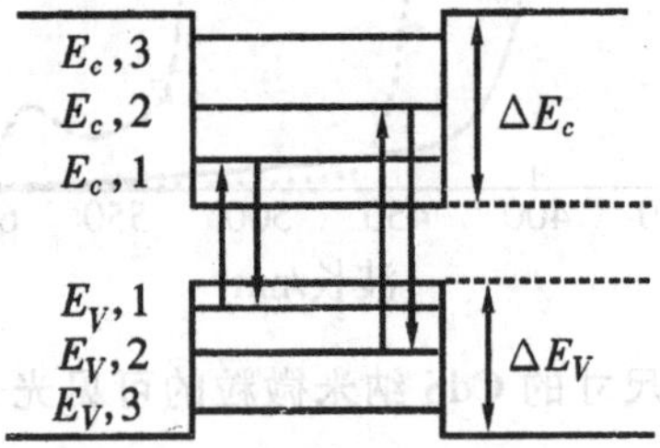

图 4-32　量子阱之间的吸收发射跃迁

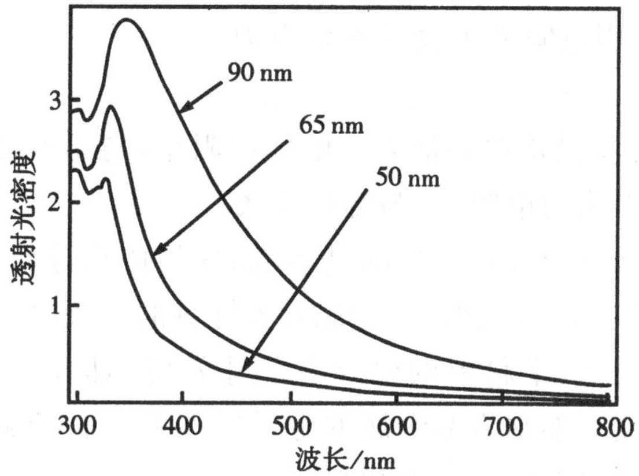

图 4-33　不同纳米微粒尺寸的透射光密度(吸收率)

能隙中因小的量子尺寸颗粒、大的比表面、界面中存在大量缺陷,而产生许多附加能隙;常规材料电子跃迁的选择在动量 $\vec{k}$ 空间中定则,因纳米结构材料的平移周期性被破坏,很可能不适用纳米结构材料中。纳米材料容易出现激光发光现象是在量子限域效应下,随着颗粒的减小激发光带的强度不断增加。由纳米结构材料的不饱和键、悬键和庞大的比表面积对发光的贡献引起的新的发光现象是在常规材料中几乎不能观察到的新现象。某些无序状态下的过渡族元素(Fe^{2+}、Cr^{3+}、V^{3+}、Mn^{3+}、Mo^{3+}、Ni^{2+}、Er^{3+}等)引起发光,纳米材料的比表面积是一个有序性很低的界面,这将为过渡族杂质的偏聚提供很有利的位置,使纳米材料能隙中出现杂质发光,一般杂质发光带比较宽,位于较低能量的位置。

4.4.4　电学性能

4.4.4.1　纳米晶金属的电导

对于完整晶体,电子在周期性势场中运动,不存在产生阻力的微观结构。而对于不完整晶体,由于结构上的不完整性以及晶

格振动使得电子偏离周期性势场。此种偏离使电子波受到散射,会产生阻力,用电阻率来表示该阻力为

$$\rho=\rho_L+\rho_r$$

式中,ρ_L 表示受晶格振动散射影响的电阻率,与温度相关;ρ_r 为受杂质和缺陷影响的电阻率,与温度无关。

纳米晶材料中存在大量的晶界,晶界的体积分数随晶粒粒径的减小而急剧增加,此时应考虑纳米材料的界面效应对 ρ_r 的影响。也就是说,纳米材料的电导有尺寸效应,具有不同于常规粗晶的电导性能。如纳米晶金属的电导随晶粒粒径的减小而减小,电阻温度系数也有同样的变化趋势。

4.4.4.2　纳米金属块体材料的电导

晶粒粒径减小,纳米金属块体材料的电导也会随之减小,并且电阻温度系数也可以变为负值,已被实验所证实。Gleite 等对纳米 Pd 块体的电阻率的测量结果表明,纳米 Pd 块体的电阻率均高于普通晶粒 Pd 的电阻率,且晶粒越细,电阻率越高,如图 4-34 所示。同时还可以看出,电阻率随温度的上升而增大。

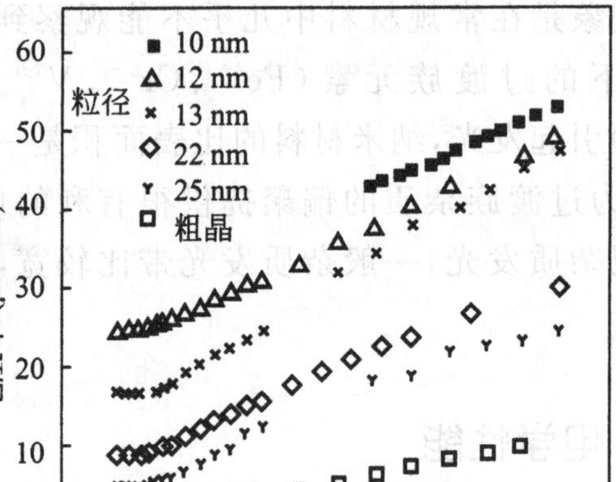

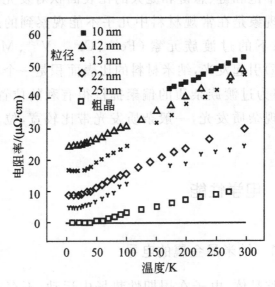

图 4-34　晶粒尺寸和温度对纳米 Pd 块体电阻率的影响

图 4-35 所示为纳米晶 Pd 块体的直流电阻温度系数随粒径的变化，由图可知，随着纳米晶 Pd 块体晶粒粒径的减小，直流电阻温度系数显著减小，当晶粒粒径减小到某一临界值时，直流电阻温度系数甚至会变为负值。

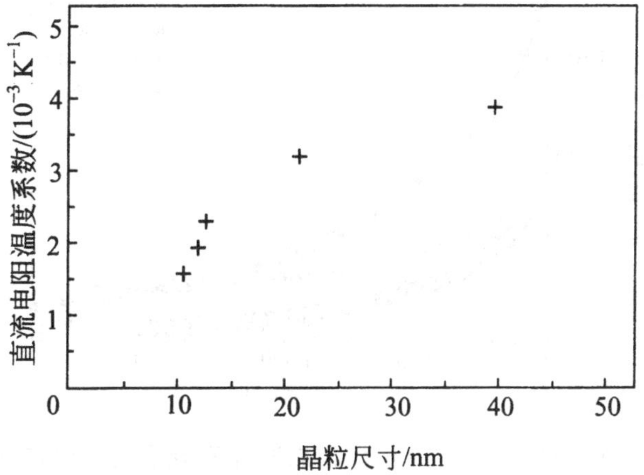

图 4-35　纳米晶 Pd 块体的直流电阻温度系数随粒径的变化

4.4.4.3　纳米材料的介电性能

纳米介电材料具有量子尺寸效应和界面效应，这将较强烈地影响其介电性能，因此，纳米介电材料具有许多不同于常规介电材料的介电特性，主要表现在以下几个方面：

(1)空间电荷引起的界面极化。由于纳米材料具有大体积分数的界面，在外加电场中，空间电荷能够在界面两侧产生界面极化。

(2)介电常数、介电损耗具有尺寸效应。例如，在铁电体中具有电畴，即自发气化取向一致的区域。电畴结构将直接影响铁电体的压电和介电特性。随着尺寸的减小，铁电体单畴将发生由尺寸驱动的铁电-顺电相变，使自发极化减弱，居里点降低，这都将影响取向极化及介电性能。

如图 4-36 所示为不同粒径纳米 TiO_2 和粗晶试样室温下的介电常数频率谱。从图中可以看出，当粒径很小时，介电常数较低；当粒径增大，介电常数也随之增大，粒径继续增大，介电常数开始变小。纳米 TiO_2 块体试样出现介电常数最大值的粒径为 17.8 nm。

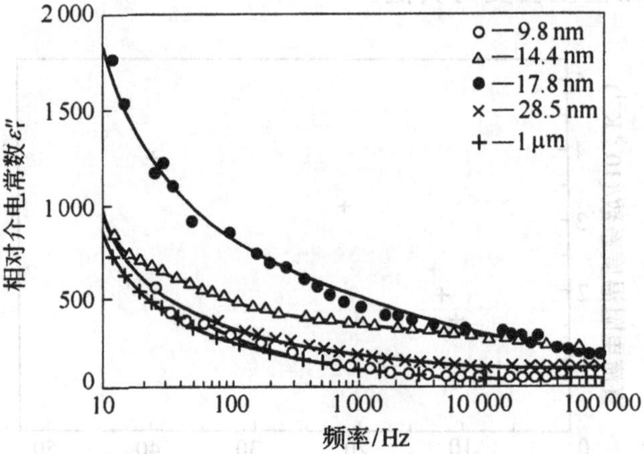

图 4-36　不同粒径纳米 TiO_2 和粗晶试样室温下的介电常数频率谱

如图 4-37 所示，纳米 α-Al_2O_3 材料的介电损耗频率谱上形成一个损耗峰，峰位随着粒径的增大向高频率的方向移动。粒径为 84 nm 的 α-Al_2O_3 材料的损耗峰具有最大高度和最大宽度。

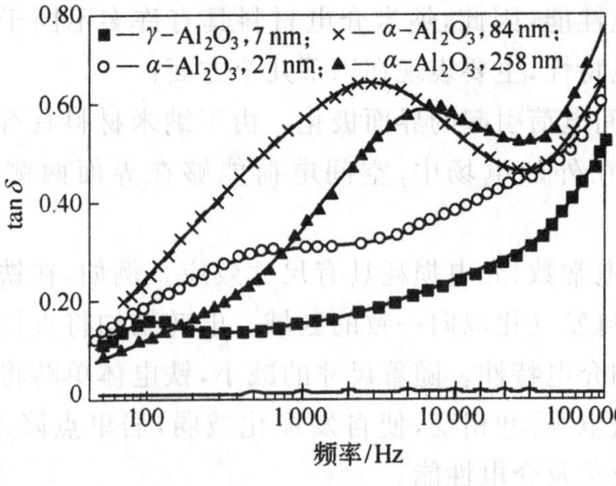

图 4-37　不同粒径纳米 α-Al_2O_3 块样的介电损耗频率谱

(3)纳米介电材料的电导比常规电介质的电导大得多。例如，纳米 α-Fe_2O_3、γ-Fe_2O_3 固体的电导就比常规材料的电导大3～4个数量级；纳米氮化硅随尺寸的减小也具有明显的交流电导。纳米介电材料电导的升高将导致介电损耗的增大，纳米吸波材料正是利用这一特性增强对电磁波的损耗。

4.5　纳米微粒的化学特性

4.5.1　吸附

吸附现象是发生在相互接触的不同相之间的结合现象。物理吸附和化学吸附是吸附两大类型。吸附剂与吸附相之间以范德华力之类较弱的物理力结合为物理吸附，吸附剂与吸附相之间以化学键强结合为化学吸附。

纳米微粒的吸附性受多种因素的影响，包括被吸附物质的性质、溶剂的性质、溶液的性质等。其中溶液是不是电解质溶液以及溶液的 pH 对吸附的影响较大。纳米微粒的种类不同，吸附性也不同。

4.5.1.1　非电解质的吸附

非电解质在粒子表面的吸附是通过氢键、偶极子、范德华里等弱静电引力实现的。主要的吸附方式是通过氢键的形式实现的。例如，在氧化硅纳米粒子对醇、醚、酰胺的吸附过程中，硅烷醇在吸附中起着重要作用，它是有机试剂与氧化硅微粒中间的接触层。硅氧烷中的羟基与有机试剂中的O和N原子之间O—H和N—H之间形成氢键，如图4-38所示，实现了 SiO_2 微粒对上有机试剂的吸附。这种吸附是通过醇分子(单一)与硅氧烷表面的硅氧醇形成一个氢键，吸附能力很弱，属于物理吸附。

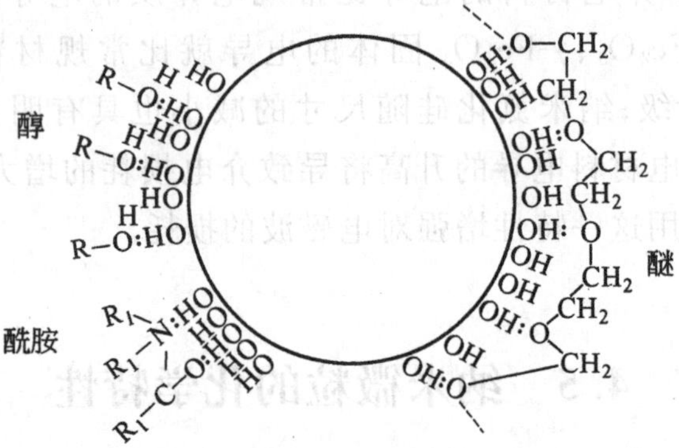

图 4-38　在低 pH 下吸附于氧化硅表面的醇、酰胺、醚分子

氢键也是很多高分子氧化物实现吸附的主要方式，例如，聚乙烯氧化物在氧化硅粒子上的吸附。若吸附过程中形成了大量的 O—H 氢键，使吸附力变得很强，将这种吸附称为化学吸附。弱物理吸附容易脱附，强化学吸附脱附困难。

4.5.1.2　电解质吸附

纳米微粒的比表面较大，存在键的不饱和性，使得纳米微粒表面失去电中性而带电，而电解质是以离子的形式存在于溶液中，会通过库仑交互作用吸引带相反电荷的离子来平衡自身的电荷，此种吸附属于物理吸附，吸附能力的强弱受库仑力的影响。

以纳米尺寸的黏土颗粒为例，当其在碱土类金属的电解质溶液中时，带负电的黏土微粒容易和带正电的粒子如 Ca^{2+} 结合，发生的吸附过程是有层次的。离纳米微粒表面较近的一层，称为紧密层，该层发生的强物理吸附平衡了纳米微粒表面的电性。离纳米微粒较远的 Ca^{2+} 会与其形成较弱的吸附层，称为分散层。紧密层内的电位急剧下降，分散层内缓慢下降，使得电位在吸附层中形成下降梯度。上述两层构成双电层，如图 4-39 所示。

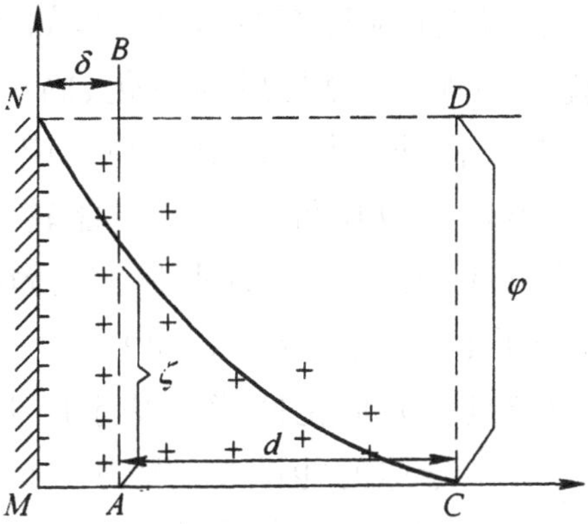

图 4-39　双电层反离子分散分布图

4.5.2　催化性能

4.5.2.1　金属纳米微粒的催化性能

纳米微粒粒径小，比表面积大，表面原子百分比非常高，表面原子配位不全，导致表面活性位置增多，使得纳米微粒表面活性较高。采用金属纳米微粒作催化剂，不仅要具有较强的表面活性，而且要具有选择性。当金属微粒粒径低于 5 nm 时，催化性和选择性都会表现出特异性。

金属催化剂的性能受其结构的影响，影响因素主要有以下几点：

(1)金属表面原子中有配位不饱和位，表明金属催化剂有较强的活化性。

(2)金属表面原子的位置基本固定，处于能量的亚稳态。表明金属催化剂活化性强，但是选择性较差。

(3)金属原子间的化学键是非定域的，表面原子之间存在凝聚。所以金属催化剂的反应条件较严格。

(4)金属原子是以“相”的形式来表现催化活性。

4.5.2.2　半导体纳米微粒的光催化性能

光催化性能是纳米半导体材料在催化领域所具有的一种独

特的性能。光催化反应涉及许多反应类型，如无机离子氧化还原、有机物催化脱氢和加氢、醇与烃的氧化、固氮反应、氨基酸合成、煤气交换以及水净化处理等，其中一些反应无法通过多相催化反应实现。纳米半导体微粒可通过将光能转变为化学能而实现有机物的降解或合成，并可用于海水制 H_2、固体表面固 N_2、固 CO_2 等。此类材料的典型代表是纳米 TiO_2。

纳米半导体微粒具有光催化性能是基于以下基本原理：如果入射光子的能量大于半导体的能隙（一般为 1.9～3.2 eV），纳米微粒内将产生电子-空穴对。氧化性的空穴与纳米半导体微粒（如纳米 TiO_2）表面的 OH^- 结合形成 OH 自由基，OH 氢氧自由基能分解几乎所有的有机化合物和绝大多数无机化合物，能将有害的有机物转化为无害的二氧化碳及其他物质，具有很强的氧化分解能力。此外，负电子与空气中的氧结合会产生活性氧，也就是超级氧化离子，也具有很强的氧化分解能力。在它们的氧化作用下，有机物一般将经历如下的被降解过程：

酯⇒醇⇒醛⇒酸⇒CO_2 和水

半导体材料的导带氧化-还原电位越负（电子还原性强）、价带氧化-还原电位越正（空穴氧化性强），该材料的纳米微粒的光催化活性越强。此外，通过对多类半导体纳米微粒光催化性质的研究，发现纳米微粒的光催化活性均优于相应的非纳米材料，纳米微粒的粒径大小对光催化活性的强弱有重要影响：一般随着纳米微粒粒径的减小，材料的光催化效率将提高。

4.5.2.3 纳米金属和半导体微粒的热催化

金属纳米微粒可以充当燃料的助燃剂、提高炸药的爆炸效率以及作为引爆剂。为了提高热燃烧效率，将金属纳米微粒和半导体纳米微粒掺杂到燃料中，可以提高燃烧的效率，因此这类材料在火箭助推器和燃煤中可用作助燃剂。目前，纳米 Ag 和 Ni 粉已被用在火箭燃料中作助燃剂。

4.5.3　纳米微粒的分散与团聚

由于纳米微粒具有较高的表面活性，微粒之间很容易发生团聚，形成大尺寸的团聚体，这给纳米微粒的收集和保持出了一个难题。一般情况下，我们会在溶液中对其进行分散和收集。

纳米微粒并不像大尺寸的粒子那样容易沉淀，它们会形成一种悬浮液。而且在库仑力、范德华力的作用下，这些微粒会发生团聚。一般利用超声波处理该团聚体，其原理为通过超声频振荡可以破坏团聚体中微粒间的库仑力或范德华力，使微粒分散。

为了避免微粒出现团聚现象有以下两种方法：

(1)加入反絮凝剂。选取合适的电解质，使纳米微粒表面吸引带有相反电荷的离子形成双电层，双电层之间的库仑排斥作用可以削减微粒间的库仑力或范德华力，使微粒分散。依据纳米微粒的性质、带电类型来选取适当的反絮凝剂。

(2)加入表面活性剂。表面活性剂可以吸附在微粒表面，微粒间产生排斥力，使得微粒不能相互接近，进而避免出现团聚。

4.6　纳米材料的应用

4.6.1　在电子信息领域的应用

4.6.1.1　纳米发电机

纳米材料在电子学领域中对纳米发电机非常重要。如图 4-40 所示为纳米发电机原理示意图。

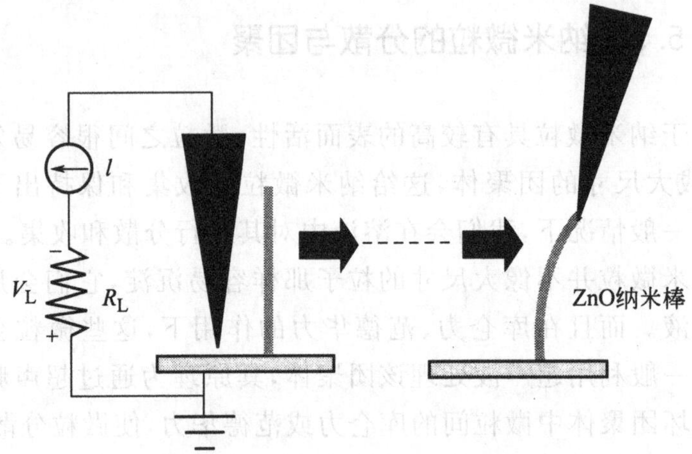

图 4-40　纳米发电机原理示意图

在图 4-40 中，电流的产生依托于压电效应，压电材料为 ZnO 纳米棒，施压工具是 AFM 的探针，施压方式是探针从 ZnO 纳米棒底部至顶部连续扫过。这一研究需将 ZnO 纳米棒尽可能地垂直固定在导体基片上，显示出了纳米材料研究中形貌控制、有序组装等研究的真正价值。目前，这一研究逐步走向规模化集成、实用。

纳米发电机的问世为实现集成纳米器件以及真正意义上的纳米系统打下了技术基础。这项科研成果在生物医学、国防技术、能源技术及日常生活领域都将发挥重要作用。

4.6.1.2　纳米马达

纳米马达是一种纳米尺度的动力机器，目前纳米马达的研究按物理体系可分为两大类：

(1)基于固体材料，多侧重于电驱动，如纳米压电马达。

(2)基于分子体系，侧重于化学或激光驱动，如生物马达、以合成分子为基础构造的人工纳米马达。

图 4-41 所示为纳米压电马达的结构图，压电晶体环和电极串联，由变幅杆驱动头和螺杆将其固定，后面连接导向螺杆，并通过

轴承套筒固定到导轨上，螺杆上套有弹簧，作为驱动的跟进部分。

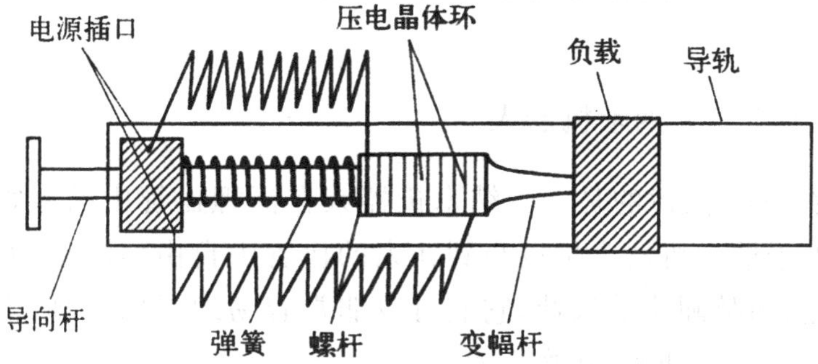

图 4-41　纳米压电马达的结构图

复旦大学王志松等在纳米马达研究中获重要进展，发现了同头尾的纳米马达自主定向、自主运动的分子机制，为发展性能先进的新型纳米马达打开了通路。

4.6.1.3　纳米计算机

纳米计算机的基本元器件尺寸在几到几十纳米范围内。当晶体管的尺寸缩小到 0.1 μm(即 100 nm)以下时，半导体晶体管赖以工作的基本原理将受到很大限制，需要突破 0.1 μm 的界限，实现纳米级器件。

目前，科学家提出了 4 种工作机制：电子式纳米计算技术、机械式纳米计算机、基于生物化学物质与 DNA 的纳米计算机和量子波相干计算技术。

美国威斯康星大学麦迪逊分校 Robert H. Blick 研究小组将机械技术与纳米技术结合起来设计了一种基于纳米尺寸机械零件的新型计算机。这种纳米机械计算机(Nanometer Mechanical Computer，NMC)的基本单元“纳米机械单电子晶体管”(NEMSET)是将典型硅晶体管与纳米机械开关相结合的电路。

纳米机械计算机与常规计算机相比具有 3 个优点：可在更高温度下运行(几百摄氏度)；耐电击；能耗更低。

4.6.2 在生物医学领域的应用

4.6.2.1 纳米机器人

图 4-42 描述的是一个纳米机器人在清理血管中的有害堆积物。由于纳米机器人可以小到在人的血管中自由地游动，对于像脑血栓、动脉硬化等病灶，它们可以非常容易地予以清理，而不用再进行危险的开颅、开胸手术。

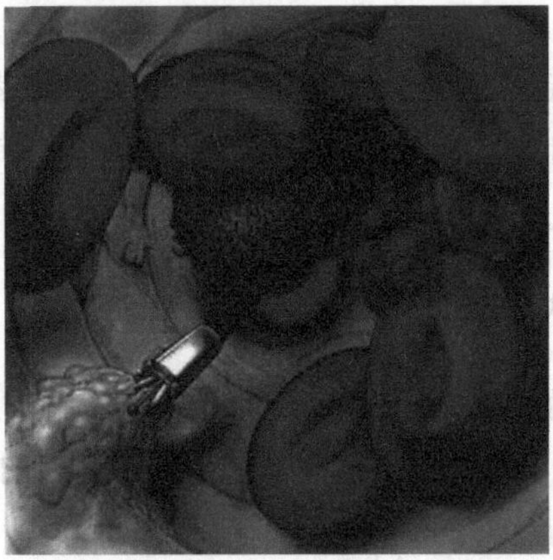

图 4-42 纳米机器人在清理血管中的有害堆积物

Adriano Cavalcanti 等设计了一种用于糖尿病的纳米机器人。通常糖尿病人必须每天采取少量血样进行葡萄糖水平的监控。这种方法令病人非常不适而且极不方便。为了解决这个问题，人体血液中的血糖水平可以采用医用纳米机器人进行 24 h 动态监测，如图 4-43 所示。医生可以根据纳米机器人获得的信息给病人提供实时健康保健，调整病人用药策略。

4.6.2.2 纳米中药

“纳米中药”指运用纳米技术制造的粒径小于 100 nm 的中药有效成分、有效部位、原药及其复方制剂。纳米中药不是简单地将中药材粉碎成纳米颗粒，而是针对中药方剂的某味药的有效部位甚至是有效成分进行纳米技术处理，使之具有新的功能：降低毒副作用、拓宽原药适应性、提高生物利用度、增强靶向性、丰富中药的剂型选择、减少用药量等。

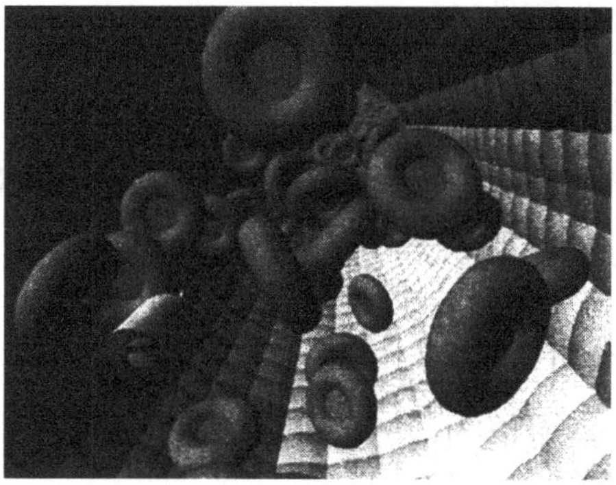

图 4-43　纳米机器人对病人血糖进行实时监控

纳米中药的制备要考虑到中药组方的多样性和中药成分的复杂性。要针对植物药、动物药、矿物药的不同单味药，以及无机、有机、水溶性和脂溶性的不同有效成分确定不同的技术方法。也应该在中医理论的指导下研究纳米中药新制剂，使之成为速效、高效、长效、低毒、小剂量、方便的新制剂。纳米中药微粒的稳定性参数可以用纳米粒子在溶剂中的 ξ 电位来表征。一般憎液溶胶 ξ 电位绝对值大于 30 mV 时，方可消除微粒间的分子间力避免聚集。有效的措施是用超声波破坏团聚体，或者加入反凝聚剂形成双电层。

聚合物纳米中药的制备有两种。一是采用壳聚糖、海藻酸钠凝胶等水溶性的聚合物。例如，将含有壳聚糖和两嵌段环氧乙烷-环氧丙烷共聚物的水溶液与含有三聚磷酸钠的水溶液混合得到壳聚糖纳米微粒。这种微粒可以和牛血清白蛋白、破伤风类毒素、胰岛素和核苷酸等蛋白质有良好的结合性。已经采用这种复合凝聚技术制备 DNA-海藻酸钠凝胶纳米微粒。二是把中药溶入聚乳醇一有机溶液中，在表面活性剂的帮助下形成 O/W 或 W/O

型乳液，蒸发有机溶剂，含药聚合物则以纳米微粒分散在水相中，并可进一步制备成注射剂。

聚合物纳米中药的优点如下：

(1)纳米微粒表面容易改性而不团聚，在水中形成稳定的分散体。

(2)采用了可生物降解的聚合材料。

(3)高载药量和可控制释放。

(4)聚合物本身经改性后具有两亲性，从而免去了纳米微粒化时表面活性剂的使用。

4.6.2.3 纳米高分子材料

纳米高分子材料作为药物、基因传递和控制的载体，其优越性表现为：靶向输送；帮助核苷酸转染细胞，并起到定位作用；可缓释药物，延长药物作用时间；提高药物的稳定性；保护核苷酸，防止被核酸酶降解；建立一些新的给药途径等。

纳米药物载体作为抗肿瘤药物的输送系统，将药物或基因输送到肿瘤细胞和器官以达到直接的治疗效果，是纳米颗粒最有前途的应用之一。

把药物放入磁性纳米颗粒的内部，利用药物载体的磁性特点，在外加磁场的作用下，磁性纳米载体将富集在病变部位，进行靶向给药，药物治疗的效果会大大地提高，如图 4-44 所示。

我国国家超细粉末工程研究中心制备了磁靶向药物载体铁炭复合材料，片状活性炭为 20～200 nm，铁颗粒为 50～100 nm。这种包炭纳米的铁炭复合磁性载体颗粒细小均匀、磁靶向性能强、载药量大并具有缓释功能，更适合作为磁性药物载体用于肿瘤的靶向治疗。

脂质体技术被喻为“生物导弹”的第四代靶向给药技术。脂质体技术是利用脂质体的独有特性，将药物包裹在脂质体内，根据人体病灶部位血管内皮细胞间隙较大，脂质体药物可透过此间隙到达病灶部位的特点，使其在病灶部堆积释放，从而达到定向给药的目的，如图 4-45 所示。

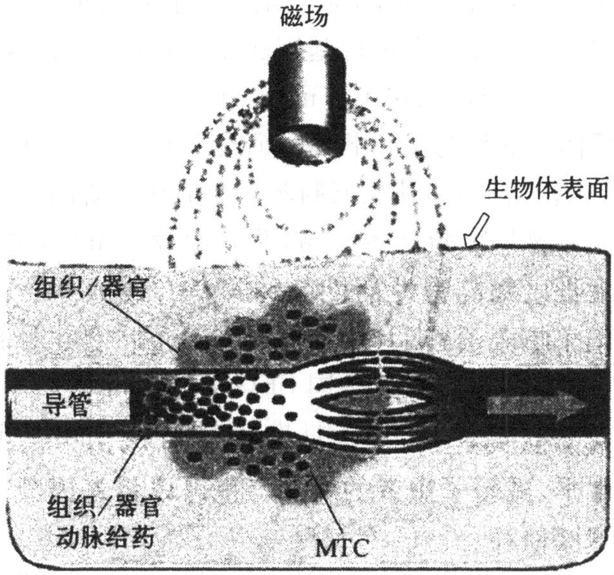

图 4-44　体内磁肿瘤靶向给药示意图

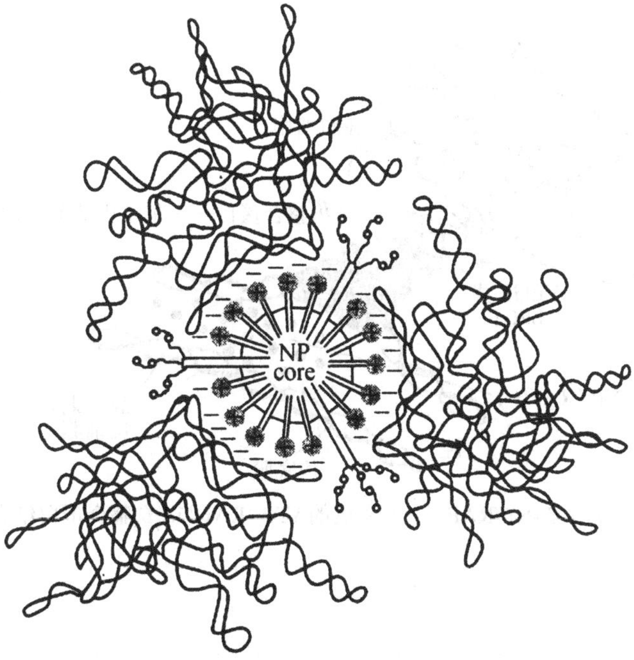

图 4-45　$\alpha_v\beta_3$ 靶向纳米粒-质粒 DNA 的复合体

脂质微粒作为基因药物载体，用于全身药物递送，目前已进行了大量深入的研究。其中，脂质纳米微粒（Lipid-based Nanoparticles，NP）药物载体，在进行基因药物递送时，为克服体内的各种生理屏障，粒径需控制在 100 nm 以下。

用脂质体微囊作为药物载体的研究早已在药物制剂上应用。20 世纪 90 年代初期，国外几家制药企业成功地研制出经济、高效的抗菌和抗肿瘤药物脂质体产品，并先后投入市场，极大地推动了脂质体的研究和发展。如美国 NeXstar 制药公司研制的柔红霉素脂质体，商品名为 Daunoxome，经 FDA 批准后上市，该药物制剂没有明显的心脏毒性。美国 SEQUUS 公司研制的阿霉素脂质体，商品名为 Doxil，经 FDA 批准后上市，主要用于 HIV 引起的卡巴氏瘤治疗。

图 4-46 所示为以 $\alpha_v\beta_3$ 整合蛋白为靶向的基因纳米微粒在荷瘤小鼠体内的治疗效果，注射药物 24 h 后，小鼠肿瘤内皮细胞快速凋亡，72 h 后导致肿瘤细胞饥饿死亡。

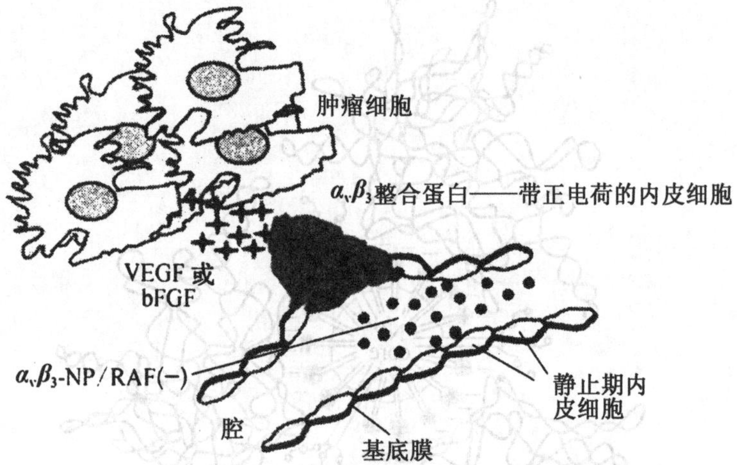

(a) $\alpha_v\beta_3$-NP/RAF（−）表达的ATP^u-RAF与$\alpha_v\beta_3$整合蛋白结合

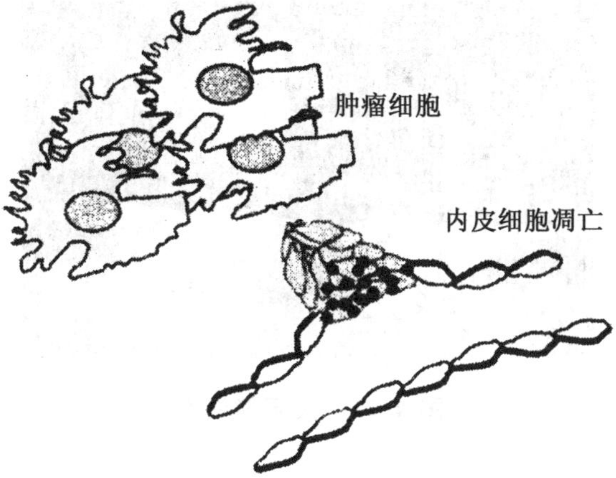

(b) 内皮细胞凋亡

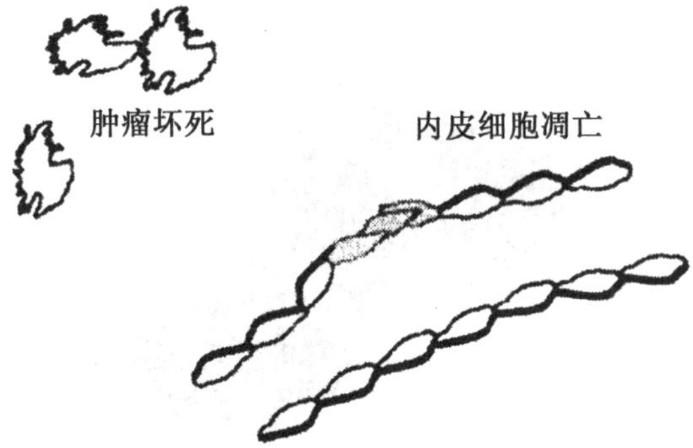

(c) 肿瘤细胞饥饿死亡

图 4-46　以 $\alpha_v\beta_3$ 整合蛋白为靶向的基因纳米微粒

4.6.3　在能源与环境保护领域的应用

4.6.3.1　太阳能电池

太阳不断地向宇宙空间辐射出巨大的能量，我们可以充分将其利用在汽车等耗能工具上，并减少全球环境污染。很多创意让太阳能汽车看上去不像汽车了，使它们看起来更像是车轮上的巨型硅片(见图 4-47)。

图 4-47　太阳能汽车

可以将太阳能光电转换电路印制在可卷曲的薄膜材料上，这种新型的纳米太阳能电池片是可卷曲的，如图 4-48 所示。

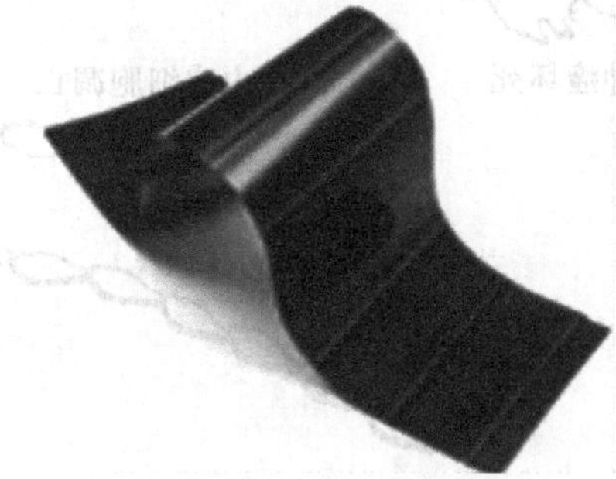

图 4-48　太阳能薄膜电池

4.6.3.2　有害气体治理

在空气中的有害气体的处理中纳米材料的应用极其广泛，因为纳米材料的尺寸小，随表面粒径的减小，光滑程度变差，形成原子台阶，纳米微粒具有增加反应速率、决定化学反应的路径和降低化学反应的温度的特点。其应用主要表现在以下几个方面。

(1)空气中硫氧化物的净化。煤的不完全燃烧等将产生危害人类健康的一氧化碳、二氧化硫、氮的氧化物等气体，为了使煤充分燃烧，提高煤的利用率，在煤燃烧时加入纳米级的催化剂，这样既不生成一氧化碳，而且生成固体态的硫化物。加入煤中的纳米催化剂一般为纳米 Fe_2O_3，这样硫化物的含量将低于 0.01%，减小了能源的消耗，并且使有害气体的再利用变成一种可能。

(2)汽车尾气净化催化剂。研究表明汽车尾气净化催化剂中最有效的催化剂是复合稀土化合物的纳米级粉体，由于其有很强的氧化还原性能，可以彻底解决汽车尾气中一氧化碳(CO)和氮氧化物(NO_x)的污染问题。复合稀土化合物的纳米级粉体的载体活性炭，催化活性体为以活性炭为载体，纳米 $Zr_{0.5}Ce_{0.5}O_2$ 粉体为汽车尾气催化剂，催化剂表面存在 Zr^{4+}/Zr^{3+} 及 Ce^{4+}/Ce^{3+} 具有较强的电子转移能力和氧化还原能力，其本身还具有纳米材料应有的特点如较大的比表面积、很强的吸附能力和极多的空间键，能氧化一氧化碳、还原氮的氧化物并将它们转化为氮气和二氧化碳。

(3)石油脱硫催化剂。纳米钛酸钴的分子式为 $CoTiO_3$，它是尺度在纳米级的绿色粉末，是近些年发展起来的一种新型多功能材料。其物理、化学、光学等性能都要比传统钛酸钴更为优越。随着科技的发展，汽车销量的不断增长和汽车的普及，汽车用汽油的量直线上升将给环境问题带来严峻的挑战。汽油中的硫含量至关重要，含量过高，在其带动汽车运行的燃烧过程中产生大量的二氧化硫等有毒有害气体，严重损害环境。因此脱去汽油中的硫，将有利地切断汽车尾气对环境的污染。纳米钛酸钴之所以具有相当好的脱硫性能，是由于以下两个方面的原因：

①因为钛酸钴结构。核外第四电子层有空的 d 轨道，具有很强捕捉电子对的能力，能将硫原子的孤对电子捕获。

②因为其是纳米颗粒。由于粒度小、比表面积大、空间悬键多、吸附能力强等，这些效应使得该催化剂的催化活性高，不易中毒，同时还可以提高催化效率，$CoTiO_3$ 催化剂回收方便使得再生过程本身更有利于环境保护，这些优秀的性能不仅将提高未来环境质量而且同时能带动汽车工业、石油工业、环境等行业的发展，

将给社会及企业创造巨大的财富。

为了提高纳米钛酸钴的催化效应，研究人员在选择其尺寸和载体方面做了大量的实验验证，最后得出纳米钛酸钴催化活体的半径在 55～70 nm，以 Al_2O_3 陶瓷和多孔硅胶作载体催化效应极高。

4.6.3.3 加快水中有害物质的降解

纳米尺寸 TiO_2 在 H_2O_2 辅助作用下已经用于降解水中有机染料。在电解中也检测 H_2O_2 的浓度，而其在降解过程中起到重要作用。图 4-49 显示了 H_2O_2 浓度的提高。当体系中没有纳米材料时，在 3 h 内 H_2O_2 的浓度累积达到一个稳定值 8.6 mmol/L。当体系中加入一定量纳米尺寸的 TiO_2 时，图中曲线 *c* 和曲线 *d* 显示了 H_2O_2 的累积过程。从中可以看出，H_2O_2 的稳定浓度减小，表明 H_2O_2 的分解速率在提高，尤其是在图中曲线 *d* 所示的紫外光照射条件下。纳米尺寸 TiO_2 和 H_2O_2 形成电-光化学体系，它极大地加速了 H_2O_2 的降解。

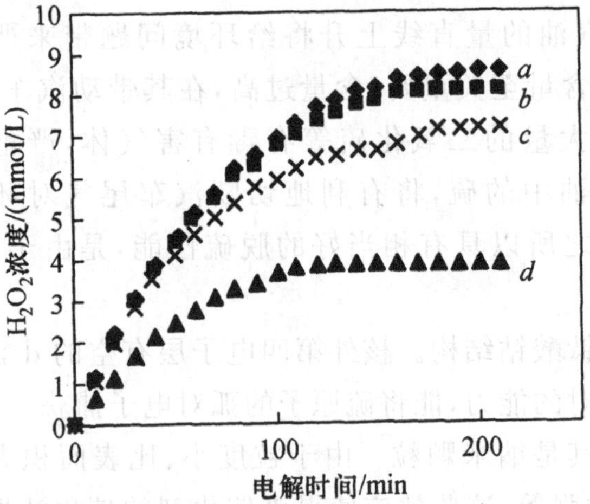

图 4-49 反应器中 H_2O_2 累积量

曲线 *a*—背底；曲线 *b*—紫外线(UV)；

曲线 *c*—纳米 TiO_2；曲线 *d*—UV 纳米 TiO_2

4.6.4 在军事与航空航天领域的应用

4.6.4.1 隐身技术

以高技术武装为特点的现代化局部战争中，交战双方投入使用的武器装备数量和质量成为取胜的关键，用纳米技术改善现有武器性能，提高战争技术水平，增强其战场生存能力，提升其综合战斗力，目前已经成为世界各国争相研究的热点。

隐身技术是20世纪军用飞机设计的一项革命性的技术。纳米微粒的尺寸远远小于雷达发来的电磁波波长，可以使得雷达接收的反射信号变得微弱，从而起到隐身的作用。

图4-50所示为采用第一代隐身技术的典型的F-117A隐身战斗机，主要是以棱角散射机体外形加纳米吸波涂层为主。

图4-50 F-117A战斗机

图4-51和图4-52所示分别为采用第二代和第三代隐身技术的典型隐身战斗机。

4.6.4.2 纳米卫星

纳米卫星是指质量低于10 kg的现代小卫星，具有体积小，功能单一的特点。图4-53所示为英国Surrey大学2000年5月发射的一颗纳米卫星SNAP-1卫星。我国首颗纳米卫星

"THNS-1"(见图 4-54)已于 2004 年 4 月发射升空。

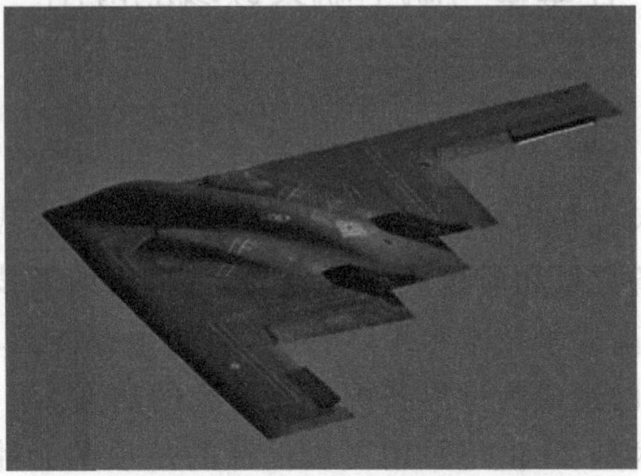

图 4-51　B-2 轰炸战斗机

图 4-52　F-22"猛禽"隐身战斗机

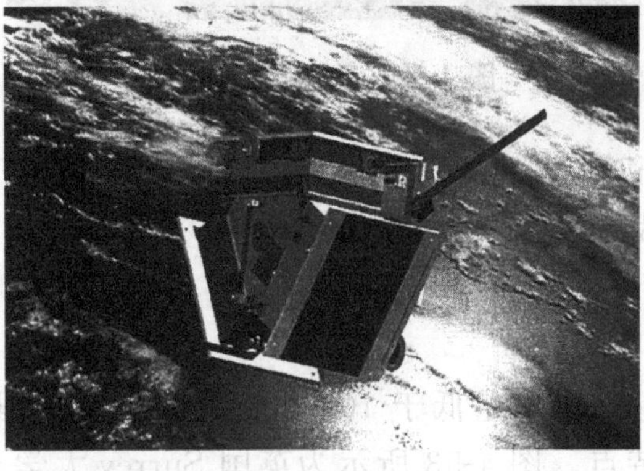

图 4-53　英国 Surrey 大学发射的 SNAP-1 纳米卫星

图 4-54　中国纳米卫星“THNS-1”

第 5 章　光电磁功能聚合物材料

5.1　电功能聚合物材料

电功能高分子是具有导电性或电活性或热点及压电性的高分子材料。同金属相比，它具有低密度、低价格、可加工性强等优点。近年来开发了多种特殊电功能高分子材料，如导电高分子材料、压电高分子材料、电致变色高分子材料等。下面主要讨论导电高分子材料。

5.1.1　导电高分子材料的导电机理

导电高分子材料是一类具有接近金属导电性的高分子材料。有机固体要实现导电，一般要满足以下两个条件：

5.1.1.1　具有易定向移动的载流子

有机固体的电子轨道可能存在 3 种情况，如图 5-1 所示。

图 5-1(a)为轨道全满，电子只能跃迁到 LUMO 轨道，但需要很高的活化能，这种有机固体一般为绝缘体。

图 5-1(b)虽为部分占有轨道，但在半充满状态下的电子跃迁要在克服同一轨道上两个电子间的库仑斥力的同时破坏原有的平衡体系，所需要的活化能也较高，这种有机固体在常温下为绝缘体或半导体。

图 5-1(c)既满足轨道部分占有，又满足电子跃迁后体系保持

原态，电子只需较小的活化能即可实现跃迁，成为易定向移动的载流子。此种有机固体电导率一般较高，为半导体或导体。

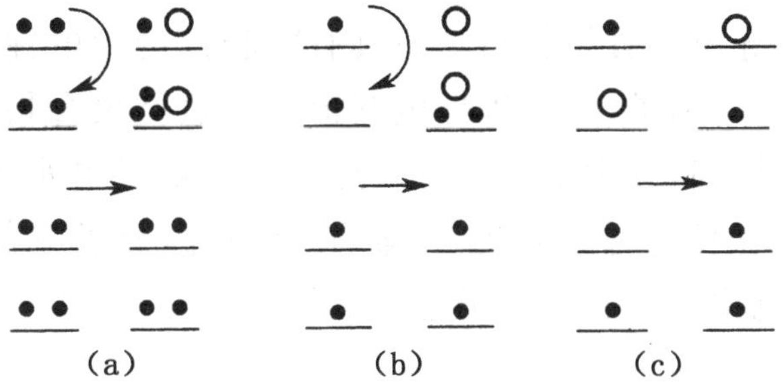

图 5-1　有机固体电子轨道示意

5.1.1.2　具有可供载流子在分子间传递的通道

结构型导电高分子材料本身具有“固有”的导电性，由高分子结构提供导电载流子（电子、离子或空穴）。这类高分子经掺杂后，电导率可大幅度提高，其中有些甚至可达到金属的导电水平。常见高分子材料及导电高分子材料的电导率范围如图 5-2 所示。

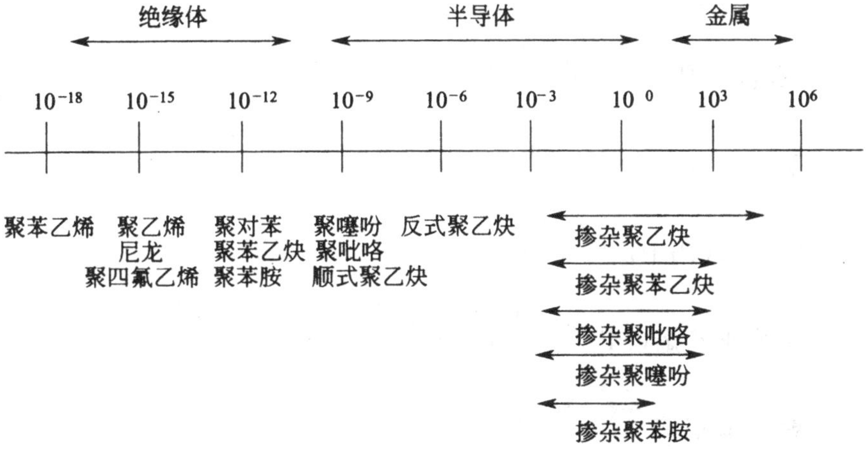

图 5-2　常见高分子材料及导电高分子材料的电导率范围

根据导电载流子的不同，结构型导电高分子有电子导电、离子传导和氧化还原 3 种导电形式。对不同的高分子，导电形式可能有所不同。

5.1.2 结构型导电高分子材料

结构型导电高分子材料本身具有“固有”的导电性，由聚合物结构提供电子、离子、空穴等导电载流子。这类聚合物经掺杂后，电导率大幅提高，其中的一些可以达到金属的导电水平。一般认为四类聚合物具有导电性能：共轭聚合物、高分子电荷迁移络合物、金属有机聚合物和高分子电解质。

5.1.2.1 共轭聚合物

共轭聚合物主要是指分子主链中碳-碳单键和双键交替排列的聚合物，如聚乙炔等。另外，也有碳-氮、碳-硫、氮-硫等共轭体系，例如：

聚乙炔(PA) $\left[CH{=}CH \right]_n$

聚苯胺(PAn) 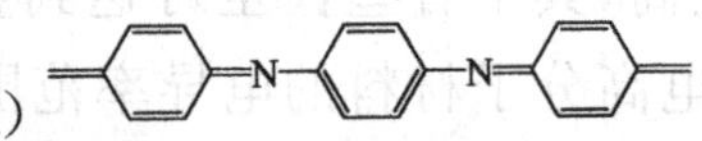

聚吡咯(PPy) 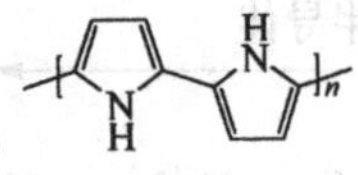

聚噻吩(PTh) 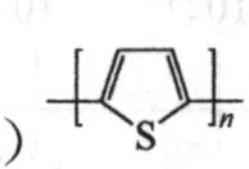

聚对苯(PPP) 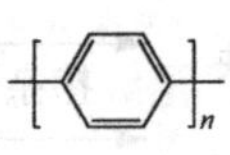

聚苯亚乙烯(PPV) 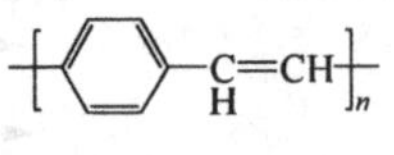

聚亚苯基硫 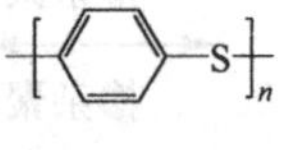

聚并苯 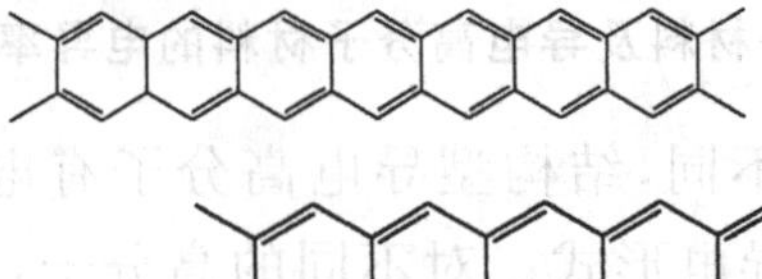

热解聚丙烯腈 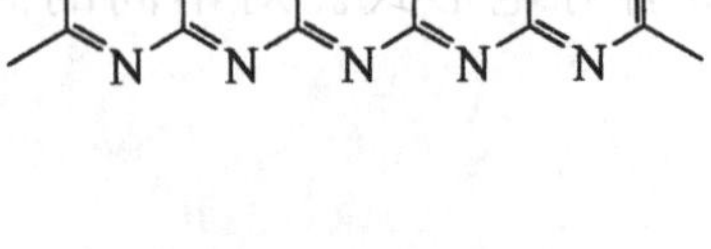

这类高分子化合物中存在双键 π 电子的非定域性，大多数都表现出一定的导电性。这类大共轭双键是通过单体的直接聚合和大分子进行加成、取代、消去等多种反应后制得。

5.1.2.2　高分子电荷迁移络合物

高分子电荷络合物可以分为两类：

一类是由主链或侧链含有 π 电子体系的聚合物与小分子电子给体或受体所组成的非离子型或离子型电荷转移络合物。

另一类是由侧链或主链含正离子自由基或正离子的聚合物与小分子电子受体所组成的高分子离子自由基盐型络合物。

表 5-1 给出了一些高分子电荷转移络合物的例子。其中受体 A 类与聚合物组成的电荷转移络合物属第一类，受体 B 类与聚合物组成的电荷转移络合物属第二类，第二类聚合物包括受体 B 类与聚合物组成的电荷转移络合物的正离子自由基盐型络合物和由主链型聚季铵盐或侧基型聚季铵盐 TCNQ 负离子自由基组成的负离子自由基盐络合物，负离子自由基盐型络合物。后者是迄今为止最重要的电荷转移型导电络合物。通常由芳香或脂肪族季铵盐聚合物 $Li^{+}TCNQ^{\overline{\cdot}}$ 进行交换反应制备的，所得负离子自由基盐不含中性 TCNQ（$TCNQ^{0}$ 表示）时称为简单盐，而由高分子正离子、$Li^{+}TCNQ^{\overline{\cdot}}$ $TCNQ^{0}$ 三种成分组成的称为复合盐。

表 5-1　高分子电荷转移络合物及其导电率

聚合物	电子受体		受体分子/聚合单元		电导率/(S/cm)	
	受体 A	受体 B	受体 A	受体 B	受体 A	受体 B
聚苯乙烯	$AgCQO_4$		0.89		2.3×10^{-9}	
聚二氨基苯乙烯	*P*-CA		0.28		10^{-8}	
聚萘乙烯	TCNE		1.0		3.2×10^{-13}	
聚三甲基苯乙烯	TCNE		1.0		5.6×10^{-12}	
聚蒽乙烯	TCNB	Br_2		0.71	8.3×10^{-2}	1.4×10^{-11}
		I_2		0.58		4.8×10^{-5}

续表 5-1

聚合物	电子受体		受体分子/聚合单元		电导率/(S/cm)	
	受体 A	受体 B	受体 A	受体 B	受体 A	受体 B
聚芘乙烯	TCNQ	I_2	0.13	0.19	9.1×10^{-13}	7.7×10^{-9}
聚乙烯咔唑	TCNQ	I_2	0.03	1.3	8.3×10^{-11}	10^{-5}
聚乙烯吡啶	TCNE	I_2	0.5	0.6	10^{-3}	10^{-4}
聚二苯胺	TCNE	I_2	0.33	1.5	10^{-4}	10^{-4}
聚乙烯咪唑	TCNQ		0.26		10^{-4}	

5.1.2.3 金属有机聚合物

(1)主链型高分子金属络合物。由含共轭体系的高分子配位体与金属构成的主链型络合物是导电性较好的一类金属有机聚合物,它们是通过金属自由电子的传导性导电的。其导电性往往与金属种类有较大关系。例如:

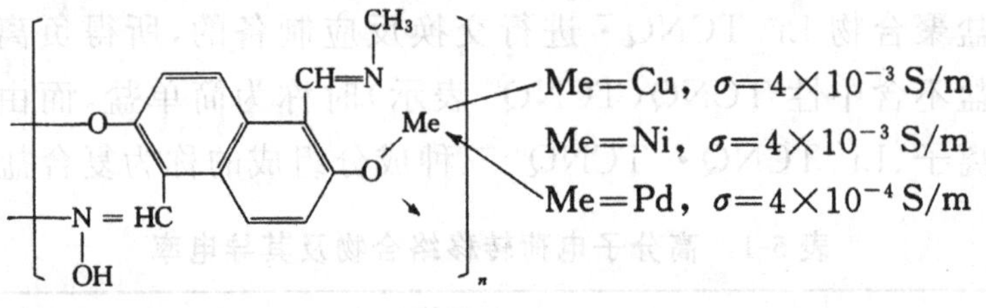

这类主链型高分子金属络合物都是梯形结构,其分子链十分僵硬,因此成型较困难。

(2)金属酞菁聚合物。1958 年,伍弗特(Woft)等首次发现了聚酞菁酮具有半导体性能,其结构简示如下:

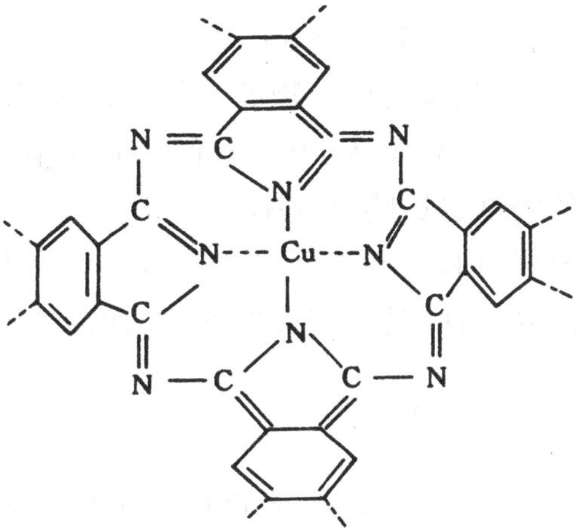

其结构中庞大的酞菁基团具有平面状的 π 电子体系结构。中心金属的d轨道与酞菁基团中 π 轨道相互重叠,使整个体系形成一个硕大的大共轭体系,这种大共轭体系的相互交叠导致了电子流通。常见的中心金属除Cu外还有Ni、Mg、Al等。在分子量较大的情况下,σ 为 $10^0 \sim 10^1$ S/m。

这类聚合物柔性小、溶解性和熔融性都极差,因而不易加工。当将芳基和烷基引入金属酞菁聚合物后,其柔性和溶解性有所改善。

(3)二茂铁型金属有机聚合物。纯的含二茂铁型聚合物电导率并不高,一般在 $10^{-12} \sim 10^{-8}$ S/m。但是当将这类聚合物用 Ag^+、P-CA等温和的氧化剂部分氧化后,电导率可增加5~7个数量级。这时铁原子处于混合氧化态,例如:

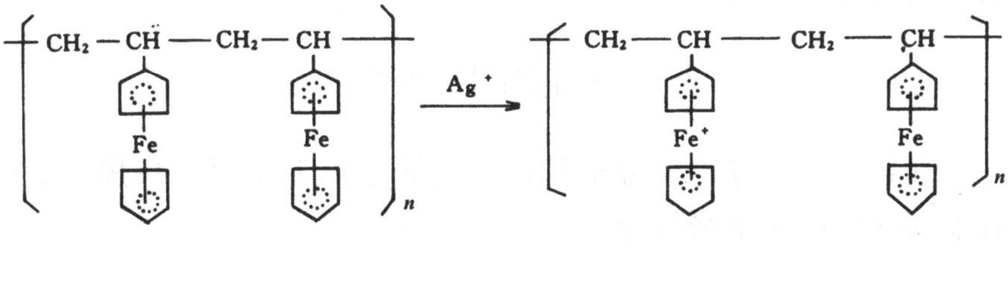

电子可直接在不同氧化态的金属原子间传递，电导率从未部分氧化的 10^{-12} S/m 增至 4×10^{-3} S/m。

通常情况下，二茂铁型聚合物的电导率随氧化程度的提高而迅速上升，但通常以氧化度为 70%左右时电导率最高。另外，聚合物中二茂铁的密度也影响电导率。

二茂铁型金属有机聚合物的价格低廉、来源丰富，有较好的加工性和良好的导电性，是一类有发展前途的导电高分子。

5.1.2.4 高分子电解质

高分子电解质主要有两类：如各种聚季铵盐、聚硫盐等属于阳离子聚合物；聚丙烯酸及其盐形成的是阴离子聚合物。

高分子电解质的导电性是通过高分子离子对应的反离子迁移来实现的。高分子电解质的导电性受湿度影响比较明显，相对湿度越大，高分子电解质越容易解离，电导率越高。

高分子电解质被广泛地用作电子照相、造纸、塑料、纤维、橡胶等的抗静电剂。

5.1.3 复合型导电高分子材料

复合型导电高分子材料是在合成树脂、橡胶等高分子材料中添加铁氧体或稀土磁粉加工形成的一种功能性高分子材料。复合型导电高分子聚合物基体的作用是将导电颗粒牢固地黏结在一起，使导电高分子有稳定的电导率。它常用的导电剂包括碳系和金属系导电填料。

5.1.3.1 碳系复合型导电高分子材料

碳系复合型导电高分子材料中的导电填料主要是炭黑、天然石墨、碳纤维、碳纳米管等。

(1)炭黑。常用的导电炭黑如表 5-2 所示。

表 5-2　炭黑的种类及其性能

种类	粒径/μm	比表面积/(m^2/g)	吸油值/(mg/g)	特性
导电槽黑	17～27	175～420	1.150～1.65	粒径细,分散困难
导电炉黑	21～29	125～200	1.3	粒径细,孔度高,结构性高
超导炉黑	16～25	175～225	1.3～1.6	防静电,导电效果好
特导炉黑	＜16	225～285	2.6	孔度高,导电效果好
乙炔炭黑	35～45	55～70	2.5～3.5	粒径中等,结构性高,导电持久

炭黑的结构因其所用材料和制备方法不同而异。烃类化合物热分解形成炭黑的过程如图 5-3 所示。

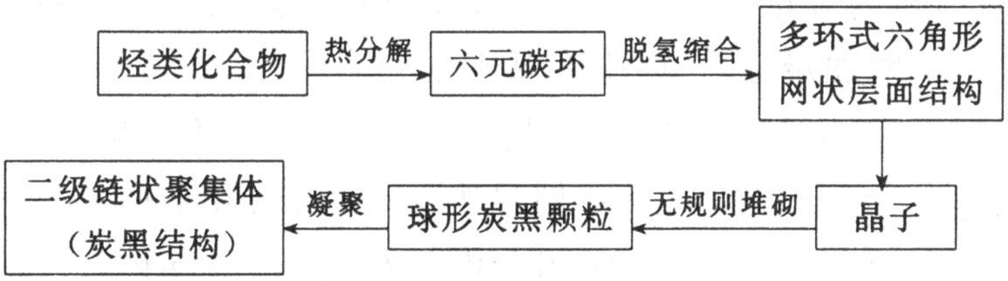

图 5-3　热分解形成炭黑的过程

炭黑的用量对材料导电性能的影响可用图 5-4 表示。图中分为 3 个区。其中,体积电阻率急剧下降的 B 区域称为渗滤(Percolation)区域。而引起体积电阻率 ρ 突变的填料百分含量临界值称为渗滤阈值。只有当材料的填料量大于渗滤阈值时,复合材料的导电能力才会大幅度地提高。如对于聚乙烯,用炭黑作为导电填料时,其渗滤阈值约为 10 wt%,即炭黑的质量分数大于 10%时,导电能力(电导率)急剧增加。

①A 区:炭黑含量极低,导电粒子间的距离较大(＞10 nm),不能构成导电通路。

②B 区:随着炭黑含量的增加,粒子间距离逐渐缩短,当相邻

两个粒子的间距小到 1.5～10 nm 时，两粒子相互导通形成导电通路，导电性增加。

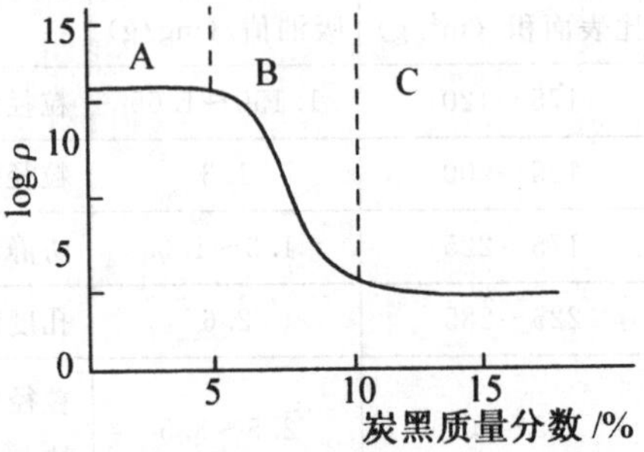

图 5-4　复合型导电高分子体积电阻率与炭黑含量的关系

③C 区：在炭黑填充量高的情况下，聚集体相互间的距离进一步缩小，当低于 1.5 nm 时，导电机理是电子波动功能叠加，此时复合材料的导电性基本与温度、频率和场强无关，呈现欧姆导电特征，再增加炭黑量，电阻率基本不变。

(2)天然石墨。天然石墨具有平面型稠芳环结构。电导率高，已进入导体行列，其天然储量丰富、密度低和电性质好，其高分子复合材料已经被广泛应用于电极材料、热电导体、半导体封装等领域。

(3)碳纤维。碳纤维也是一种有效的导电填料，有良好的导电性能，并且是一种新型高强度、高模量材料。目前在碳纤维表面电镀金属已获得成功。金属主要指纯钢和纯镍，其特点是镀层均匀而牢固，与树脂黏结好。镀金属的碳纤维比一般碳纤维导电性能可提高 50～100 倍，能大大减少碳纤维的添加量，其应用范围很广泛。

(4)碳纳米管。碳纳米管是由碳原子形成的石墨片层卷成的无缝、中空的管体，依据石墨片层的多少可分为单壁碳纳米管和多壁碳纳米管，是最新型的碳系导电填料。碳纳米管复合材料可广泛应用于静电屏蔽材料和超微导线、超微开关及纳米级集成电子线路等。

5.1.3.2　金属系复合型导电高分子材料

以金属粉末和金属纤维为导电填料形成的导电高分子材料为金属系复合型导电高分子材料。常见的这类材料有导电塑料和导电涂料。

金属粉末填料主要有金粉、银粉、铜粉、镍粉、钯粉、钼粉、钴粉等。银粉是较为理想和应用最为广泛的导电填料，其导电性和化学稳定性优良，但价格高、相对密度大、易沉淀、在潮湿环境中易发生迁移。金粉的化学性质稳定，导电性能好，但由于价格昂贵，不如银粉应用广泛。铜粉、铝粉和镍粉都具有良好的导电性，而且价格较低。但在高温混合以及加工过程中易氧化，导电性能不稳定。将铜粉、铝粉和镍粉做防氧化处理来提高导电的稳定性，在其表面上镀上或涂覆一层银，形成保护膜可以防止氧化，经处理后价格降低，而电导率与纯金、银相当。

聚合物中掺入金属粉末，可得到比炭黑聚合物更好的导电性。选用适当品种的金属粉末和合适的用量，可以控制电导率在 10^{-5}～10^{4} S/cm 之间。

金属纤维有较大的长径比和接触面积，易形成导电网络，电导率较高，发展迅速。目前有黄铜纤维、钢纤维、铝合金纤维和不锈钢纤维等多种金属纤维。如铝合金纤维填充 ABS 树脂，所得复合材料在 30～1 000 MHz 范围内的屏蔽效果为 30～60 dB，适合于注射和模压成型。

金属的性质对导电性起决定性影响，此外金属颗粒大小、形状、含量、分散状况等都会影响导电率。

也可以在碳系填料上镀上一层金属，提高电导率。例如，用化学气相沉积法在碳纤维上镀镍，与 PPO 树脂涂敷后，再与 PVC 共混，可制备出性能优良的屏蔽材料。镀镍云母(5％体积 Ni)在 PP、ABS 和 PBI 等树脂中填充 15％(体积)时，电磁屏蔽效果高于 30 dB。

5.1.4 导电高分子材料的应用

5.1.4.1 电化学容器

导电高分子电极电化学电容器是通过在电极上电子导电聚合物膜中发生快速可逆的 p 型或 n 型掺杂或去掺杂的氧化还原反应,使聚合物电极储存高密度的电荷,具有很高的法拉第准电容,从而实现高密度的电能储存。导电高分子的电化学掺杂机理如图 5-5 所示。

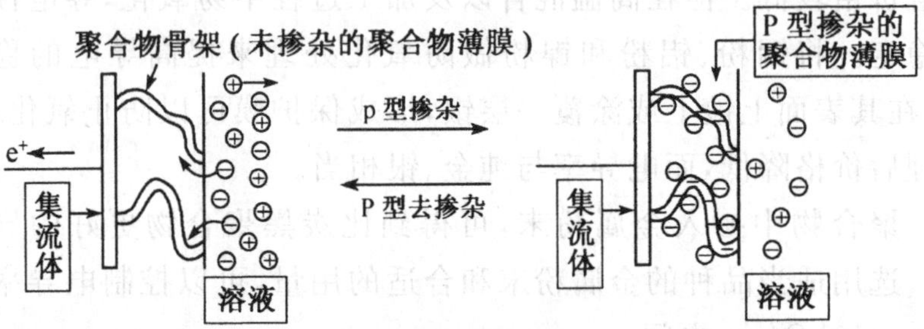

(a)与p型掺杂对应

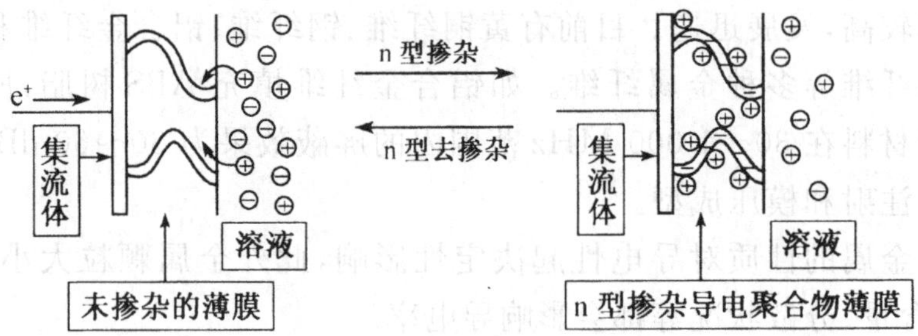

(b)与n型掺杂对应

图 5-5 导电高分子电极的充、放电过程示意图

5.1.4.2 低阻抗电解电容器

用高电导率的导电高分子来替代电解液作为阴极引出能克服损耗大,阻抗高的缺陷。例如,图 5-6 以聚吡咯为阴极材料的钽

电解电容器。用聚吡咯作为钽电解电容器的阴极材料，可以使电容器具有极低的等效串联电阻和阻抗，在 1 kHz 以上的频率范围内，其等效串联电阻低于传统 MnO_2 钽电解电容器的 1/5，这就大大减小了高频时的噪声，并可容许通过更大的纹波电流。另外，由于聚吡咯在局部温度升高到 300℃ 就开始绝缘，所以这种电容器也具有较小的漏电流。

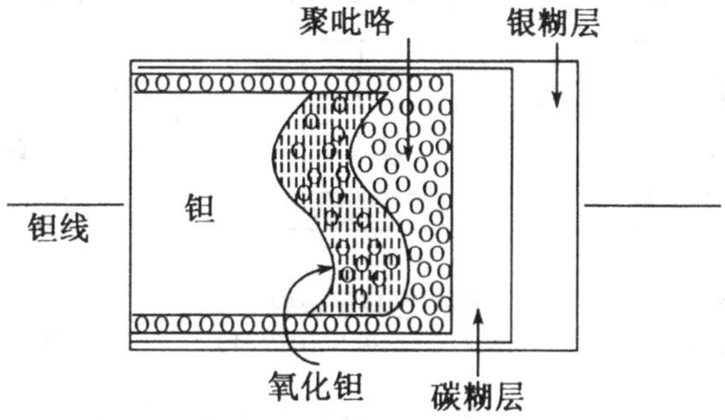

图 5-6　聚吡咯钽电解电容器的结构示意图

在导电高分子电解电容器生产中，对于导电高分子阴极制备而言，一般采用原位现场聚合方法，利用化学氧化聚合或电化学法合成导电高分子。此外，也可以先制备导电高分子溶液，然后将电容器阳极芯子含浸在该溶液中一定时间，取出干燥除去溶剂后，则得到聚合物阴极。另外，由于未掺杂的导电高分子易制备成溶液，所以也有将电容器阳极芯子先在本征态导电高分子溶液中含浸，取出干燥得到导电性差的本征态聚合物阴极，然后再进行掺杂，以得到导电聚合物。用此方法制备电容器时，掺杂剂的选择极为重要。已经用于商业化生产的导电高分子主要是聚吡咯和聚苯胺。

5.1.4.3　发光二极管

共轭高分子可光致发光和电致发光。其光致发光机理如图 5-7 所示，电致发光机理如图 5-8 所示。

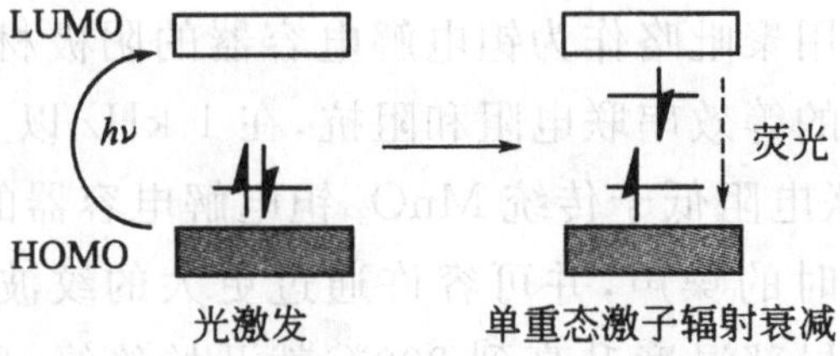

图 5-7　共轭高分子的光致发光机理

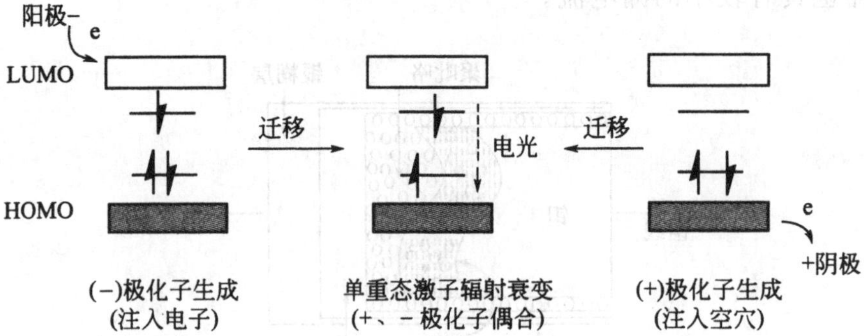

图 5-8　共轭高分子的电致发光机理

典型的电致发光二极管的构造如图 5-9 所示。在透明玻璃载板上通过真空镀膜镀上一层透明的铟-锡氧化物膜(ITO 膜)作为阳极,再在 ITO 膜上将发光聚合物溶液喷涂成膜作为发光层,在发光层上再通过真空镀膜镀上低功函金属层(如 Al、Mg、Ca 等)作为阴极。

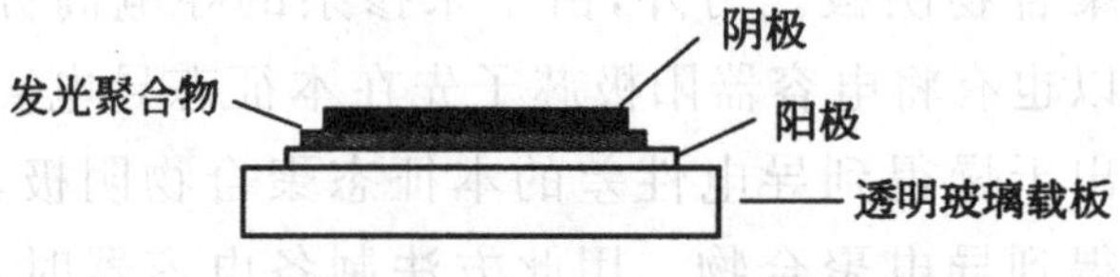

图 5-9　典型的电致发光二极管的构造

全塑发光二极管是科学家们奋斗的目标之一,目前已经取得了相当大的突破,与普通发光二极管相比,全塑发光二极管最突出的优点就是可以重复卷曲而不损坏。

5.1.4.4　导电高分子生物传感器

导电高分子生物传感器主要是用导电高分子作为载体或包

覆材料固定生物活性成分(酶、抗原、抗体、微生物等),并以此作为敏感元件,再与适当的信号转换和检测装置结合而成的器件。其基本组成和工作原理如图 5-10 所示。

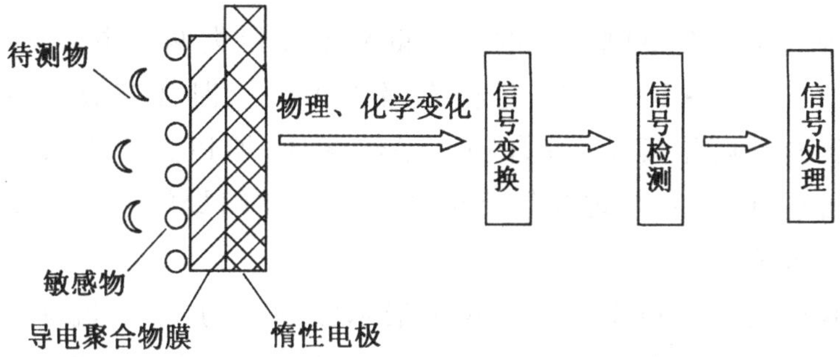

图 5-10　导电高分子生物传感器的工作原理示意图

5.1.4.5　金属防腐

在酸性介质中用电化学法合成的聚苯胺膜能使不锈钢表面活性钝化而防腐,这一特点引起了人们的关注。因为导电高分子膜层不但结合了导电性、环境稳定性及可逆的氧化还原特性等性能,而且能使金属表面活性钝化而防腐;其不但对腐蚀介质物理隔离,而且能有效地把金属腐蚀限制在膜基界面上,并改变金属的腐蚀电位,所以人们对导电高分子膜层防腐产生了浓厚的兴趣。

5.1.4.6　聚合物二次电池

利用导电高分子具有可逆的电化学氧化还原性能作为电极材料,制造可以反复充放电的二次电池。

这种电池的正极为聚苯胺(PAn),负极为锂铝合金或嵌锂的炭电极,电解质是 $LiBF_4$ 在有机溶剂中的溶液。导电 PAn 的充放电过程涉及对离子在固体电极中的扩散,因而充放电速率受到限制。为提高聚合物电极的充放电速率和比容量,研究了聚苯胺和聚二巯基噻二唑(PDMCT)复合电极。聚二巯基噻二唑作为电极材料,是基于图 5-11 所示反应。

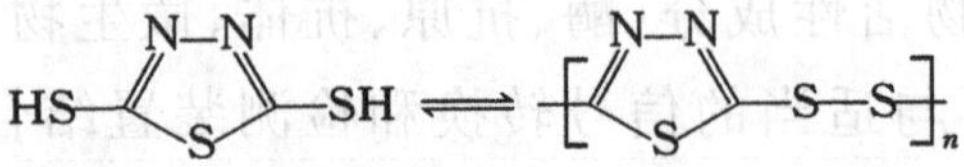

图 5-11　合成聚二巯基噻二唑的反应

因为聚二巯基噻二唑的一个重复单元得失两个电子，理论容量高达 367 $A \cdot h \cdot kg^{-1}$，是很有吸引力的。但其充放电过程对应着聚合和解聚反应，聚合物又是绝缘体，所以这个电极反应的动态可逆性较差，表现为氧化聚合峰和还原解聚峰之间的电位相差 1 V 左右。

我国研究人员系统地考察了聚苯胺的结构、聚二巯基化合物结构对复合电极循环伏安性能的影响，发现 N-甲基取代聚苯胺对复合电极的循环伏安曲线影响明显，且与取代度有关；用适当种类和比例的单巯基化合物作为聚合的分子量调节剂，将聚合物限制在齐聚物范围内，则可显著改善复合电极的动态性能，氧化还原电位差减少甚至消失，而充放电容量下降不多。

由此可以认为，在复合电极中，巯基化合物对 PAn 起掺杂作用；PAn 对巯基化合物的聚合与解聚反应有催化作用，也保证在巯基化合物变成聚合物后复合电极还有足够的电导率。

5.2　光功能聚合物材料

在光的作用下，光功能高分子材料能够表现出某些特殊物理性能或化学性能，包括对光的传输、吸收、储存和转换等，是功能高分子材料中的重要一类。

5.2.1　光固化材料

5.2.1.1　光引发剂

阳离子光引发剂、自由基光引发剂和高分子光引发剂都属于光引发剂。其中按照自由基光引发剂的活性，可将自由基的作用机理分为均裂型光引发剂（Norrish Ⅰ 型）和提氢型光引发剂（Norrish Ⅱ 型）。

（1）均裂型自由基光引发剂。均裂型光引发剂结构多以芳基烷基酮类化合物为主，是引发剂分子吸收光能后跃迁至单线态，单线态继续系间窜越激发为三线态，单线态或三线态的分子不稳定，其中的键能小的键发生均裂，形成初级活性的自由基。

（2）提氢型自由基光引发剂。芳香酮结构以及某些稠环芳烃是常见的提氢型光引发剂，这些物质有一定的吸光性能，氢由与之匹配的助引剂提供。这些化合物自身在紫外长波的范围内没有吸收。活性自由基是由提氢型光引发剂与助引发剂在激发态发生双分子的作用而产生的。

光引发剂是光固化体系重要的组成部分，其未来的发展趋势如下：

①开发低毒性、低迁移率和良好溶解性能的高分子光引发剂体系。

②水性光固化体系以及水溶性光引发剂的开发必将成为发展的重点。

③开发高效的协同光引发剂体系。

④发展具有良好性价比的新型可见光光引发剂体系。

⑤发展适合于环氧胶类的更加有效的光引发剂体系。

⑥发展具有良好贮存性能的光引发剂体系。

5.2.1.2　活性稀释剂

光敏聚合物通常黏度较大，施工性能差，在实际应用中需要配给性能好的活性稀释剂（单体），以便调节黏度；其性质对光固化材料的硬度和柔顺性等性能有很大的影响。然而，活性稀释剂在光固化体系中不仅起到降黏作用，还包括交联作用和提高固化速率作用，因而也常被称为活性单体。活性稀释剂可分为单官能团活性稀释剂、双官能团活性稀释剂和多官能团活性稀释剂 3

类，它们的分类依据是按照活性稀释剂所含活性基团的多少。

(1)单官能团活性稀释剂。它在体系中主要起降低黏度的作用，由于每个分子仅含一个可参与固化反应的基团，因此交联密度低，主导固化膜的柔顺性，还可以同步降低硬度、耐磨性、耐溶剂性等。单官能团活性稀释剂常与多官能团稀释剂配合使用，以保持足够的交联度。

(2)双官能团活性稀释剂。双官能团(甲基)丙烯酸酯是其主要代表，含有两个可以光固化反应的(甲基)丙烯酸酯官能团。双官能团(甲基)丙烯酸酯固化速率比单官能团的固化速率快，具有良好的稀释性。双官能团活性稀释剂有较大的分子量和小的挥发性，气味较低。

(3)多官能团活性稀释剂。多官能团活性稀释剂是由3个或者3个以上的光固化活性基团所组成的活性稀释剂。由于官能团含量增加，这些活性稀释剂挥发性低、黏度较大，稀释效果较差。具有极快的光固化速率和光交联密度，固化产物硬度高，耐磨性提高，脆性也大；由于固化收缩率很大不利于和底材的黏附，通常是将多官能团和双官能单体、单官能单体搭配使用。

5.2.1.3 光固化涂料

紫外光固化涂料最为显著的特点是固化速率快，完全固化的时间只要几秒或者几十秒，并且能达到使用要求。基本不含挥发性的溶剂是光固化涂料的另外一个优势，符合环境友好的要求。将其可视为100%的固含量涂料，是因为在光照的条件下，几乎所有的成分都参与交联和聚合反应，进入膜层，组成交联网结构的部分。

光固化涂料的品种繁多，性能各异，但是每一个配方必须包括低聚物、活性稀释剂和光引发剂。

5.2.1.4 光固化油墨

紫外光固化油墨也是由低聚物、活性稀释剂、光引发剂、颜(填)料和助剂组成，在紫外光照射下交联固化成膜。

紫外光固化油墨在油墨内无挥发性溶剂，所有树脂、单体进入交联固化网络中，因此不会因溶剂挥发而易燃易爆，也不会对环境造成污染。特别是包装印刷中，针对为数不少的非渗透性承印物，如铝箔纸、真空镀铝膜、镜面卡纸、聚烯烃塑料等，如果采用普通的溶剂型油墨，干燥较慢，易出现起脏、掉版、乳化严重等问题，干燥以后的附着力也不理想，常常需要罩光处理，不仅效率降低，对后续工艺也将产生影响。UV 固化油墨属反应性油墨，紫外辐照下，它在数秒钟内能快速固化，操作简便，印刷品印刷后可立即叠起堆放，生产效率高，特别适合于高速印刷和高速查印。

5.2.2　光刻胶

光刻胶依据所选择的光源不同可分为紫外光刻胶、深紫外光刻胶、X 射线胶、电子束胶、离子束胶等；根据光照后溶解度变化的不同可将光刻胶分为正胶和负胶，如图 5-12 所示。负胶在刻蚀的过程中显影的溶解过程被保留下来的原理是在光照后发生的交联反应中，正胶的刻蚀过程恰好相反，在这一过程中光照使其溶解度增加，显影过程中正性光刻胶被除去，其覆盖的部分在刻蚀过程中全部被腐蚀。

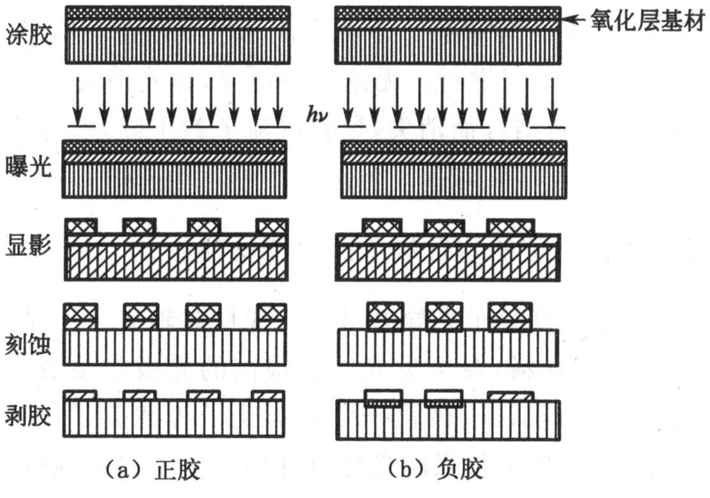

图 5-12　光刻胶刻蚀过程

5.2.3 光导电高分子材料

光导电高分子有两大类别：一类是复合型的，它是用带有芳香环或杂环的高分子如聚碳酸酯等作为复合载体，加入小分子有机光电导体如酞菁染料、双偶氮类染料等组合而成；另一类是本征型的，即高分子本身具有光电导性能。

5.2.3.1 光导电高分子材料的导电机理

对高分子光导电材料而言，导电过程分成两步：

(1)形成电子-空穴对。光活性分子中的基态电子吸收光能后至激发态。激发态分子通过辐射和非辐射耗散回到基态或者发生离子化形成电子-空穴对。

(2)产生载流子。在外电场作用下，电子-空穴对发生解离，电子逸出笼子，使电子（或空穴）处于能独立移动的状态，成为导体内的载流子，在电场作用下迁移产生导电现象。

导电过程可以用下式表示：

$$D+A \xrightarrow{\text{光激发}} [D^+A^-] \xrightarrow{\text{外电场}} D^+ + A^-$$

式中，D 表示电子给体；A 表示电子受体。电子给体和受体可以在同一分子中，电子转移在分子内完成。也可以在不同的分子之中，电子转移在分子间进行。无论哪种情况，在光消失后，电子-空穴对都会逐渐重新结合而消失，导致载流子数下降，电导率减低，光电流消失。

5.2.3.2 典型的本征导电高分子材料

(1)线性共轭高分子光导电材料。线性共轭高分子是重要的本征导电高分子材料，在可见光区有很高的光吸收系数，吸收光能后在分子内产生孤子、极化子和双极化子等载流子，因此导电能力大大增加，表现出很强的光导电性质。由于多数线性共轭导电高分子材料的稳定性和加工性能不好，因此，在作为光导电材料方面没有获得广泛应用。其中研究较多的光导材料是聚苯乙炔和聚噻吩。线性共轭高分子作为电子给体，作为光导电材料时需要在体系内提供电子受体。

(2)侧链带有大共轭结构的光电导高分子材料。带有大的芳香共轭结构的化合物一般都表现出较强的光导性质，将这类共轭分子连接到高分子骨架上则构成光电导高分子材料。

属于此类的光电导性高分子中最引人注目的是聚乙烯基咔唑(PVK)，分子结构如下：

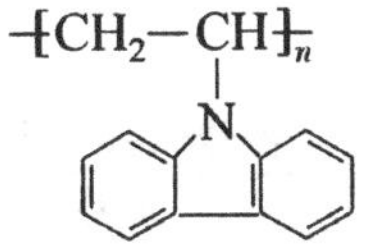

图 5-13 所示是聚乙烯咔唑的导电示意图。聚乙烯咔唑中电子在某处被俘获不动只有空穴迁移。由于空穴是咔唑基阳离子自由基，在电场作用下，邻近的咔唑基向已形成的咔唑基阳离子自由基逐个转移电子，导致空穴在整个高分子体内迁移。因此空穴导电并非指阳离子自由基的运动，空穴导电不会产生物质的迁移。

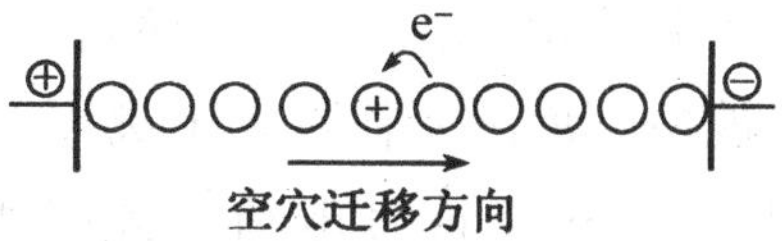

图 5-13　电场作用下的空穴迁移

5.2.3.3　光导电高分子材料的应用

(1)静电复印和激光打印。光导电高分子材料最主要的应用领域是静电复印，在静电复印过程中光电导体在光的控制下收集和释放电荷，通过静电作用吸附带相反电荷的油墨。静电复印的基本过程如图 5-14 所示。

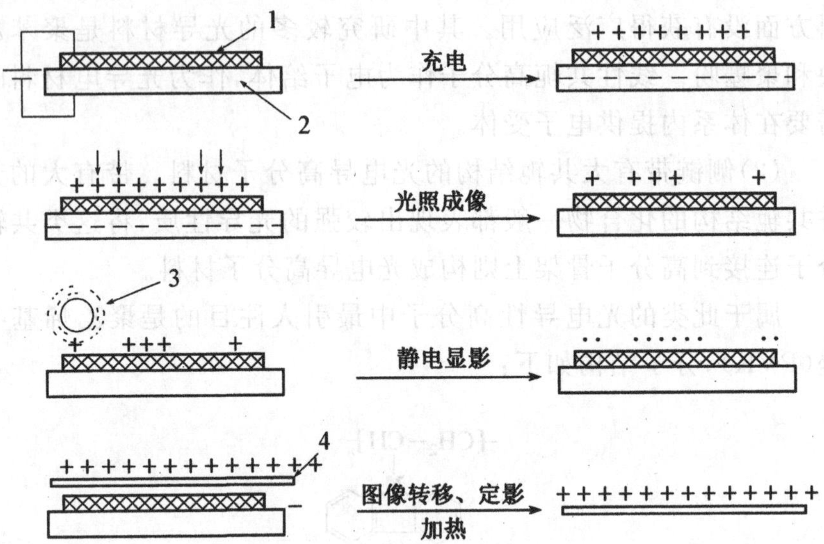

图 5-14 静电复印及过程

1—光电导材料；2—导电性基材；

3—载体(内)和调色剂(外)；4—复印纸

在静电复印设备中，起核心作用的部件是感光鼓，感光鼓是在导电性基材(一般为铝)上涂布的一层光导性材料构成。

复印过程共分为以下几个步骤：

①在无光条件下利用电晕放电对光导材料进行充电，通过在高电场作用下空气放电，使空气中的分子离子化后均匀散布在光导体表面，导电性基材带相反符号电荷。此时由于光导材料处在非导电状态，使电荷的分离状态得以保持。

②透过或反射要复制的图像将光投射到光导体表面，使受光部分因光导材料电导率提高而正负电荷发生中和，而未受光部分的电荷仍得以保存。此时电荷分布与复印图像相同，称为潜影，因此称其为曝光过程。

③显影过程，采用的显影剂通常是由载体和调色剂两部分组成，调色剂是含有颜料或染料的高分子，在与载体混合时由于摩擦而带电，且所带电荷与光导体所带电荷相反。通过静电吸引，调色剂被吸附在光导体表面带电荷部分，使第二步中得到的静电

影像(潜影)变成由调色剂构成的可见影像。

④将该影像再通过静电引力转移到带有相反电荷的复印纸上,经过加热定影将图像在纸面固化,至此复印任务完成。

(2)光导电子成像与传感材料。光导电高分子已经用于有机感光体电子成像技术,主要是利用材料的光导电特性实现图像信息的接收与处理,目前被广泛用作摄像机、数码照相机和红外成像设备中的电荷耦合器件用于图像的接收和成像。

当入射光通过玻璃电极照射到光导电层时产生光生载流子,光生载流子在外加电场的作用下定向迁移形成光电流。由于光电流的大小反映了入射光的强弱和波长的信息,检测和处理光电流的信号就可以获得光信息。数百万个这样的来自光信息的图像单元就构成了图像的矩阵,从而组建一个完整的电子图像。聚合物材料由于其特有的柔软性和易加工性,对在单元体积内制备更多的图像单元、获得更精细和更丰富的图像信息具有独特的优势。尤其是目前科研工作中比较前沿的分子自组装技术,更为在纳米尺寸上构建厚度、表面图像和分子排列方式都可控的超高精密度的图像矩阵提供了可能。

5.2.4　光致变色高分子材料

5.2.4.1　光致变色高分子材料的变色机理

光致变色过程包括显色反应和消色反应两步。显色反应是指化合物经一定波长的光照射后显色和变色的过程。消色有热消色反应和光消色反应两种途径。但有时其变色过程正好相反,即稳定态 A 是有色的,受光激发后的亚稳态 B 是无色的,这种现象称为逆光色性。光致变色过程如图 5-15 所示。

不同类型的化合物变色机理不同,通常有键的异裂、键的均裂、顺反互变异构、氢转移互变异构、价键互变异构、氧化还原反应等。例如,具有联吡啶盐结构的紫罗精类发色团,在光的作用下通过氧化还原反应，可以形成阳离子自由基结构，从而产生深颜色。

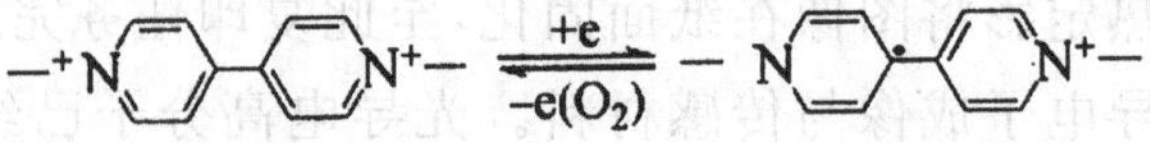

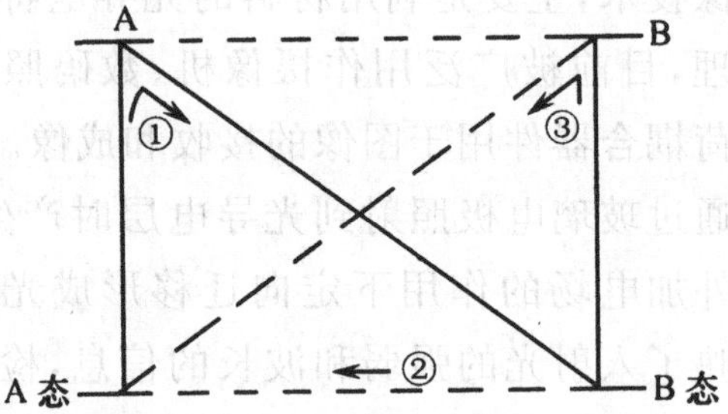

图 5-15 光致变色过程示意图

5.2.4.2 典型的光致变色高分子材料

(1)含偶氮苯的光致变色高分子。偶氮苯结构能发生变色是由于受光激发后发生顺反异构变化。逆光致变色过程如图 5-16 所示。分子吸光后，反式偶氮苯变为顺式，最大吸收波长从 350 nm 蓝移到 310 nm 左右。顺式结构是不稳定的，在黑暗的环境中又能回复到稳定的反式结构，重新回到原来的颜色。

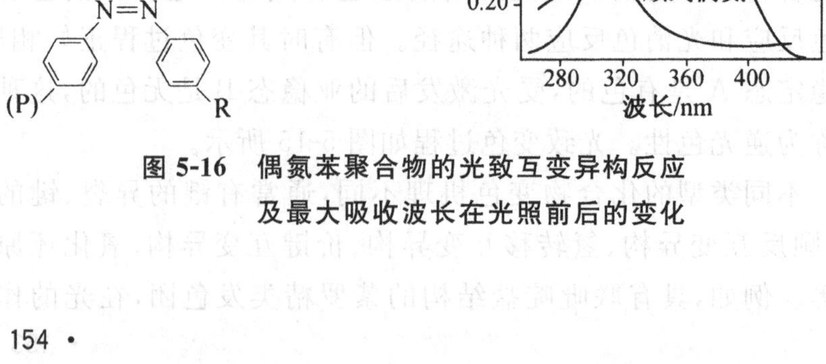

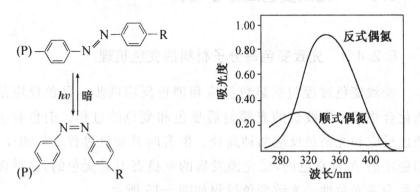

图 5-16 偶氮苯聚合物的光致互变异构反应及最大吸收波长在光照前后的变化

(2)含甲亚胺结构的光致变色高分子。这种高分子的光致变色机理如反应下式：

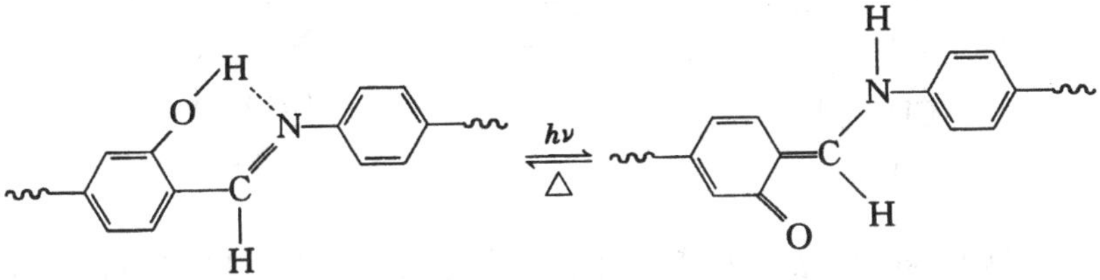

在光照射下甲亚氨基邻位羟基上的氢发生分子内迁移，使得原来的顺式烯醇转化为反式酮，从而导致吸收光谱的变化。

(3)含茚二酮结构的光致变色高分子。将 2-取代-1,3-茚二酮引入高分子的侧链上获得光致变色功能高分子。例如，带羧基的茚二酮衍生物，把这种化合物与聚乙酸乙烯酯反应，经酯交换作用制得了含茚二酮结构单元的光致变色高分子，然而该聚合物需要在玻璃化温度以上和较长时间的照射才显现光致变色现象。2-取代-1,3-茚二酮光照下异构化为亚烷基苯并呋喃酮的反应如下：

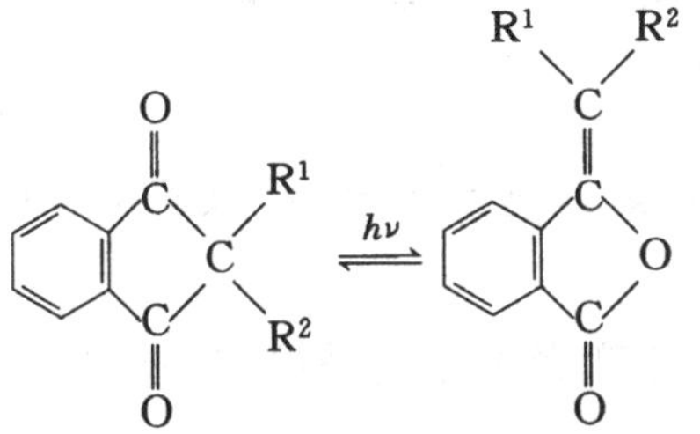

(4)含螺苯并吡喃结构的光致变色高分子。目前人们最感兴趣的光致变色材料是带有螺苯并吡喃结构的高分子材料，其变色明显。经光照后吡喃环中的 C—O 键断裂开环，由原来的无色生成开环的部花青化合物，因有顺反异构而呈紫色，加热后又闭环而回复到无色的螺环结构。此类化合物属于正性光致变色材料。其结构变化如下：

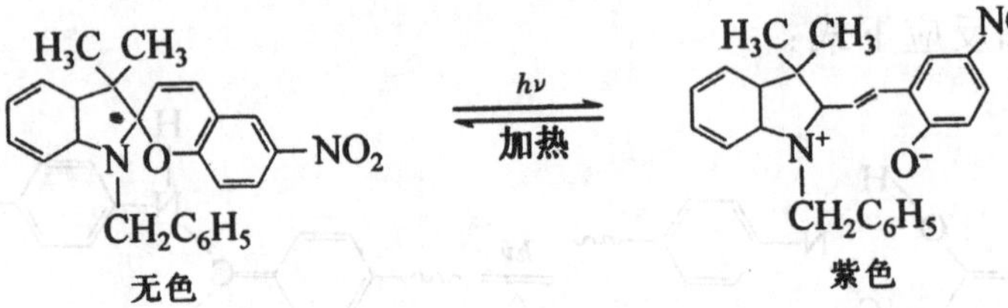

将螺吡喃、三苯甲烷等光色分子接入(甲基)丙烯酸酯类等高分子侧基中或主链中,即得到高分子光色材料。如聚酪氨酸衍生物等含有螺吡喃结构的聚肽,也具有光致变色性。在高分子中,异构化转变速度取决于螺吡喃等结构的转动自由度。一般高分子螺吡喃的消色速率常数是螺吡喃小分子溶液的 1/500~1/400,因而有很好的稳定性。为了使其显色速率加快,可以选择 T_g 较低的柔性高分子。

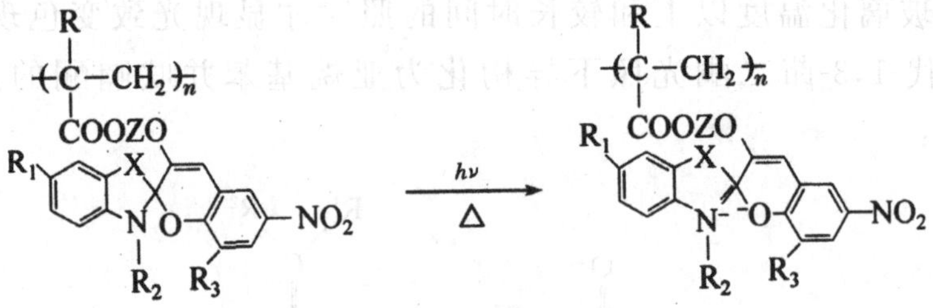

R=H、CH_3 等,Z=芳烃、脂肪烃、醚、胺等,X=S、$C(CH_3)_2$ 等

5.2.4.3　光致变色高分子材料的应用

(1)光的控制与调节。用这种材料制成的光色玻璃可以自动控制建筑物及汽车内的光线,做成防护眼镜可以防止原子弹爆炸产生的射线和强光对人眼的伤害。还可以做成照相机自动曝光的滤光片、军用机械的伪装等。

(2)记录介质。3M 公司制备了一系列含有氰基的高分子染料,用于光盘记录材料,其吸收波长可从 300~1 000 nm,适用于各种激光器。日本 TDK 公司也研究了一系列侧链带有碱性染料的有色聚合物,应用于激光记录材料,表现出优良的性能。它比无机光盘信息容量大、成本低、制造容易。

(3)计算机记忆元件。光致变色材料的显色和消色的循环变换可用来建立计算机的随机记忆元件，能记录相当大量的信息，可用于分子电子学的光存储器上。光可逆反应并不局限于可见光的变色上，只要能进行光谱识别，就可用于信息记录。例如，光异构化反应就可用于进行光化学烧孔(PHB)，制作超高密度的存储器。

(4)信号显示系统。在光致变色过程中，材料至少有一方在可见区具有吸收特性，这就使我们很容易看出材料的变化，可用作光显示材料，如宇航指挥控制的动态显示屏、计算机终端输出的大屏幕显示，是军事指挥中心的一项重要设备。

(5)太阳能存贮材料。常温下使稳定的构型吸收阳光转换成高能构型，在添加催化剂后，可使之回复而放热。例如，偶氮化合物的反式与顺式间的转化就可用于太阳能的存贮和释放。

此外，光致变色高分子材料还可用作强光的辐射计量计，测量电离辐射、紫外线、X 射线、γ 射线，以及模拟生物过程生化反应等。

5.3　磁功能聚合物材料

随着社会发展和科技进步，磁功能高分子材料的合成和应用研究成果层出不穷，已成为当今功能高分子材料研究领域中的热点之一。

5.3.1　结构型磁性高分子材料

5.3.1.1　纯有机磁性高分子材料

纯有机磁性高分子是指磁性主要来源于自由基未成对电子的铁磁自旋耦合，由于组成有机高分子的 C、H、N、O 等原子和共价键为满层结构，电子成对出现且自旋反平行出现，无净自旋，表现为抗磁性。要使这类材料具有铁磁性必须使材料获得高自旋，且高自旋分子间产生铁磁自旋偶合排列。

典型的纯有机磁性高分子是将含有自由基的单体聚合，使自由基稳定通过主链的传递耦合作用，让自由基未配对电子间产生铁磁自旋耦合而获得宏观铁磁性。

5.3.1.2　金属有机磁性高分子材料

金属有机高分子磁体是含有多种顺磁性过渡金属离子的金属有机高分子络合物；磁性来源于金属离子与有机基团中的未成对电子间的长程有序自旋作用。由于金属有机络合物中过渡金属离子被体积较大的配体所包围，金属离子间的相互作用减小，故仅能得到顺磁性。

(1)桥联型。用有机配体桥联过渡金属及稀土金属，顺磁性金属离子通过“桥”产生磁相互作用，获得宏观磁性。顺磁性金属离子间的磁相互作用对高分子的磁性起非常关键的作用。如含 Mn 和 Cu 的金属有机高分子配合物、二硫化草酸桥联配体的双金属有机配合物、咪唑基桥联过渡金属或稀土金属有机络合物。

(2)Schiff 碱型。较早引起人们关注的 Schiff 碱金属有机高分子络合物是 PPH-$FeSO_4$ 型高分子铁磁体，具体制法如下：将 2,6-吡啶二甲酸与二胺的反应物用硫酸亚铁络合得到聚双-2,6-(吡啶辛二胺)硫酸亚铁(PPH-$FeSO_4$)，其分子式为$\{Fe(C_{13}H_{17}N_3)_2\}SO_4 \cdot 6H_2O]_n$，其结构式如下：

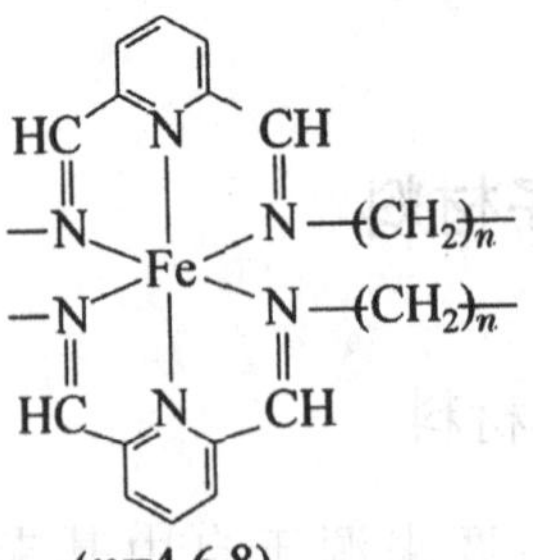

(n=4,6,8)

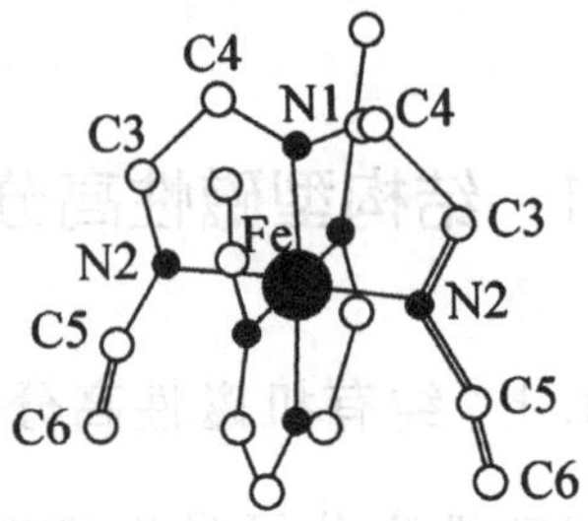

PPH-$FeSO_4$ 型高分子铁磁体性能优良，铁磁性很强，相对密度为 1.2～1.3，耐热性好，在空气中 300℃不分解，不溶于有机溶剂，剩磁仅为普通铁磁的 1/500，矫顽力为 795.77 A/m(27.3℃)至 37 401.19 A/m(27.3℃)。

(3)茂金属化合物。将金属茂$(C_5H_5)_nM$的有机金属单体在有机溶剂中通过反应可制出多种常温稳定的二茂金属磁性高分子，分子结构式如下：

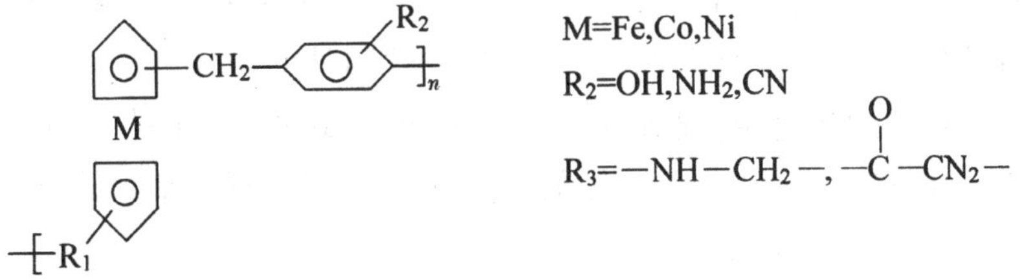

这些有机高分子磁体(OPM)具有质轻、磁损低、常温稳定、易加工及抗辐射等特点，而且其介电常数、介电损耗、磁导率和磁损耗基本不随频率和温度而变化，适合制作轻、小、薄的高频、微波电子元器件。

5.3.2　复合型磁性高分子材料

复合型磁性高分子材料是指由高分子与磁性材料按不同方法复合而成的一类复合材料，可分为黏结磁铁、磁性离子交换树脂和磁性高分子微球等。

5.3.2.1　黏结磁铁

黏结磁铁是指以塑料或橡胶为黏结剂与磁粉按所需形状结合而成的磁铁。黏结磁体的特性主要取决于磁粉材料，并与所用的黏结剂、磁粉的填充量及成型方法有密切的关系。常见的有以下几种：

(1)铁氧体系。采用铁氧体作为填充材料。橡胶为黏结剂时可制得磁性橡胶。磁性塑料铁氧体与热塑性树脂的复合一般采用加热熔融磁场成型法。此类磁性塑料可以作为磁性元件用于电机、电子仪器仪表、音响机械以及磁疗设备等领域。

(2)纳米晶复合交换耦合永磁材料。纳米晶复合交换耦合永磁材料具有优异的综合永磁性能。添加 Co、Nb、V、Zr 等元素可以细化晶粒、提高矫顽力和增强交换耦合作用,同时磁体具有较高的抗氧化性能。

(3)稀土类复合型磁性高分子材料。稀土类复合型磁性高分子材料又可分为稀土钴系和 Nd—Fe—B 系两类。目前 NdFeB 磁粉的制备方法主要有两种,即 MS 法和 HDDR 法。

MS 法的工艺流程如下:Nd、Fe、B 及其他原材料→真空熔炼→NdFeB 母合金锭→熔体旋淬→破碎处理→晶化处理→磁选分级→各向同性磁粉。

HDDR 法的工艺流程如下:由主相、富 Nd 相及富 B 相组成的 NdFeB 合金铸锭块暴露在氢气中,一个大气压(氢化)→在氢气中加热到 750～850℃→在 750～850℃温度下,真空保温→冷却到室温→形成由主相、富 Nd 相及富 B 相组成的细晶粒微晶结构的 NdFeB 磁粉。

5.3.2.2 磁性离子交换树脂

磁性离子交换树脂是用聚合物黏稠溶液与极细的磁性材料混合,在选定的介质中经过机械分散,悬浮交联形成的微小的球状磁体。其优点是便于大面积动态交换与吸附、处理含有固态物质的液体,富集废水中微量贵金属,分离净化生活和工业污水。

5.3.2.3 磁性高分子微球

磁性高分子微球是指通过适当的方法,使有机高分子与无机磁性物质结合起来形成的具有一定磁性及特殊结构的微球。磁性高分子微球可分为 A、B、C 三类。

(1)A 类。A 类微球是以高分子材料为核、磁性材料为壳的核-壳式结构，其制备方法主要有化学还原法和种子非均相聚合法。

(2)B 类。B 类微球是内层、外层皆为高分子材料，中间层为磁性材料的夹心式结构，其制备方法多采用两步聚合法。

(3)C 类。C 类微球是以磁性材料为核，高分子材料为壳的核-壳式结构，其制备方法主要有包埋法、原位法和单体聚合法。

5.4　液晶高分子材料

液晶高分子(LCP)的大规模研究工作起步较晚，但目前已发展为液晶领域中举足轻重的部分。

5.4.1　液晶高分子的分类

5.4.1.1　按液晶基元所处的位置分类

按液晶基元在高分子链中所处的位置不同，可将其分为以下几种：

(1)主链型液晶高分子，即液晶基元位于大分子主链的液晶高分子。

(2)侧链型液晶高分子，即主链为柔性高分子分子链，侧链带有液晶基元的高分子。

(3)复合型液晶高分子，这时主、侧链中都含有液晶基元。如表 5-3 所示。

表 5-3　按液晶基元在高分子链中所处的位置不同分类

液晶高分子类型	液晶基元在高分子链中所处的位置
主链型液晶高分子	
侧链型液晶高分子	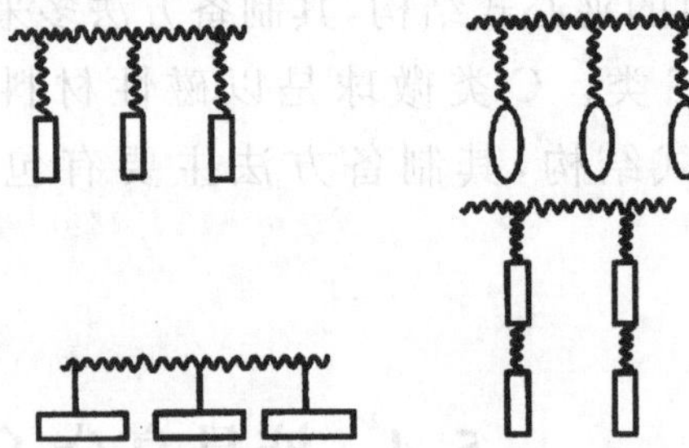
复合型液晶高分子	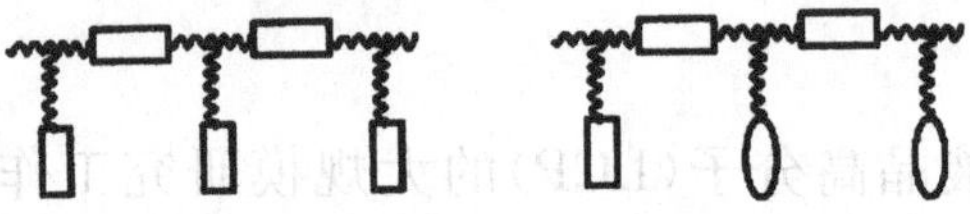

5.4.1.2　按液晶的生成条件分类

按液晶生成条件的不同，可将其分为溶致型液晶、热致型液晶、兼具溶致与热致型液晶、压致型液晶和流致型液晶 5 类，如表 5-4 所示。

表 5-4　按液晶的生成条件分类的液晶高分子

液晶类型	液晶高分子举例
溶致型液晶	芳香族聚酰肼、聚烯烃嵌段共聚物、聚异腈、纤维素、多糖、核酸等
热致型液晶	芳香族聚酯共聚物、芳香族聚甲亚胺、芳香族聚碳酸酯、聚丙烯酸酯、聚丙烯酰胺、聚硅氧烷、聚烯烃、聚砜、聚醚嵌段共聚物、环氧树脂、沥青等
兼具溶致与热致型液晶	芳香族聚酰胺、芳香族聚酯、纤维素衍生物、聚异氰酸酯、多肽、聚磷腈、芳香族聚醚、含金属高聚物等
压致型液晶	芳香族聚酯、聚乙烯
流致型液晶	芳香族聚酰胺酰肼

(1)溶致型液晶。溶致型液晶是由溶剂破坏固态结晶晶格而形成的液晶,或者说聚合物溶液达到一定浓度时,形成有序排列、产生各向异性形成的液晶。这种液晶体系含有两种或两种以上组分,其中一种是溶剂,并且这种液晶体系仅在一定浓度范围内才出现液晶相。

(2)热致型液晶。热致型液晶是由加热破坏固态结晶晶格,但保留一定取向有序性而形成的液晶,即单组分物质在一定温度范围内出现液晶相的物质。

(3)兼具溶致与热致型液晶。既能在溶剂作用下形成液晶相,又能在无溶剂存在下仅在一定的温度范围内显示液晶相的聚合物,称为兼具溶致与热致型液晶,典型代表是纤维素衍生物。

(4)压致型液晶。压致型液晶是指压力升高到某一值后才能形成液晶态的某些聚合物。这类聚合物在常压下可以不显示液晶行为,它们的分子链刚性及轴比都不是很大,有的甚至是柔性链。如聚乙烯通常不显示液晶相,但在300 MPa的压力下也可显示液晶相。

(5)流致型液晶。流致型液晶是指流动场作用于聚合物溶液所形成的液晶。流致型液晶的链刚性与轴比均较小,流致型液晶在静态时一般为各向同性相,但流场可迫使其分子链采取全伸展构象,进而转变成液晶流体。

5.4.1.3 按液晶分子的排列形式分类

按液晶分子在空间排列的有序性不同,可将其分为向列型、近晶型、胆甾型和碟型液晶4类,如图5-17所示。

(1)向列型液晶。在向列型液晶中分子相互间沿长轴方向保持平行,如图5-17(a)所示,分子只有取向有序,但其重心位置是无序的,不能构成层片。向列型液晶分子是一维有序排列,因而这种液晶有更大的运动性,其分子能左右、上下、前后滑动,有序参数值 S 在0.3～0.8之间。

(2)近晶型液晶。如图5-17(b)所示,层内分子长轴互相平行，分子重心在层内无序，分子呈二维有序排列，分子长轴与层面垂直或倾斜，分子可在层内前后、左右滑动，但不能在上下层之间移动。由于分子运动相当缓慢，因而近晶型中间相非常黏滞。近晶型液晶的规整性近似晶体，是二维有序排列，其有序参数值S高达0.9。

(3)胆甾型液晶。如图5-17(c)所示，胆甾型液晶是向列型液晶的一种特殊形式。其分子本身平行排列，但它们的长轴是在平行面上，在每一个平面层内分子长轴平行排列，层与层之间分子长轴逐渐偏转，形成螺旋状结构。其螺距大小取决于分子结构及压力、温度、电场或磁场等外部条件。

(4)碟型液晶。碟状分子一个个地重叠起来形成圆柱状的分子聚集体，故又称为柱状相，如图5-17(d)所示。在与圆柱平行的方向上容易发生剪切流动。

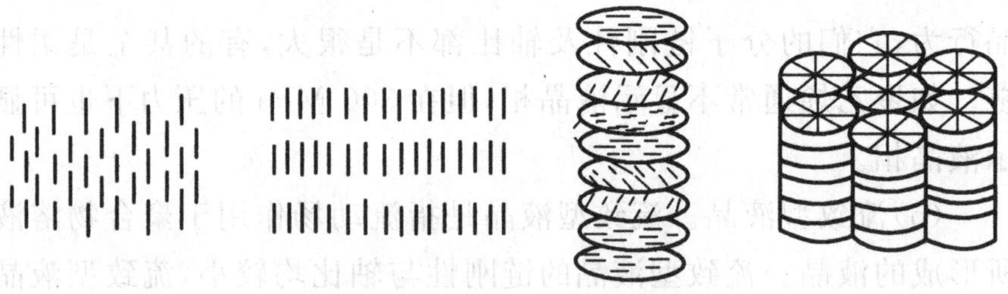

(a) 向列型　(b) 近晶型　(c) 胆甾型　(d) 碟型

图 5-17　液晶的物理结构

5.4.2　主链型液晶高分子

主链型液晶高分子是由苯环、杂环和非环状共轭双链等刚性液晶基元彼此连接而成的大分子。这种链的化学组成和特性决定了主链液晶高分子链呈刚性棒状，在空间取伸直链的构象状态，在溶液或熔体中，在适当条件下显示向列型相特征。

苯二胺是主链型溶致性液晶高分子材料，通过液晶溶液可纺出高强度高模量的纤维。液晶聚酯是主链型热致性液晶聚合物。已商品化的液晶聚酯有：

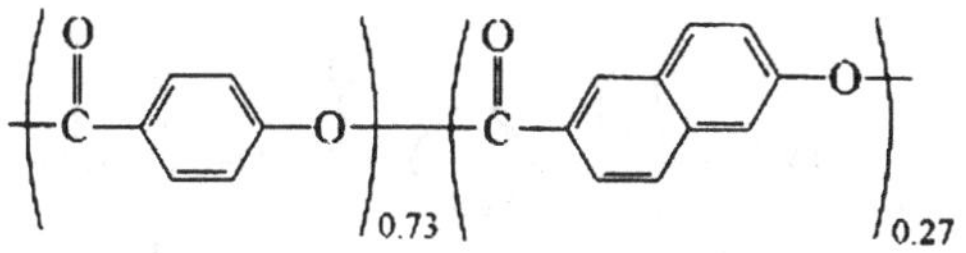

Vectra A950 (Vectra-A)

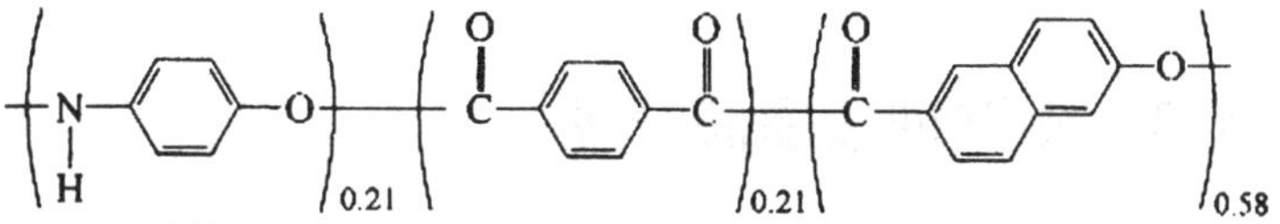

Vectra B950 (Vectra-B)

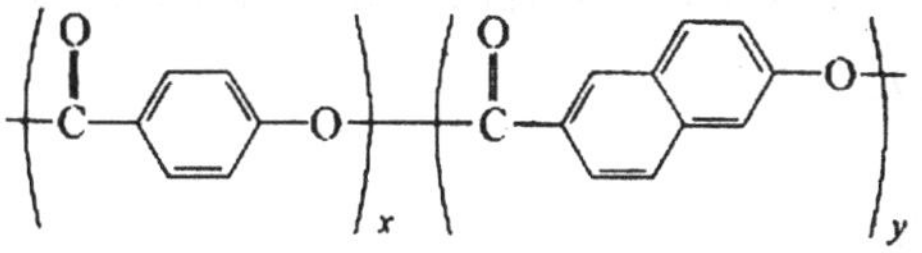

Vectra C950 (Vectra-C)(x=0.85)

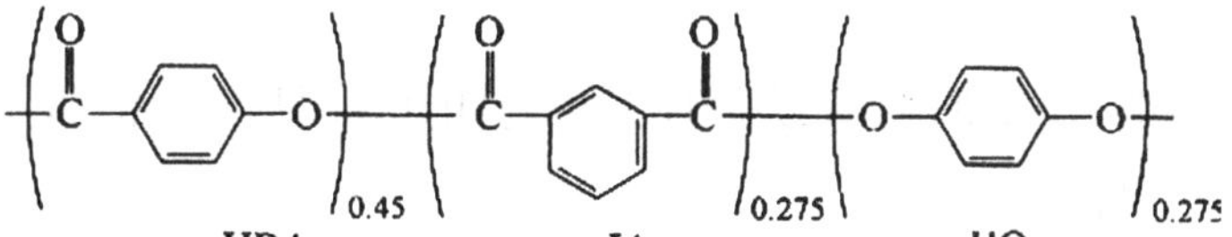

HIQ45

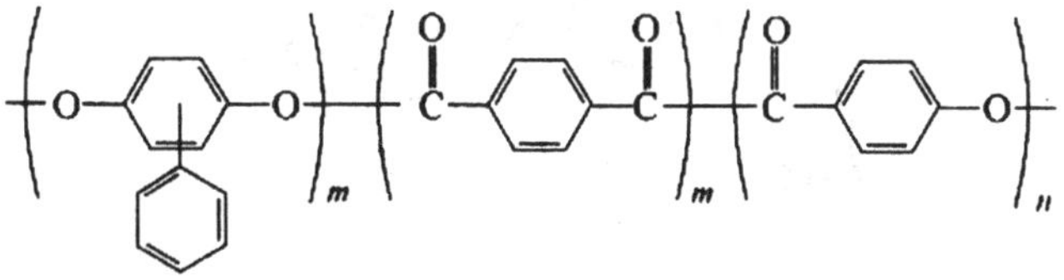

HX2000

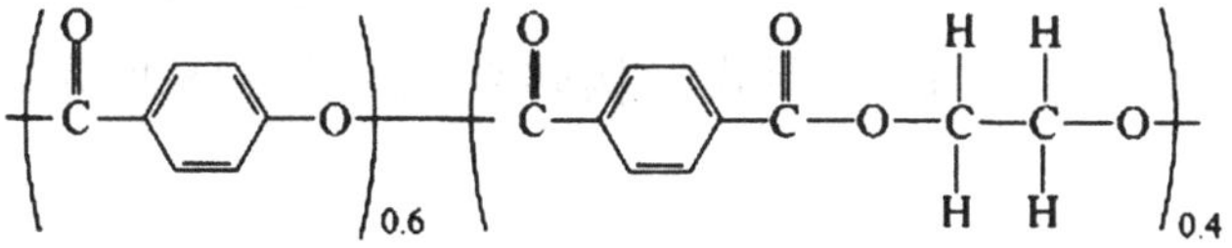

Rodrun LC3000 (LC3000)

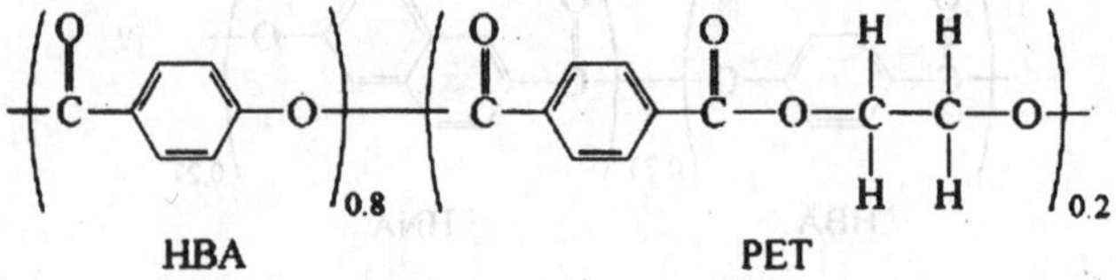

Rodrun LC5000 (LC5000)

5.4.3 侧链型液晶高分子

侧链型液晶聚合物由高分子主链、液晶基元和间隔基组成，如聚丙烯酸酯和聚甲基丙烯酸酯类侧链型液晶聚合物（X—H，CH_3；R—OCH_3，OC_4H_9）：

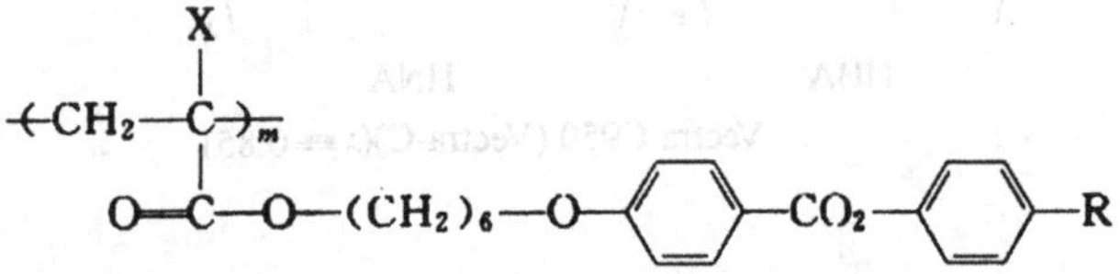

在聚酯侧链引入偶氮苯或 NLO 生色团可得具有光活性和 NLO 液晶聚合物：

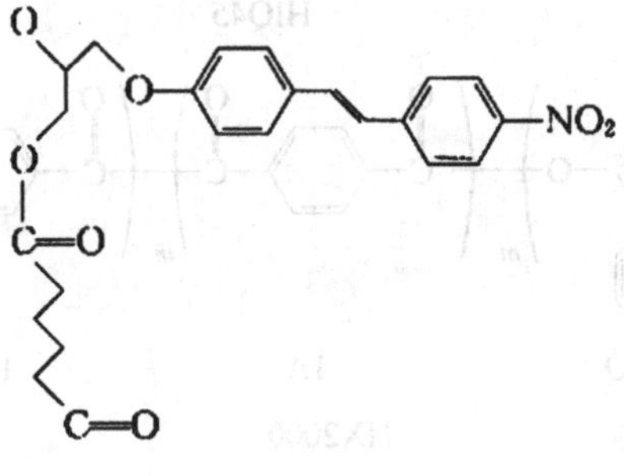

光照下，偶氮苯发生反-顺式异构转变，如图 5-18 所示。

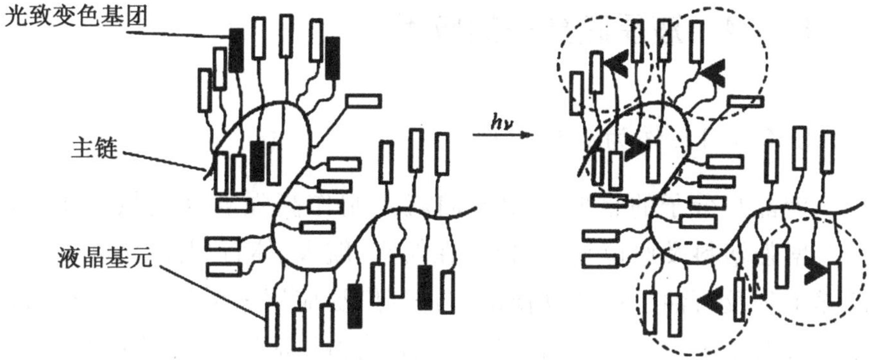

图 5-18　光活性液晶聚合物

侧链含螺环吡喃的液晶聚合物：

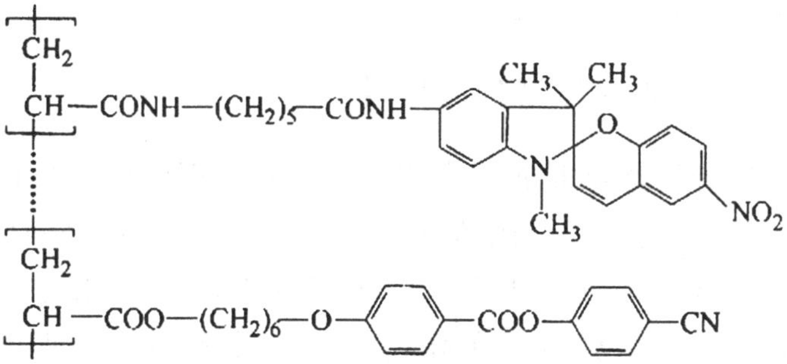

在光、热作用下具有光致变色性，如图 5-19 所示。

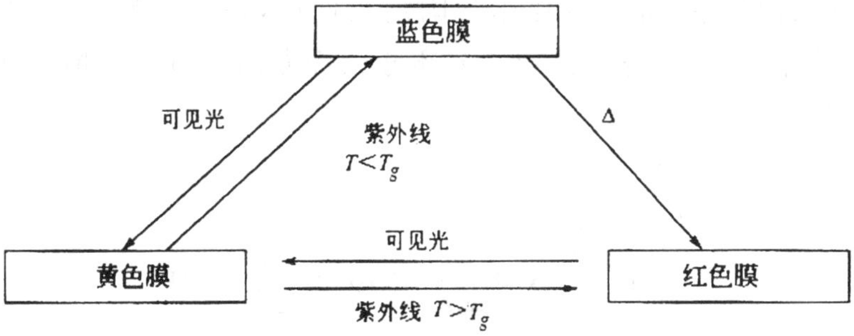

图 5-19　光致变色性含螺环吡喃的液晶聚合物

5.4.4 液晶高分子的应用

5.4.4.1 作为结构材料

液晶高分子的重要应用方向就是制作高强度高模量纤维、液晶自增强塑料及原位复合材料,在航空、航天、体育用品、汽车工业、海洋工程及石油工业及其他部门得到广泛应用。例如,Kevlar49 纤维具有低密度、高强度、高模量、低蠕变性的特点,且在静电荷及高温条件下仍有优良的尺寸稳定性,特别适合于作复合材料的增强纤维。Kevlar29 的伸长度高,耐冲击性优于 Kevlar49,已用于制造防弹衣和各种规格的高强缆绳等。它目前仍是溶致型液晶高分子中规模最大的工业化产品。

5.4.4.2 作为色谱分离材料

色谱分离的基础是被分析物在流动相和固定相中的分配不同,固定相可以是吸附在固体载体上的液体,也可以是固体本身。

液晶固定相是色谱研究人员重点开发的固定相之一。小分子液晶的高分子化克服了在高温使用条件下小分子液晶的流失现象。侧链型液晶高分子可以作为低挥发、热稳定性高和高选择性的液晶固定相。例如,聚硅氧烷和聚丙烯酸酯类侧链型液晶高分子(结构如下)可以单独作为固定相使用,在分离顺、反式脂肪酸甲基酯,杂环芳香化合物和多环芳烃等方面具有较一般固定相高的效率。

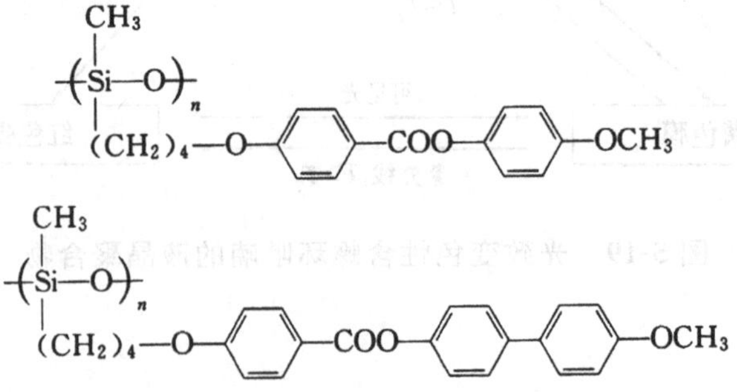

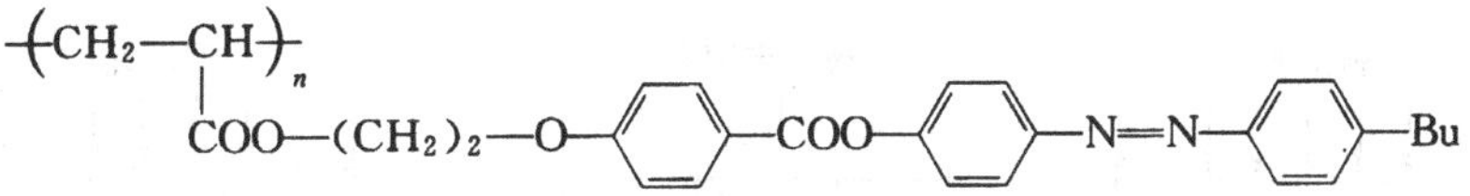

5.4.4.3　作为非线性光学材料

非线性光学性质(NLO)是指材料对一定频率范围的入射光具有非线性响应性质,如一定频率的光通过非线性光学材料后,透射光中除有原频率的光线外,还有频率是二倍、三倍原频率的光成分,称为倍频现象。

利用液晶高分子组成 NLO 宾主体系或 NLO 小分子宾体键接到液晶高分子侧链上,可制得非线性光学材料,特别是侧链型液晶高分子是很有前途的非线性光学材料。例如,偶氮基团可在光场的作用下产生反式正式反式异构循环而形成分子的有极取向,由此可产生一个非零的二阶极化率 $\chi^{(2)}$,因此,含有偶氮基团的有机聚合物是二阶非线性光学材料。

液晶高分子材料作为非线性光学材料具有加工方法简便,NLO 系数比无机非线性光学材料大一个数量级,抗激光损坏性好,NLO 响应速度快,NLO 发色团的取向稳定性较高,以及 NLO 的热稳定性较高等优点。这类材料可望在光波导器件、光调制、光开关等二阶非线性光学器件以及高密度光存储中得到应用。

5.4.4.4　作为信息储存介质

液晶高分子一般利用其热光效应实现光存储,其储存介质的工作原理如图 5-20 所示。

聚硅氧烷、聚丙烯酸酯或聚酯侧链型液晶高分子作为此种信息储存介质,为了提高写入光的吸收效率,可在液晶高分子中溶进少许小分子染料或采用液晶和染料侧链共聚物。向列型、胆甾型和近晶型液晶高分子都可以实现光存储。

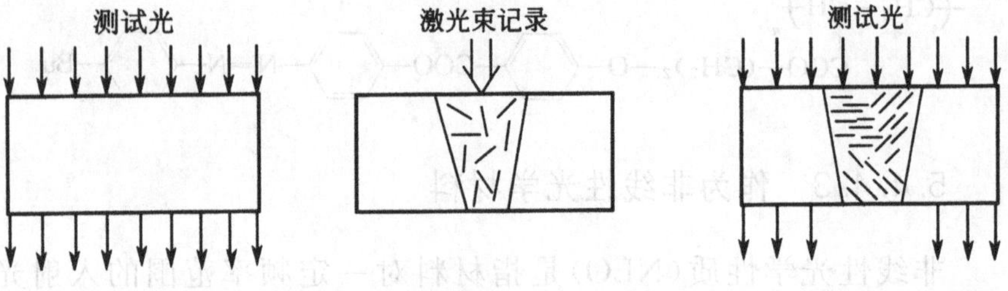

(a) $T<T_{c1}$光透过　(b) 光照部分$T>T_{c1}$呈非晶态　(c) $T<T_{c1}$光部分透过

图 5-20　液晶高分子数据储存原理

5.4.4.5　在图形显示方面的应用

液晶高分子在电场作用下从无序透明态到有序不透明态的性质使其可用于图形显示器件。液晶显示器件的最大优点在于耗电低,可以实现微型化和超薄化。液晶高分子作为图形显示器件,具有稳定性好、可靠性高、可以自成型、需要的辅助材料少、低热导率、低毒性和低成本等优点。但是由于其液晶高分子有较高的黏度,使显示转换的速度明显减慢,因此,液晶高分子在图形显示方面的广泛应用还需解决许多的技术问题。

第 6 章　吸附与催化功能高分子材料

6.1　离子交换树脂

离子交换树脂是指在聚合物骨架上含有离子交换基团的功能高分子材料。

6.1.1　离子交换树脂的分类

6.1.1.1　按树脂的物理结构分类

根据树脂的物理结构，离子交换树脂可分为凝胶型离子交换树脂、大孔型离子交换树脂和载体型离子交换树脂，如图 6-1 所示。

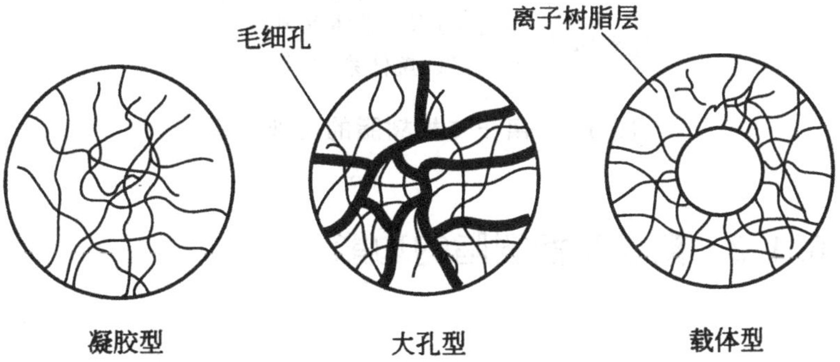

图 6-1　三种离子交换树脂的结构示意图

6.1.1.2　按功能基特性分类

离子交换树脂按功能基特性来分类，可分为图 6-2 所示的几种类型。

- 离子交换树脂
  - 阳离子交换树脂
    - 强酸型　$-SO_3H$ 等
    - 弱酸型　$-CO\ (OH)$，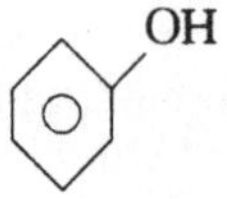 等
  - 阴离子交换树脂
    - 强碱
      - 第Ⅰ型：季胺；$-\ (CH_3)_3N^+Cl^-$
      - 第Ⅱ型：季胺；$-\ (CH_3)_2N^+\ (CH_2CH_2OH)\ Cl^-$
    - 弱碱
      - 伯胺$-NH_2$
      - 仲胺$-NRH$
      - 叔胺$-NR_2$
  - 特种离子交换树脂
    - 螯合树脂、氧化还原树脂、两性树脂
    - 蛇笼树脂、酶活性、光活性等

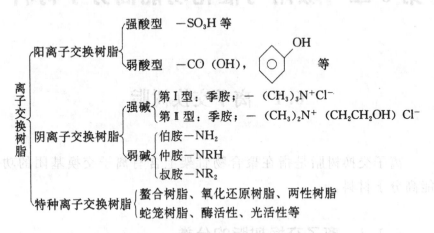

图 6-2　离子交换树脂按功能基特性的分类

6.1.1.3　按高分子基体的制备原料分类

根据高分子基体的制备原料（或聚合反应类型），离子交换树脂可大致分为 4 类（或两种体系），如图 6-3 所示。

- 加聚体系
  - 苯乙烯体系树脂
  - 丙烯酸-甲基丙烯酸体系树脂
- 缩聚体系
  - 苯酚-间苯二胺体系树脂
  - 环氧氯丙烷体系树脂

图 6-3　离子交换树脂的两种体系

6.1.2　离子交换树脂的功能

6.1.2.1　离子交换

常用的评价离子交换树脂的性能指标有交换容量、选择性、

交联度、化学稳定性等。选择性是指离子交换树脂对溶液中不同离子亲和力大小的差异，可用选择性系数表征。一般室温下的稀水溶液中，强酸性阳离子树脂优先吸附多价离子；对同价离子而言，原子序数越大，选择性越高；弱酸性树脂和弱碱性树脂分别对 H^+ 和 OH^- 有最大亲和力等。

6.1.2.2 催化作用

离子交换树脂可对许多化学反应起催化作用，如酯的水解、醇解、酸解等。与低分子酸碱相比，离子交换树脂催化剂具有易于分离、不腐蚀设备、不污染环境、产品纯度高等优点。

6.1.2.3 吸附功能

无论是凝胶型离子交换树脂还是大孔型离子交换树脂均具有很大的比表面积，具有较强的吸附能力。吸附量的大小和吸附的选择性，主要取决于表面和被吸附物质的极性等因素，大孔型树脂的吸附能力远远大于凝胶型树脂，适当的溶剂或适当的温度可使之解吸。

除了上述几个功能外，离子交换树脂还具有脱水、脱色、作载体等功能。

6.1.3 离子交换树脂的应用

6.1.3.1 水处理

水处理包括水质的软化、水的脱盐和高纯水的制备等。

水的软化就是将 Ca^{2+}、Mg^{2+} 等离子通过钠型阳离子交换树脂的交换反应除去。这个过程仅使硬度降低，而总和盐量不变。

$$2RSO_3Na + Ca^{2+}(Mg^{2+}) \rightleftharpoons (RSO_3)2Ca + 2Na^+$$

去除或减少了水中强电解质的水称为脱盐水。将几乎所有的电解质全部去除，还将不解离的胶体、气体及有机物去除到更低水平，使含盐量在 0.1 mg/L 以下，电阻率在 10×106 Ω·cm 以上，则称为高纯水。制备纯水或将水脱盐就是将水通过 H^+ 型阳离子交换树脂和 OH^- 型阴离子交换树脂混合的离子交换。

6.1.3.2 在医药卫生领域的应用

(1)药剂的脱盐、吸附分离、提纯、脱色、中和及中草药有效成分的提取等。

(2)离子交换树脂本身可作为药剂内服。

(3)可用于外敷药剂，以吸除伤口毒物和作为解毒药剂。

(4)将各种药物吸附在离子交换树脂上，可有效地控制药物释放速率，延长药效，减少服药次数。

(5)可用于药物遮味。

(6)可用于血液成分分析、胃液检定、药物成分分析等。

6.1.3.3 在食品工业领域的应用

水质是酿制美酒的基本条件，利用大孔型树脂，可进行酒的脱色、去浑、去除酒中的酒石酸、水杨酸等杂质，提高酒的质量。酒类经过离子交换树脂能去除铜、锰、铁等离子，可以增加贮存稳定性。还可以利用离子交换树脂功能基的特性，调节酒的酸、碱性，调节味与香，增加醇厚味道。

将离子交换树脂制成多孔泡沫状，可用作香烟的过滤嘴，以滤去烟草中的尼古丁和醛类物质，减少有害成分。

6.1.3.4 在化学工业领域的应用

化学合成作为催化剂使用已由最初的以催化酯化反应、酯和蔗糖的水解反应为主扩展到烯类化合物的水(醇)合，醇(醚)的脱水(醇)，缩醛(酮)化，芳烃的烷基化，链烃的异构化，烯烃的齐聚和聚合、加成、缩合等反应。离子交换树脂作为催化活性部分的载体用于制备固载的金属络合物催化剂，阴离子交换树脂作为相转移催化剂等也在有机合成中得到了广泛的应用。

在涂料中加入少量粉状阳离子交换树脂，可使其更抗腐蚀，延长使用寿命。

将少量阳离子交换树脂粉末加到表面容易产生静电的塑料中，可消除表面积累的电荷，起到抗静电作用。

大孔型离子交换树脂能有效地吸收气体，因此可用于气体的净化，如聚乙烯吡啶树脂可以很好地去除空气中的二氧化硫气体。

6.1.3.5 在冶金工业领域的应用

用于分离、提纯和回收重金属、轻金属、稀土金属、贵金属和过渡金属、铀、钍等超铀元素。铂族金属的分离纯化如图 6-4 所示。

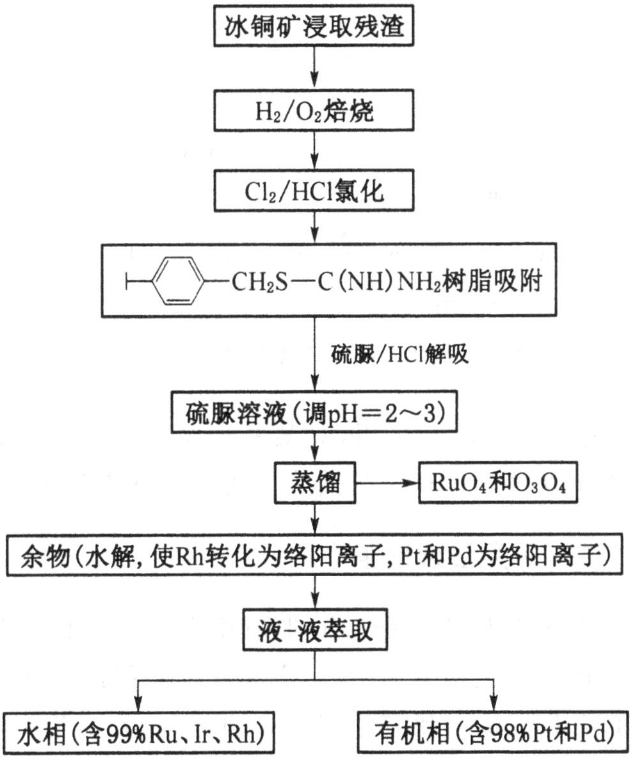

图 6-4 铂族金属的分离纯化

选矿方面，在矿浆中加入离子交换树脂可改变矿浆中水的离子组成，使浮选剂更有利于吸附所需要的金属，提高浮选剂的选择性和选矿效率。

6.2 螯合树脂

6.2.1 螯合树脂的类型

从结构上分类，螯合树脂有侧链型和主链型两类。从原料来分类，则可分为天然的（如纤维素、海藻酸盐、甲壳素、蚕丝、羊毛、蛋白质等）和人工合成的两类。螯合树脂分离金属离子的原理如图 6-5 所示。

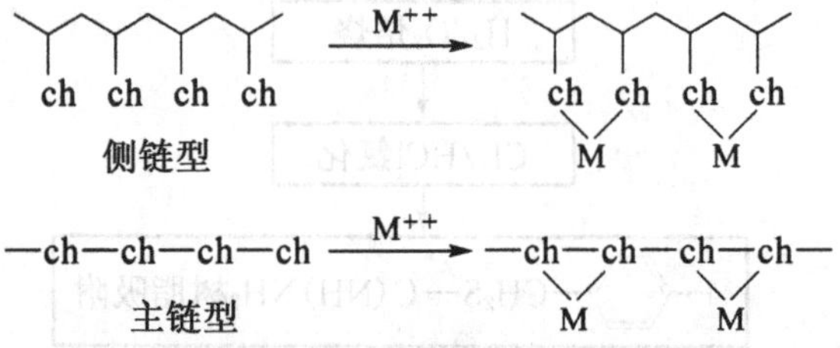

图 6-5 螯合树脂分离金属离子的原理图

图 6-5 中，ch 为功能基团，对某些金属离子有特定的络合能力，因此，能将这些金属离子与其他金属离子分离开来。

6.2.1.1 肟类螯合树脂

肟类化合物能与金属镍（Ni）形成络合物。在树脂骨架中引入二肟基团形成肟类螯合树脂，对 Ni 等金属有特殊的吸附性。

肟类螯合树脂的合成方法主要有两类：高分子基团化和配体高分子化，例如：

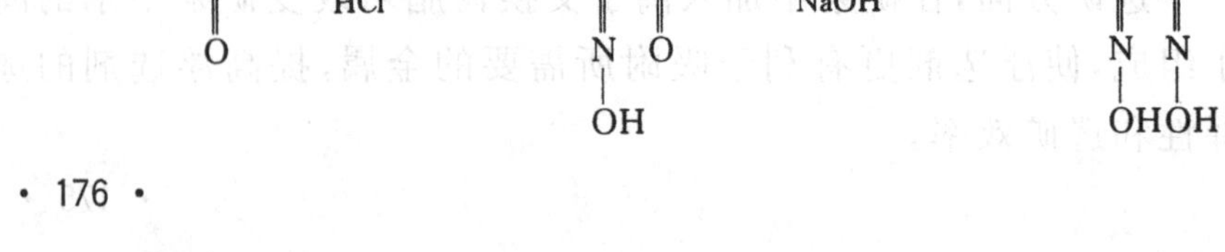

肟基近旁带有酮基、胺基、羟基时，可提高肟基的络合能力，因此，肟类螯合树脂常以酮肟、酚肟、胺肟等形式出现，吸附性能优于单纯的肟类树脂。

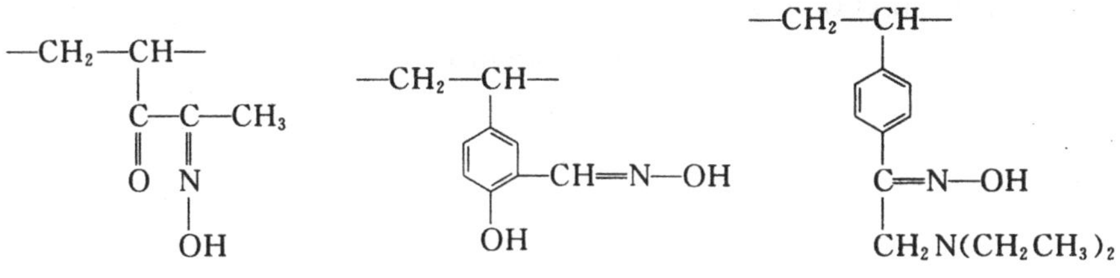

酮肟　　酚肟　　胺肟

肟类螯合树脂与 Ni 的络合反应如下：

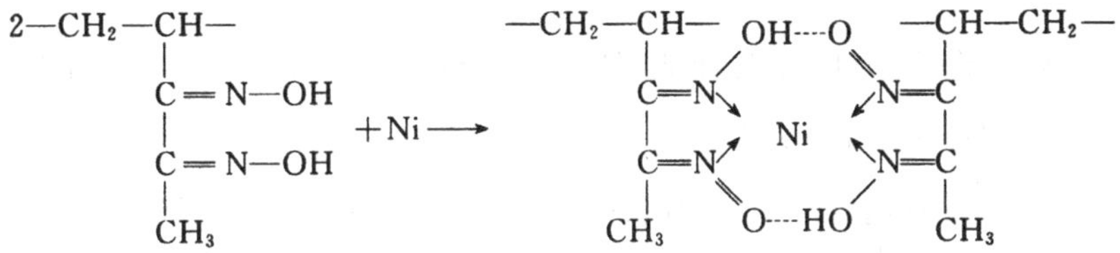

6.2.1.2 胺基羧酸类(EDTA 类)螯合树脂

乙二胺四乙酸（EDTA）是分析化学中最常用的分析试剂。它能在不同条件下与不同的金属离子络合，具有很好的选择性。仿照其结构合成出来的螯合树脂也具有良好的选择性。

这类树脂通常具有下列结构：

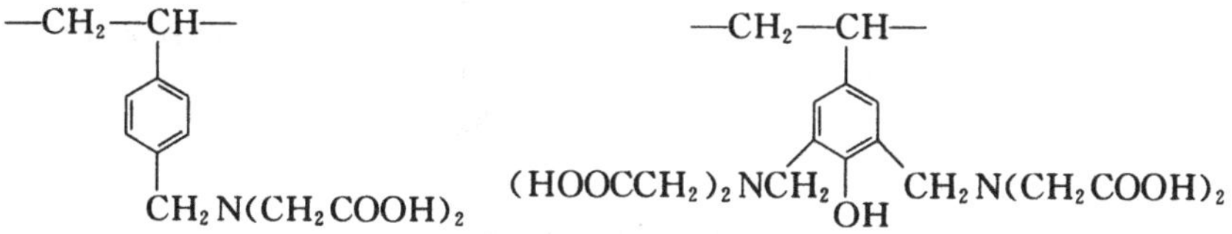

EDTA 类螯合树脂可以通过多种途径制得。主要制备方法如图 6-6 所示。

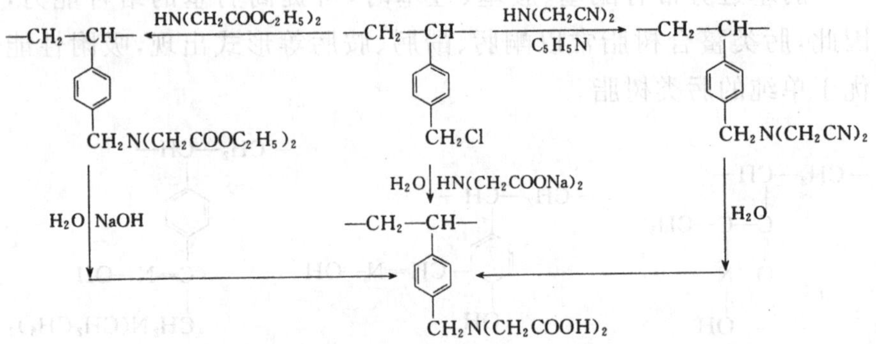

图 6-6　EDTA 类螯合树脂的制备路线

6.2.1.3　聚乙烯基吡啶类螯合树脂

高分子骨架中带有吡啶基团时，对 Cu^{2+}、Ni^{2+}、Zn^{2+} 等金属离子有特殊的络合功能。

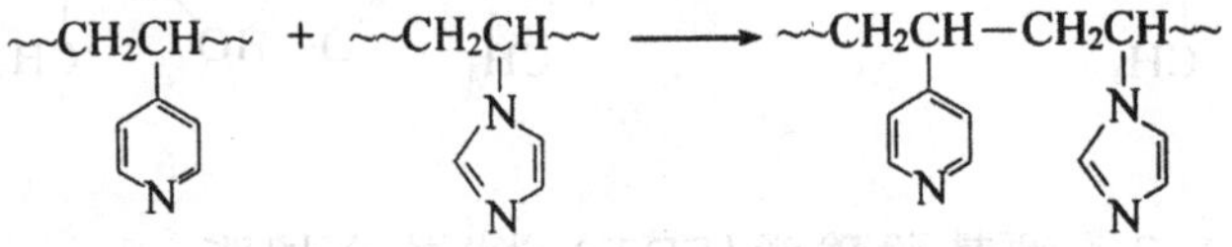

如果在氮原子附近带有羧基时，其作用更为明显。这类螯合树脂的结构有以下几种类型。

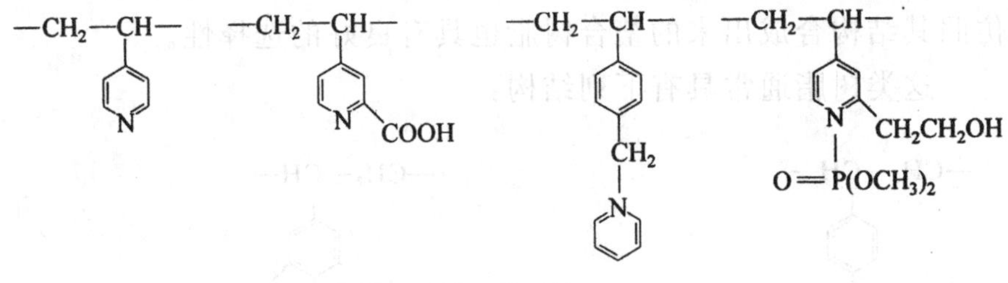

6.2.1.4　8-羟基喹啉类螯合树脂

8-羟基喹啉是有机合成和分析化学中常用的络合物。将其引入高分子骨架中，就形成螯合树脂。例如，将苯乙烯先后经硝化、还原、重氮化等反应，进一步在偶氮上接上 8-羟基喹啉，形成特殊络合能力的 8-羟基喹啉螯合树脂。

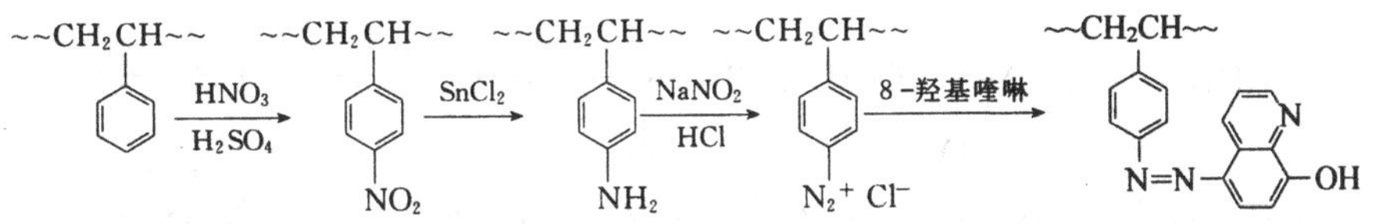

8-羟基喹啉螯合树脂能选择吸附多种贵金属离子，如对 Cr^{2+}、Ni^{2+}、Zn^{2+} 等离子的吸附容量可高达 2.39～2.99 mmol/g。

6.2.1.5　其他螯合树脂

聚乙烯醇是二价铜的螯合剂。将聚乙烯醇进一步与乙烯酮反应，形成 β-酮酸酯，则转变成三价铁离子的有效螯合剂。

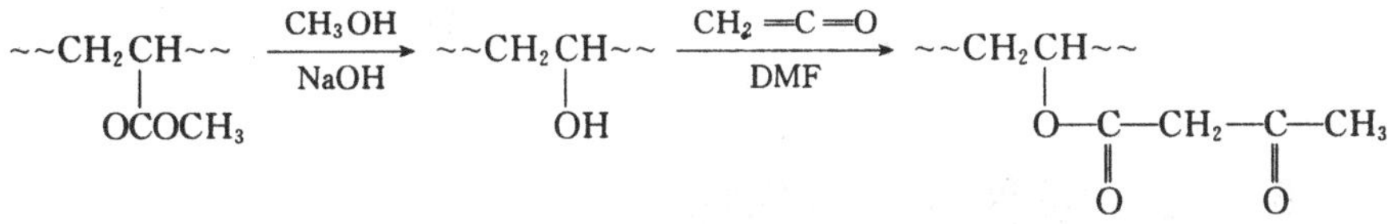

二价铜螯合剂　　三价铁螯合剂

带有酚羟基的螯合树脂，可用于重金属离子、维生素和抗生素的分离。带有磷酸基团的螯合树脂，对重金属离子有突出的吸附性，可用于 UO^{2+} 的分离。

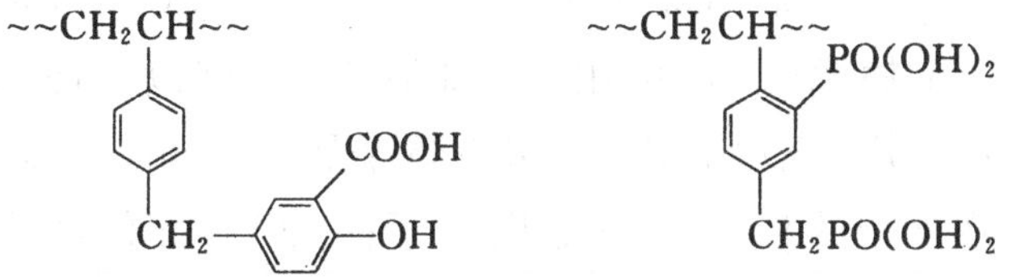

更有效的螯合树脂是顺丁烯二酸-噻吩共聚物和甲基丙烯酸-呋喃共聚物，因为不同基团有协同作用，与金属离子的螯合更加稳定。

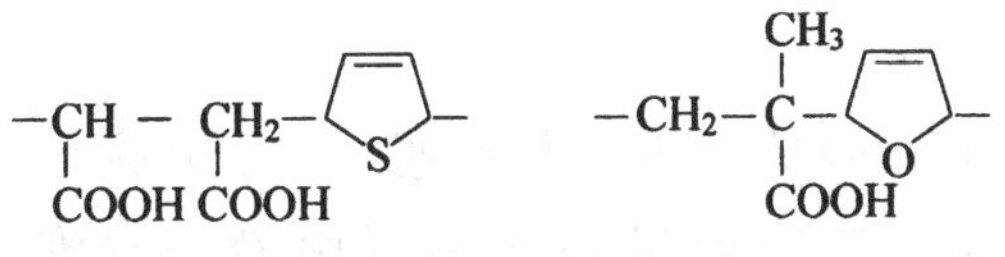

下列缩聚产物主链上连有羰基，分子中间的二酮和端羧基都可以与铜离子螯合。

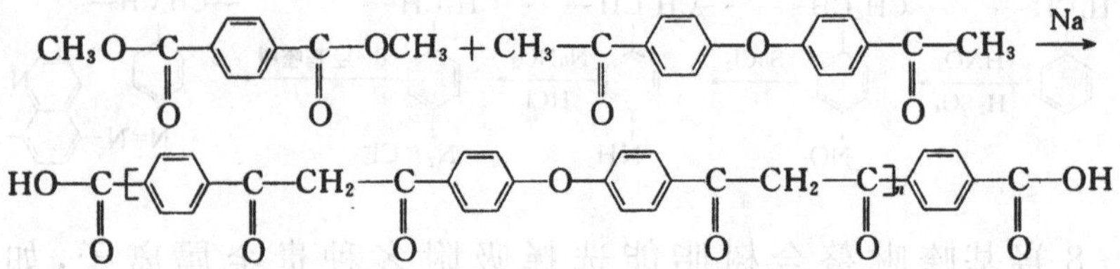

三元的氮丙啶开环聚合后，形成聚乙烯亚胺。其中氮原子上孤对电子可以与过渡金属络合或螯合。例如，与钴离子络合，易吸收氧，可用作氧的介质，用于氧化还原电池。

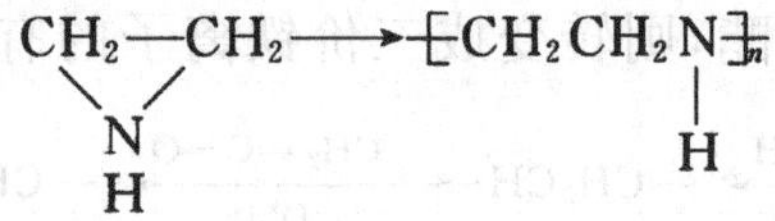

6.2.2 螯合吸附与洗脱

螯合树脂可与金属离子螯合，用适当药剂又可使金属离子洗脱，应用这一可逆原理可以进行贵金属的湿法冶金和从废液中回收贵金属，例如，可从组成复杂的离子溶液中有选择性地吸附 Au^{3+}、Pt^{4+}、Pd^{2+}，而不吸附 Cu^{2+}、Fe^{3+}、Ni^{2+}、Co^{2+}，加以分离。树脂吸附贵金属离子后，可用 2% 硫脲洗脱，借以回收；甚至将吸附后的树脂灼烧，烧尽有机物，留下贵金属。

金属螯合物的稳定性与金属离子的种类、配体种类、螯合结构有关。金属离子正电荷数增加和离子半径减小，一般使螯合物稳定性降低。二价金属离子螯合物的稳定性顺序大致如下：

$$Mn^{2+} < Fe^{2+} < Co^{2+} < Ni^{2+} < Cu^{2+} < Zn^{2+}$$

配体的 pK_d 越大，则螯合物越稳定。一般五元环最稳定，但含双键的六元环更稳定。

选择性吸附和吸附容量、吸附速率、可洗脱性是评价螯合剂性能的重要指标。吸附容量和速率可用静态浸泡法和柱上动态吸附法测定，先建立吸附量一时间曲线，再求吸附容量。

螯合树脂对贵金属的吸附容量可以说差别很大，以氯甲基化交联聚苯乙烯骨架为例，结合上不同基团，对 Au^{3+} 的吸附容量大不相同，多原子杂环往往更有利于贵金属离子的螯合。吸附其他贵金属，需另作考虑。对于某一贵金属离子往往选用或设计特定的螯合剂。

6.2.3　螯合树脂的应用

6.2.3.1　同种离子不同价态的分离

利用二价铜与聚乙烯醇形成螯合物稳定，而与一价铜离子的络合作用较弱，选择性分离不同价态的离子。

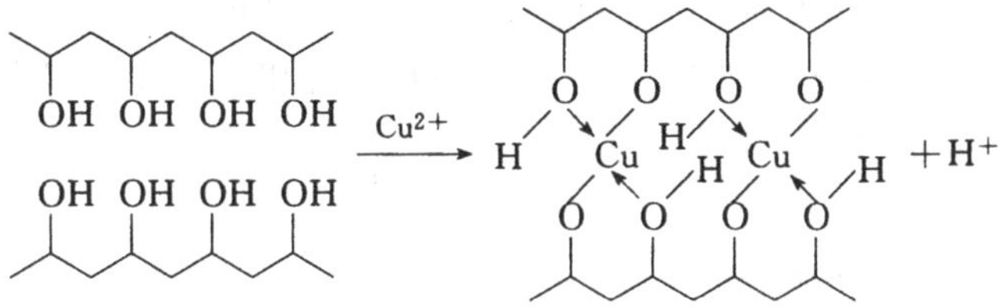

螯合过程由于放出 H^+ 而使原来的中性溶液显酸性；螯合也使原来溶液的比黏度大大下降，并发生体积收缩。如果采用还原反应将二价铜离子还原成一价离子时，螯合物被破坏而释放出一价铜离子，体积重新膨胀。因此，可以利用氧化还原反应控制螯合过程，通过体积膨胀—收缩产生机械能转换，起到人工肌肉的作用。

6.2.3.2　金属离子痕量分析

用多乙烯多胺与甲苯-2，4-二异氰酸酯进行缩聚制得的聚胺-聚脲树脂能够定量地吸附浓度低达 4×10^{-10} 的 Cu^{2+}、Ni^{2+}、CO^{2+} 等重金属离子，不吸附碱金属和碱土金属离子，因而能对这些离子进行定量分析。

其他如肟类树脂对 Ni^{2+} 等金属离子有特殊的选择性，氨基磷

酸树脂则对 Ca^{2+}、Mg^{2+} 的选择性很高。

6.2.3.3 贵金属的分离富集

酰胺-膦酸酯树脂、含烷基吡啶基聚苯乙烯树脂、大孔咪唑螯合树脂和含聚硫醚主链的多乙烯多胺型树脂，对 Au、Ag、Pt、Pd 的吸附性能较强。AP 树脂能吸附 Au 等贵金属，已用于湖水、海水中 Au 的富集。3926-Ⅱ 螯合树脂对贵金属 Au、Pt、Pd、Ir、Os 和 Ru 有高的选择吸附性。NK8310 树脂可吸附富集铜矿中的 Au，使其与大量铜铁分离。

6.2.3.4 稀有金属的分离富集

用 EDTA 大孔螯合树脂（D401）对钨中微量钼进行分离，PAR 螯合树脂用于铀矿、废水中 UO_2^{2+} 的分离，大孔膦酸树脂用于 In^{3+}、Ga^{3+} 的分离，用 D546 硼特效树脂和 XE-243 树脂富集地质样品中痕量硼。

6.2.3.5 分离有机物

聚乙烯胺树脂可用于层析分离酸性氨基酸、丙氨酸、酪氨酸、天门冬氨酸及多肽。聚乙烯胺树脂的结构式如下：

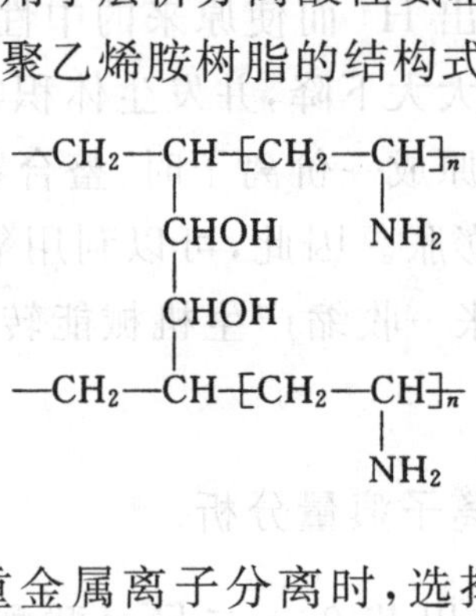

当该树脂用于重金属离子分离时，选择吸附性依下列顺序递减：

$$Cu^{2+} \gg Zn^{2+} > Ni^{2+} \approx CO^{2+} \gg Na^{+} \approx Mg^{2+}$$

6.3　吸附树脂

6.3.1　吸附树脂的类型

按照吸附树脂的高分子主链的化学结构，吸附树脂主要有聚苯乙烯型、聚丙烯酸酯型以及其他的各类树脂。

6.3.1.1　聚苯乙烯型吸附树脂

80％以上的吸附树脂都是聚苯乙烯型的，它们主要是以苯乙烯为主要的合成单体，以二乙烯苯为交联单体制备的。聚苯乙烯是最早工业化的塑料品种之一，其苯环上的邻、对位具有一定的活性，便于与其他的化合物反应，引入各种化学基团，实现对聚苯乙烯的改性，同时将之作为吸附树脂使用时，为了提高其稳定性，还需对它进行一定的交联。聚苯乙烯的主要缺点是机械强度不高，抗冲击性和耐热性较差。

在水溶液中悬浮聚合得到的聚苯乙烯型吸附树脂其外观是白色或浅黄色，直径不同的多孔球粒。通过选择不同的引发剂，苯乙烯可以实现光引发、热引发聚合，利用所加入的交联剂如二乙烯苯的用量来调节其交联度。同时聚苯乙烯上的活性点为其改性提供了条件，可以引入各种极性基团，甚至可以引入配位结构形成螯合树脂或引入离子型基团得到离子交换树脂。

6.3.1.2　聚丙烯酸酯型吸附树脂

除聚苯乙烯外，聚甲基丙烯酸酯树脂也是吸附树脂重要的品种之一，它通常以双甲基丙烯酸乙二酯为交联剂，因在其结构中存在着酯基，所以是一种中极性吸附树脂。这种树脂具有较好的耐热性，软化点在 150℃以上。这一类树脂极性适中，与被吸附物质中的疏水性基团和亲水性基团都可以发生作用，因此能从水溶液中吸附亲脂性物质，也可以在有机溶液中吸附亲水性物质。在其上也可以通过改性引入强极性基团，如将其中的酯键部分水解，可以制备含羧基的树脂，这是一种弱酸性的离子交换树脂。

6.3.1.3 其他吸附树脂

除了上述的两种类型外，聚乙烯醇、聚丙烯酰胺、聚酰胺、聚乙烯亚胺、纤维素衍生物等也可作为吸附树脂使用，它们在应用中同样需进行一定程度的交联，所用的交联剂仍以二乙烯苯为主。它们都是色谱分析中常用的高分子吸附剂。根据这些聚合物的骨架特征和所带基团的性质不同，上述吸附树脂的吸附性能和应用领域也不尽相同。

6.3.2 吸附树脂的性能

6.3.2.1 吸附动力学

(1)膜扩散。在吸附为膜扩散所控制时，吸附的饱和度 $F(t)$ 与时间 t 的关系遵循下列方程：

$$F(t)=1-\exp\left(-\frac{3DCt}{r_0\delta\overline{C}}\right)$$

式中，D 为被吸附分子在溶液中的扩散系数；C 和 $\overline{C}$ 分别为分子在溶液中和吸附剂中的浓度；r_0 为吸附剂的颗粒半径；δ 为液膜的厚度，一般为 10^{-3} 数量级。

(2)粒(内)扩散。如果被吸附分子从溶液中越过液膜进入吸附剂表面之后，在吸附剂内的运动(扩散)速度较慢，则吸附速度就被粒内扩散所控制。这时吸附的饱和度 $F(t)$ 与时间 t 的关系符合以下公式：

$$F(t)=1-\frac{6}{\pi^2}\sum_{n=1}^{\infty}\frac{1}{n^2}\exp\left(-\frac{\overline{D}t\pi^2n^2}{r_0^2}\right)$$

式中，$\overline{D}$ 为粒(内)扩散系数。

粒扩散和膜扩散情况的比较如图 6-7 所示。

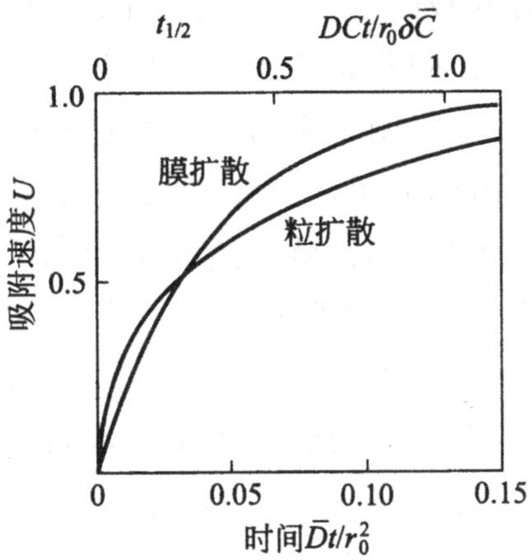

图 6-7　粒扩散和膜扩散情况的比较

6.3.2.2　吸附选择性

吸附树脂的品种很多，对不同物质的选择性也有差别。但以下原则是普遍存在的：

(1)在水中难溶的有机物一般易溶于有机溶剂，一般吸附树脂不能从有机溶剂中吸附这些有机物，如溶于水中的苯酚可被吸附，但将苯酚溶于乙醇或丙酮中就不能被吸附，只有当苯酚的浓度很大时才可能有少量苯酚被吸附。

(2)当吸附树脂与有机物能形成氢键时，可增加吸附量和吸附选择性，并且还可以从非极性溶剂中进行吸附。

(3)水溶性不大的有机化合物易被吸附，且在水中的溶解度越小越易被吸附。

(4)无机化合物酸、碱、盐不能被吸附树脂吸附。

6.3.2.3　吸附平衡

吸附剂既可以吸附气体，也可以从溶液中吸附溶质。但是两种吸附情况是有区别的。

在吸附气体时，由于气态分子处于自由运动状态，吸附剂对气体物质的吸附量只与气体的压力 p 有关。并且吸附可以是多分子层的，即吸附一层分子后仍可继续吸附第二层，第三层……

但是各个吸附位置的吸附层数不一定相同。在一定的压力下，经过足够长的时间之后，吸附量达到一个定值，不再增加，从微观上说，此时是达到了动态吸附平衡，被吸附的分子还可以脱附，重新跑回气相中成为自由的分子，气相中的分子也可以再被吸附。当吸附和脱附的量大体相等时，就是达成了动态平衡。

BET 公式就是在动态平衡的基础上推导出来的，因而适用于气体吸附的情况。当压力增大时，吸附会继续进行；而当压力降低时，部分被吸附的分子就会脱附出来。经过足够长的时间又会按照变化了的压力达成新的平衡。但是不管压力如何变化，在达到吸附平衡时总是遵循 BET 公式：

$$\frac{p}{V(p_0-p)}=\frac{1}{V_mC}+\frac{C-1}{V_mC}\cdot\frac{p}{p_0}$$

式中，p 为达到吸附平衡时的吸附质的压力；p_0 为吸附质的饱和蒸气压；V 为吸附量；V_m 为单分子层饱和吸附量；C 为 BET 方程系数，和温度、吸附热、冷凝热有关。

在从溶液中吸附某种物质时，情况就有所不同。因为溶液中的溶质通常是被溶剂化了的，这就是说，存在着溶剂与溶质的相互作用，存在着吸附剂对溶质的吸附与溶剂使被吸附物质脱附之间的竞争。因而吸附剂对溶质的吸附量既与溶质的浓度有关，也会受到溶剂性质的影响。但不管在什么溶剂中，也同样存在吸附平衡。只是溶剂不同，吸附平衡点也不同，即吸附剂对某一物质的吸附量不同。溶液吸附的另一特点是多为单分子层吸附，其吸附规律往往符合朗缪尔(Langmuir)公式：

$$V=\frac{V_maC}{1+aC}$$

式中，C 为溶质的浓度；a 为朗缪尔(Langmuir)常数。

若在达到吸附平衡时，则被吸附物质在吸附剂中的浓度以 $\bar{c}$ 表示，残留在溶液中的物质浓度以 c 表示，则

$$\alpha=\frac{\bar{c}}{c}$$

式中，α 称为分配系数。

若吸附剂和溶液的体积分别为 $\bar{V}$ 和 V，则

$$\alpha'=\frac{\bar{c}\bar{V}}{cV}$$

式中，α'称为分配比。α 和 α'与吸附平衡点有关，从其值的大小可以看出物质被吸附的难易程度。

6.3.2.4　吸附等温线

吸附剂的吸附量除与被吸附物质的压力或在溶液中的浓度有关，还会受温度的影响。通常来说，温度升高吸附量降低。尤其是吸附剂对气体物质的物理吸附更是如此。在溶液吸附时，有时会出现相反的情况，如用活性炭从水溶液中吸附正丁醇，由于升高温度使正丁醇的溶解度降低，反而会使吸附量增大。因此，必须在恒温下研究吸附剂的吸附性能和吸附机理。将在恒温下测得的吸附量与压力或浓度的关系画成曲线，这便是吸附等温线。研究证明气体吸附等温线有图 6-8 所示的几种基本类型。

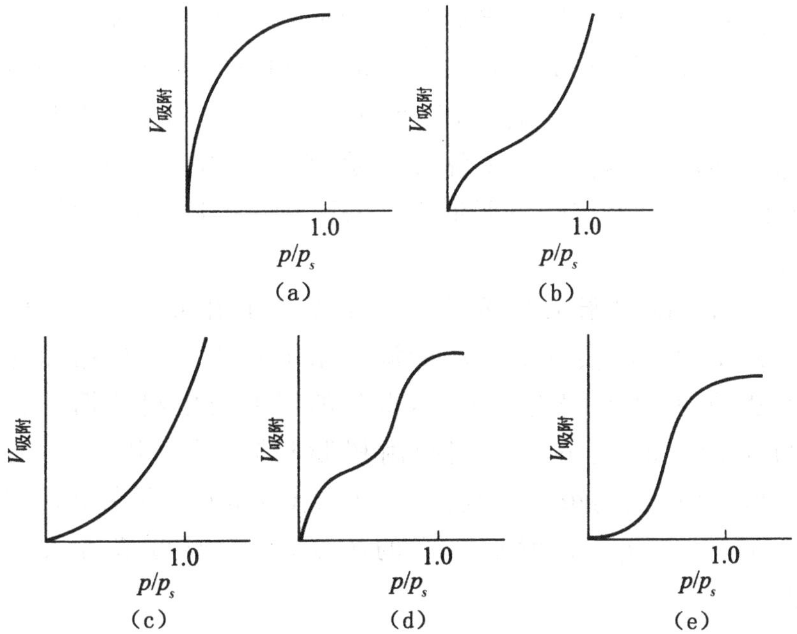

图 6-8　气体吸附等温线

6.3.2.5 脱附

前面已经提到温度和溶剂对吸附的影响。在吸附气体时，必须将温度降到临界温度以下，如在－195℃时吸附树脂可以吸附氮气。但将温度升高时，被吸附的氮气会全部跑出来，这就是脱附。

在从水溶液中吸附时，温度的影响没这么大，升高温度只能使吸附量减少，不能使被吸物质完全脱附。因此，往往选用一种有机溶剂把被吸附的物质淋洗下来。这样的脱附方法往往被称为洗脱或解吸。这一过程也是吸附树脂的再生过程。经洗脱之后，吸附树脂又回复了吸附能力，可继续使用。好的吸附树脂可反复吸附-洗脱，使用多年。

吸附树脂的吸附性能和脱附性能一样重要。在洗脱时能否选用适当的洗脱剂，以最少的用量、最快的速度达到最大的洗脱率往往关系到吸附分离工艺的成败。无论从生产效率、原料消耗考虑还是从被吸附物质的回收考虑都是如此。对于吸附了苯酚的树脂分别用10％ NaOH和丙酮进行静态(浸泡)洗脱，半小时后测定洗脱率，分别为62％和90％，差别明显。如果想要回收，可将丙酮洗脱液经蒸馏蒸出丙酮即可得苯酚。NaOH洗脱液则不然，洗脱液中是酚钠和NaOH的混合物，难以分离。

在用吸附树脂从稀溶液中提取某种有用物质时，还可通过高效率的洗脱实现不消耗能源的浓缩作用。如从甜菊叶中提取甜菊糖，用水浸泡甜菊叶，得到的浸取液中甜菊糖的含量仅为0.3％(3 mg/mL)。用吸附树脂吸附，然后用70％的乙醇洗脱，洗脱液的浓度可高达5％(50 mg/mL)，甜菊糖的浓度提高了约17倍。显然在后面的浓缩、干燥时可节省大量的能源。

6.3.3 吸附树脂的应用

6.3.3.1 废水处理

在苯酚、水杨酸、双酚 A、煤气和炼焦生产过程中都有大量含酚废水产生。苯酚的—OH 使其在水中有相当的水溶性，苯环的疏水性使其易被吸附树脂吸附，因此用非极性或中极性的吸附树脂处理含酚废水可取得良好的效果。如图 6-9 所示是一种比较有代表性的苯酚回收工艺流程。采用树脂吸附法处理高浓度含酚化工废水，不仅能实现酚污染的有效治理，而且能实现酚类资源的回收利用。含硝基酚和氯代苯酚的废水经酸化后也能用吸附树脂处理。工厂用 CHA-101 处理对硝基苯酚的工艺流程和处理结果如图 6-10 所示。

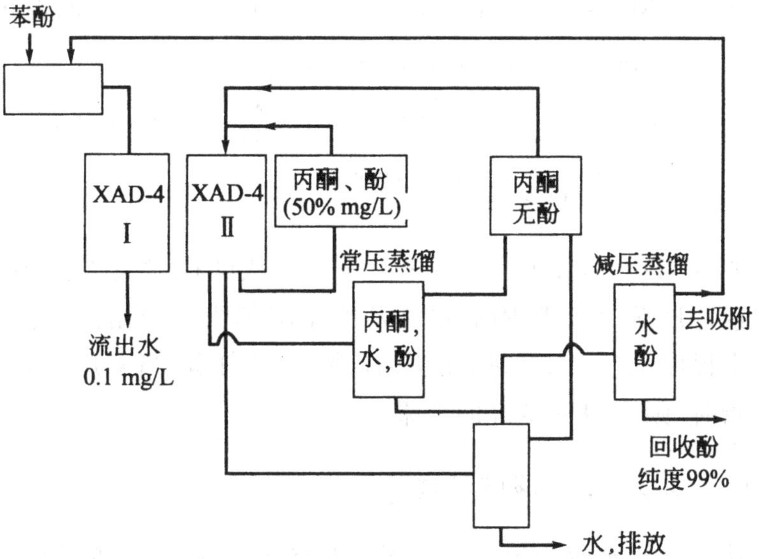

图 6-9　苯酚回收工艺流程

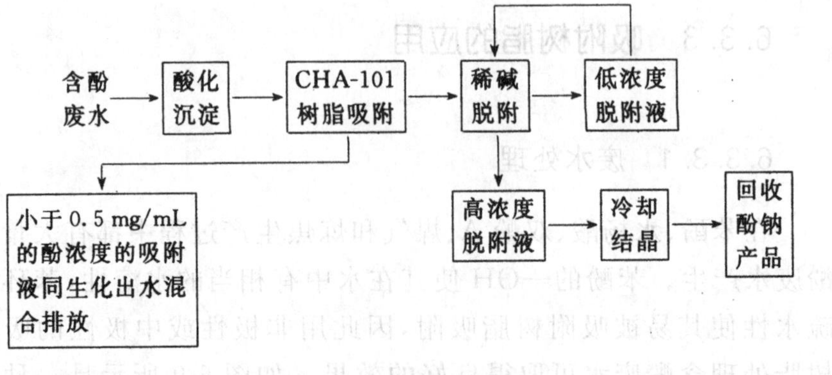

图 6-10　树脂吸附法处理对硝基酚钠废水的工艺流程

6.3.3.2　抗生素的分离提取

许多抗生素是在发酵液中制备的，利用吸附树脂可以有效地从发酵液中提取各种抗生素如青霉素、先锋霉素、头孢霉素、红霉素以及维生素 B_{12} 等。

从发酵液中提取先锋霉素 C 的三条可行的工艺路线如下：

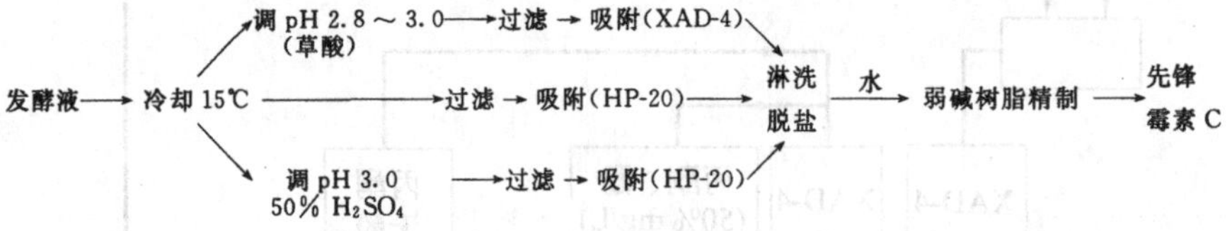

如 XAD-2、XAD-4、XAD-16 等均可从红霉素发酵液中提取红霉素，pH 为 9.2，吸附后可用乙酸丁酯解吸。当用溶剂法从发酵液中提取维生素 B_{12} 时，无法彻底除去蛋白质，当采用大孔型吸附树脂时，则会得到良好的效果。

6.3.3.3　氨基酸的分离

从猪血粉水解制氨基酸时可用如图 6-11 所示装置进行分离。

将猪血粉酸水解液先经吸附树脂 AAS-1 脱色，再流经 AAS-2 吸附树脂柱时芳香氨基酸 Tyr 和 Phe 被吸附，然后将 AAS-2 柱与 1 号柱串联，用 0.1 mol/L 的醋酸淋洗，Tyr 和 Phe 先后被洗出，得到 Tyr 和 Phe 两种单一氨基酸。流出液再流经 110 弱酸树脂柱，除组氨酸外的碱性氨基酸被吸附，用 0.1 mol/L 的 NaOH 洗脱，得到 Lys 和 Arg 两种氨基酸。110 树脂柱的流出液流经 003×7 强酸性阳离子交换树脂柱(3,3′)，组氨酸 His 和中性氨基酸 Ile 和 Leu 被吸附，用 0.03 mol/L 和 1 mol/L 的氨水洗脱分别得到 Ile、Leu 和 His。阴离子交换树脂 D371 可吸附酸性氨基酸，用 0.05 mol/L 的 HCl 洗脱，可分别得到 Glu 和 Asp 两种单一的氨基酸。从 003×7 树脂柱 6 洗脱的中性氨基酸未能得到很好的分离，需采用色谱分离法进一步精制。

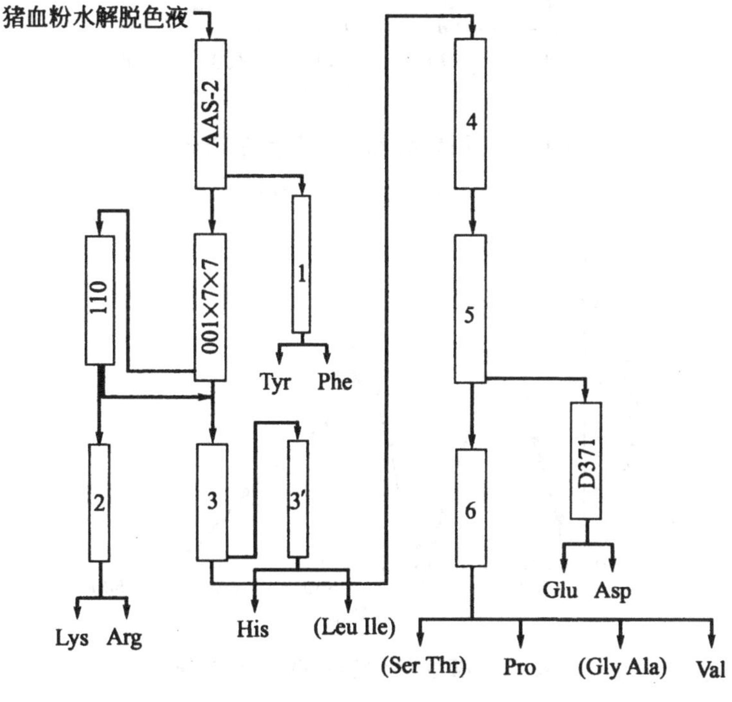

图 6-11　水解氨基酸的分离示意图

树脂：1—AAS-2；其他—003×7

控制树脂的磺酸基含量，制成的树脂实际上是一种介于吸附树脂和离子交换树脂之间的双功能树脂，其骨架的疏水性吸附与磺酸基的离子作用相协同，可用作中性氨基酸色谱分离柱的填料。这种树脂用于分离丙氨酸和缬氨酸及缬氨酸和亮氨酸的分离，如图 6-12、图 6-13 所示。

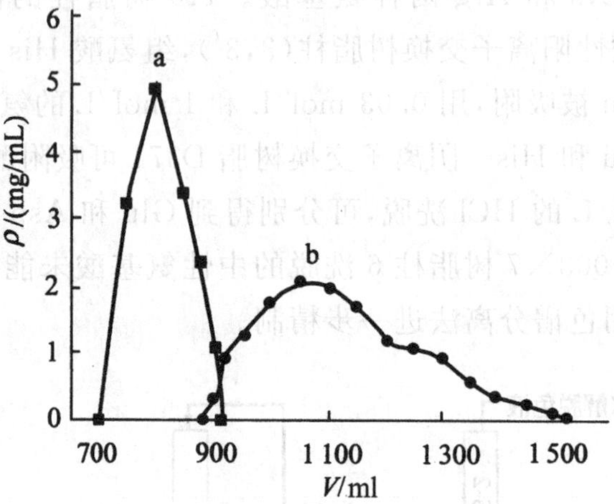

图 6-12　丙氨酸和缬氨酸的色谱分离

a—丙氨酸；b—缬氨酸

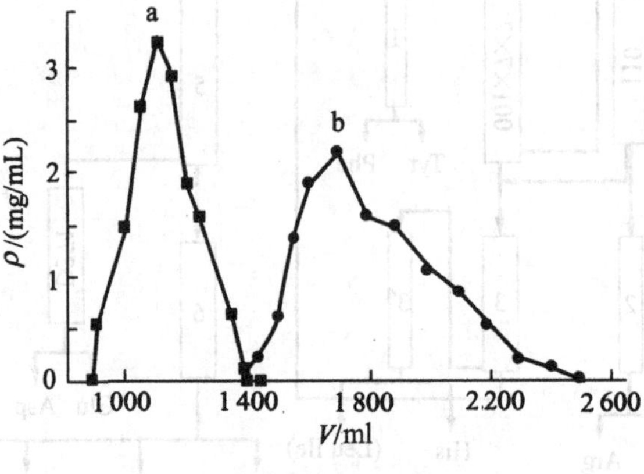

图 6-13　缬氨酸和亮氨酸的色谱分离

a—丙氨酸；b—缬氨酸

6.3.3.4　中草药有效成分的提取

从中草药中提取其有效成分，对于中医药学的发展有着至关重要的作用，吸附树脂在此领域有着重要的作用，目前已从中成功地提取了三七总皂苷、白芍药总苷、川草乌中总生物碱、绞股蓝皂苷等多种成分。例如，从银杏叶中提取黄酮类药物，银杏叶的主要有效成分是黄酮苷和萜内酯，其结构如下：

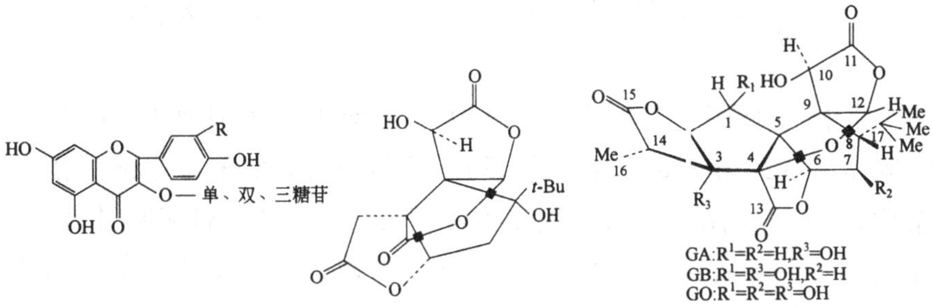

黄酮苷　　萜内酯

具体提取的过程如下：将银杏叶粉碎，用乙醇浸泡，提取数次。蒸出乙醇，将提取液转成水溶液，滤去悬浮物，用吸附树脂吸附，经适当水洗之后用 50%～70%乙醇洗脱，再经浓缩、干燥，得到银杏叶提取物。可选择的吸附树脂为一些中性的吸附树脂，如 Amberlite XAD-7、Duolite S-761 等，如果吸附树脂中有能与黄酮苷和萜内酯形成氢键的功能基团，将使吸附选择性大大提高，银杏叶提取物中黄酮苷和萜内酯的含量也大大提高。

6.3.3.5　天然食品添加剂的提取

人们对天然食品添加剂的需求越来越大，这包括甜味剂、色素、保健品等来自植物的制品。天然产物的成分往往较为复杂，一般不易得到纯度很高的产品，而且大都需要采取多种分离方法，互相配合。但吸附分离大都是关键的分离程序。

(1)叶绿素的提取。甜菊叶在用水浸取甜菊苷之后，水溶性成分被浸出，也得到了初步纯化，作为提取叶绿素的原料是很合适的。

叶绿素的结构如下：在卟啉环的中心络合着一个 Mg^{2+}，因其光稳定性较差，在实际生产中需将 Mg^{2+} 转换为 Cu^{2+}。其提取工艺过程如下：

甜菊叶 $\xrightarrow[\text{提取}]{\text{乙醇}}$ 叶绿素溶液 $\xrightarrow[\text{转 } Mg^{2+} \to Cu^{2+}]{CuSO_4 \text{ 水溶液}}$ 叶绿素铜溶液 $\xrightarrow{\text{树脂吸附}}$

$\xrightarrow[\text{洗涤}]{50\%\text{乙醇}}$ $\xrightarrow[\text{洗脱}]{\text{乙酸乙酯}}$ 洗脱液 $\xrightarrow{\text{减压浓缩，真空干燥}}$ 叶绿素铜

非极性吸附树脂 AB-8、X-5、CD-8 均可有效地吸附叶绿素，吸附量在 120 mg/g 以上。经 50%乙醇-水溶液淋洗掉被吸附的杂质，用乙酸乙酯洗脱，洗脱率在 90%以上。以干甜菊叶计算，叶绿素铜的收率在 2.2%左右。与溶剂萃取法相比，树脂法所得产品的纯度较高，光稳定性也更好。

(2)甜菊糖的提取。甜菊糖是一种高甜度的甜味剂，甜度为蔗糖的 200 倍。甜味成分为甜菊苷，其结构由两部分组成：一部分为亲水的糖基，使甜菊苷能够溶于水和低级醇；另一部分为疏水的双萜苷元，使其易被吸附树脂吸附。因此用吸附树脂进行提取便成为最理想的生产工艺：

水 $\longrightarrow$ 甜菊叶 $\longrightarrow$ 提取液 $\xrightarrow[\text{过滤}]{FeSO_4 \text{ 絮凝}}$ 滤液 $\longrightarrow$ AB-8 吸附 $\longrightarrow$ 废水

AB-8 吸附 $\xrightarrow{70\%\text{乙醇}}$ 大孔阳离子交换树脂 $\longrightarrow$ 大孔阴离子交换树脂 $\longrightarrow$ 浓缩 $\longrightarrow$ 干燥 $\longrightarrow$ 甜菊糖成品

用水浸泡或以柱式渗漉，将甜菊苷浸取出来，同时约 3 倍于甜菊苷的多糖、有机酸、无机盐等杂质也被浸出。水溶性浸出物总量可达甜菊干叶的 40%左右，其中甜菊苷约为 10%。水溶液中的甜菊苷的浓度一般为 3～5 mg/mL。经吸附树脂吸附洗脱后，洗脱液中甜菊苷的浓度可达 50 mg/mL。洗脱液直接经浓缩、干燥得到的产品，甜菊苷的含量为 70%～80%。可见吸附树脂不仅分离掉了大部分杂质，还起到了浓缩作用。

甜菊叶提取液中一些杂质，如色素，可与甜菊苷一起被吸附和洗脱，因此得到的甜菊糖颜色较深。为了得到纯白的产品，需经阳离子交换树脂和阴离子交换树脂进一步脱色，这不仅可去除色素，还可使甜菊苷的含量提高到 90%左右。

一种新型的极性吸附树脂ADS-7，在吸附-洗脱甜菊苷时，显示出优良的分离性能，其洗脱液的吸光度在0.05以下，即洗脱液所含色素的量减少95%以上，不经进一步纯化，产品中甜菊苷的含量即可达到90%左右。

6.3.3.6 在医疗领域的应用

吸附树脂在医疗上也有重要的应用价值，如对于血液的净化，清除血液中的毒素等，利用吸附树脂可以清除血液中的安眠药；利用一些极性和大孔型吸附树脂可以除去人体的代谢产物胆红素和胆酸；将吸附树脂应用于血液透析中，可以除去尿毒症和肾功能衰竭病人的血液中肌酐、尿酸、尿素等小分子。但这一类吸附树脂由于与人体的组织相接触，因此具有一些特殊的要求，目前用吸附树脂进行血液解毒的新技术已开始在临床上使用。

6.4 高吸水性树脂

6.4.1 高吸水性树脂的类型

高吸水性树脂种类很多，可以从不同角度进行划分。从合成反应类型的角度可分为接枝共聚、羧甲基化及水溶性高分子交联3种。也可按亲水性分类，按交联方法分类，按制品形态分类等。但一般最常见的是按原料组成分类，分为淀粉类、纤维素类及合成聚合物类。

6.4.1.1 淀粉类

(1)淀粉接枝共聚物。淀粉接枝共聚物主要有淀粉接枝丙烯腈的水解产物(由美国农业部北方研究中心开发成功)、淀粉接枝丙烯酸、淀粉接枝丙烯酰胺等。

(2)淀粉羧甲基化产物。淀粉羧甲基化产物是将淀粉在环氧氯丙烷中预先交联，将交联物羧甲基化，使得到高吸水性树脂。淀粉改性的高吸水性树脂的优点是原料来源丰富。吸水倍率较高(通常在千倍以上)。缺点是吸水后凝胶强度低，长期保水性差，在使用中易受细菌等微生物分解而失去吸水、保水作用。

6.4.1.2 纤维素类

纤维素改性高吸水性树脂也有两种形式。一种是由纤维素与亲水性单体接枝的共聚产物；另一种是纤维素与一氯醋酸反应引入羧甲基后用交联剂交联而成的产物。纤维素存在改性高吸水性树脂的吸水倍率较低，易受细菌的分解失去吸水、保水能力的缺点。

6.4.1.3 合成聚合物类

合成聚合物类可分为：聚丙烯酸盐类、聚丙烯腈水解物、醋酸乙烯酯共聚物、改性聚乙烯醇类四大类。

6.4.2 高吸水性树脂的性能

6.4.2.1 高吸水性

(1)吸水倍率。

①水解度的影响。当高吸水性树脂的可离子化官能团是由水解得到的，在一定范围内，吸水性树脂的吸水率随水解度的增加而增加。超过一定的范围，由于亲水性基团增加，树脂的网络结构被破坏，水解度增加，吸水率反而会降低。

②被吸液性质的影响。高吸水性树脂受被吸液组成的影响很大，与吸去离子水的能力相比，吸 0.9% NaCl 溶液的能力下降很大，图 6-14 所示。它的吸水量还受溶液 pH 的影响。因此，高吸水性树脂对纯水的吸水倍率最大，对电解质溶液的吸水倍率比纯水明显下降。此外，高吸水性树脂的吸水能力还同外界条件及产品形状有关。

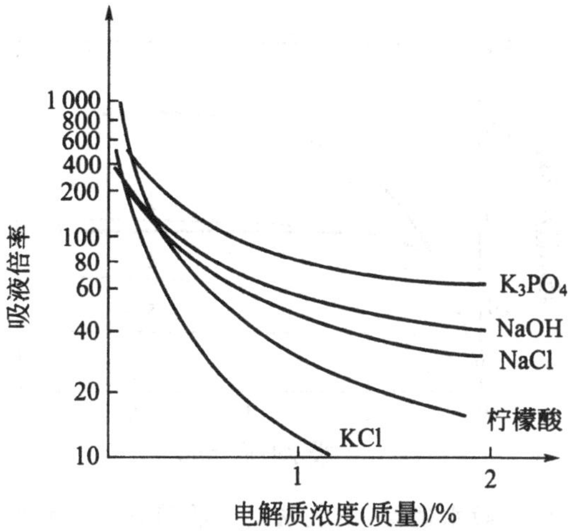

图 6-14　高吸水性树脂对电解质溶液的吸收能力

③交联度的影响。树脂的吸水性与交联度密切相关。未交联的聚合物无吸水性，交联度小，吸水量小；交联度过大，吸水量也会降低，为了保证树脂的吸水量，在树脂的制备过程中，交联度需要控制在一个合适的范围内。图 6-15 所示是交联剂三乙二醇双丙烯酸酯（TEGDMA）的用量对部分水解的聚丙烯酸甲酯的吸水倍率的影响。

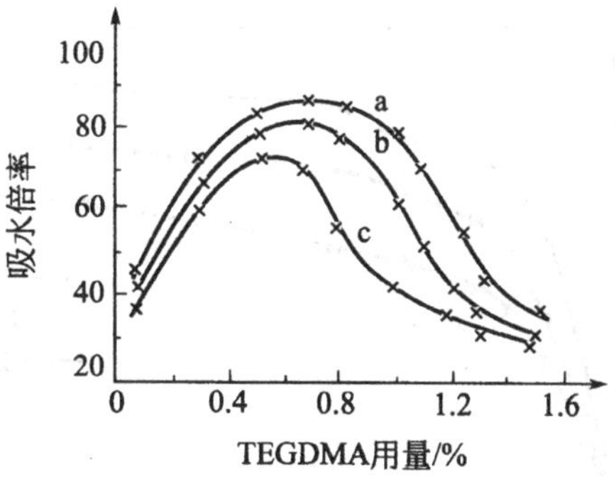

图 6-15　交联剂用量对部分水解聚丙烯酸甲酯吸水倍率的影响

a—0.9% NaCl 溶液；b—合成尿；c—合成血

(2)吸水速度。

①离子型吸水剂与非离子型吸水剂。离子型吸水树脂的吸水量如图 6-16 所示。

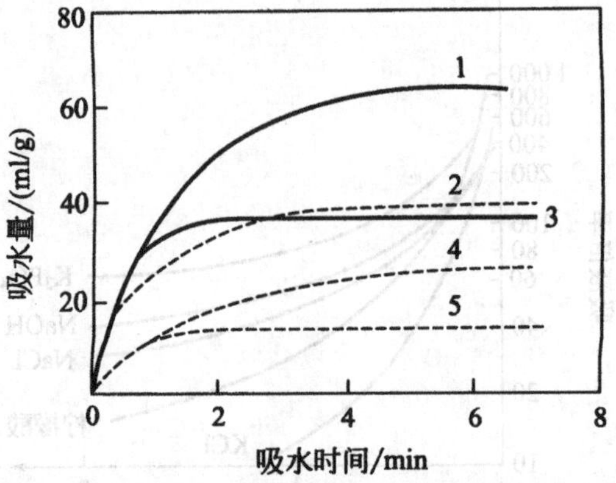

图 6-16　吸水速度(纸袋法)(吸收液,0.9%食盐水)

1—Aqua Keep 105SH;2—丙烯酸盐系聚合物;

3—Aqua Keep 4S;4—淀粉系聚合物;5—纤维素系聚合物

由图 6-16 可以看出,开始时,离子型吸水树脂的吸水速度相当快,甚至 30 min 就能达到饱和吸水量的一半,但 1 h 以后,吸水速度就变得相当缓慢,达到饱和吸水量的时间相当长。

与离子型吸水树脂相比,非离子型的吸水性树脂的吸水速度相当快,达到饱和吸水量只需 20 min 至 1 h,如图 6-17 所示。

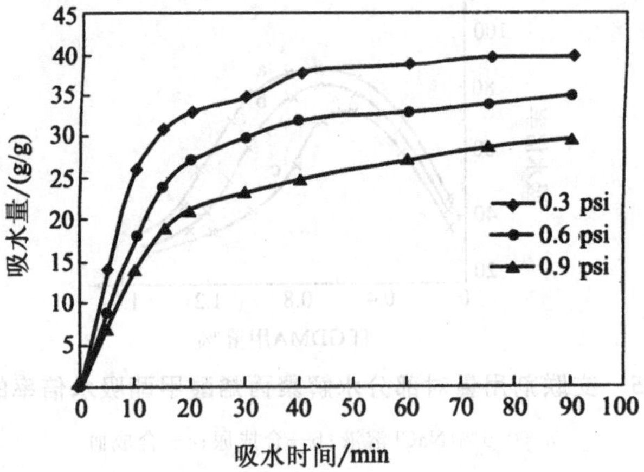

图 6-17　交联 PVA 在不同压力下的吸水速度

psi 为压强单位磅每英寸,145 psi=1 MPa

②表面结构。吸水树脂的粒子越细，接触表面越大，吸水速度增加，如丙烯酸-乙烯醇共聚物的吸水速度与粒径的关系如图 6-18 所示。

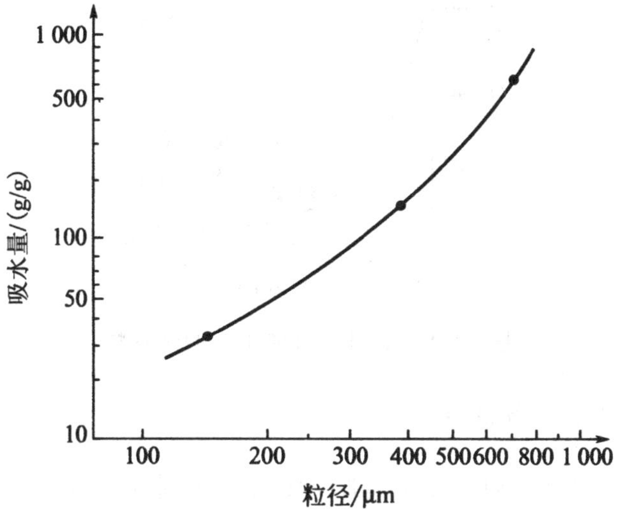

图 6-18　Sumika 凝胶 S-50 的吸水速度与粒径

6.4.2.2　凝胶强度

高吸水性树脂的凝胶强度用受压后凝胶的破碎程度来衡量。因树脂具有一定的交联度，因而其凝胶有一定的强度。

6.4.2.3　加压下的保水性

高吸水性树脂与普通的纸、棉等吸水材料不同的是，后者加压几乎可以完全将水挤出，而前者加压失水不多，如图 6-19 所示。

6.4.2.4　增稠性

高吸水性树脂吸水后体积可迅速膨胀至原来的几百倍到几千倍，因此增稠效果远远高于水溶性高分子增稠剂。其增稠作用在体系的 pH 为 5～10 时表现得尤为突出。

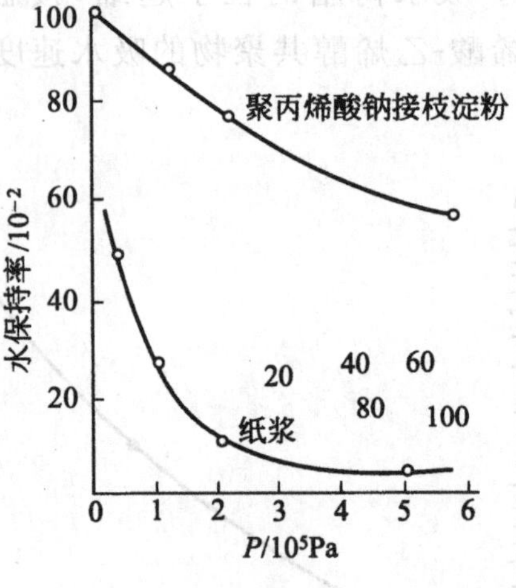

图 6-19　不同材料加压下的保水性

6.4.2.5　吸氨性

含有羧基的高吸水性树脂,其羧基大部分被转化为钠盐,中和度一般为 80%左右,残余的羧基使树脂呈弱酸性,因而对氨类物质有吸收作用。图 6-20 表明了高吸水性树脂的吸氨性和对尿素酶的抑制作用。

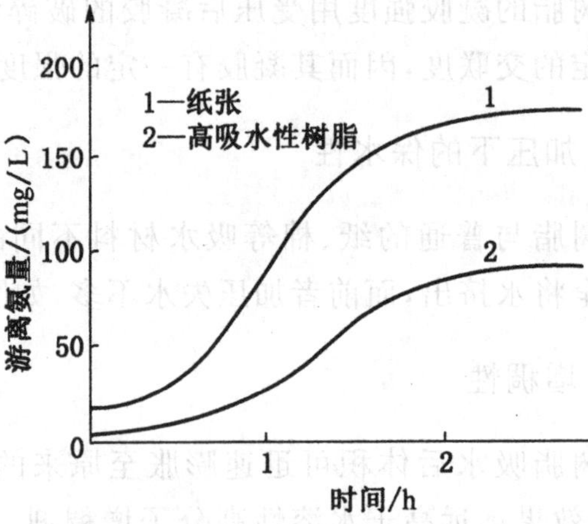

图 6-20　吸水性材料吸氨能力的比较

6.4.3　高吸水性树脂的应用

6.4.3.1　在日常生活领域的应用

将高吸水性树脂与三聚磷酸二氢铝等除臭剂以及纤维状物质等增强材料一起成型，在其中保持二氧化氯溶液，可用作空气清新剂，达到除臭、杀菌的目的。另外，还可以制造人造雪、膨胀玩具等。

6.4.3.2　在医药卫生领域的应用

在医用方面，除了用作药棉、绷带、手术外衣和手套、失禁片等物品，以代替天然吸水性材料、克服吸水能力低而导致的使用量多外，还可以用于含水量大的药用软膏、能吸收浸出液并防止化脓的治疗绷带、人工皮肤、缓释性药剂等。

卫生用品是最早被开发的用途，一般是将高吸水性树脂制成吸收膜或粉末，将其夹在薄纸之间形成层压物，也有将高吸水性树脂粉末与纸浆混合后再制成薄膜或片状制品，还有将高吸水性树脂制成蜂窝状固定于两层薄纸中间制成吸水板，并在其压花加工时打上微孔制成体液吸收处理片。甚至有的用一种透水性包覆材料将上述体液吸收处理片包覆起来的生理用品等，形式多种多样。目前高吸水性树脂中有 90％以上用于卫生材料。

6.4.3.3　在农业领域的应用

利用高吸水性树脂的吸水、保水性能，与土壤混合，不仅改善土壤团粒结构，增加土壤的透水性和透气性，同时也作为土壤保湿剂、保肥剂，在沙漠防治、绿化、抗旱方面极具前景。

高吸水性树脂可以用于保护植物如蔬菜、高粱、大豆、甜菜等种子所需要的水分，也可以以包装膜的形式用于蔬菜、水果保鲜。

6.4.3.4 在工业领域的应用

在建筑工程中，将高吸水性树脂混在泥中胶化可作墙壁抹灰的吸水材料，添加在清漆或涂料内可防止墙面及天花板返潮，混在堵塞用的橡胶或泥土中可用来防止水分渗透，与聚氨酯、聚乙酸乙烯酯或橡胶聚氯乙烯等一起压制后，可制成水密封材料。

在油田开发中，作为钻头的润滑剂、泥浆固化剂，作为油的脱水剂，从油中有效去除所含的少量水分。在城市污水处理和疏浚工程中，用它可使污泥固化，从而改善挖掘条件，便于运输。

对环境敏感的高吸水性树脂作为凝胶传动器是新兴的研究领域，添加了高吸水性树脂的材料可用作机器人的人工“肌肉”，通过调节树脂凝胶溶胀状态控制传动器，当改变光强、温度、盐浓度、酸碱度或电场强度时，凝胶溶胀度的变化带动“肌肉”作相应的运动。

6.5 高分子试剂

常见的高分子化学试剂根据所具有的化学活性不同，分为高分子氧化试剂、高分子还原试剂、高分子氧化还原试剂、高分子卤化试剂等。

6.5.1 高分子氧化试剂

由于自身特点，多数小分子氧化剂的化学性质不稳定，易爆、易燃、易分解失效，有些沸点较低的氧化剂在常温下有比较难闻的气味。为消除或减弱这些缺点，可以将低分子氧化剂进行高分子化，从而得到氧化型高分子试剂，即高分子氧化试剂。高分子氧化试剂包括高分子过氧酸、高分子硒试剂、高分子高价碘试剂等。

6.5.1.1　高分子过氧酸

高分子过氧酸克服了低分子过氧酸极不稳定、在使用和储存的过程中容易发生爆炸或燃烧的缺点，在 20℃下可以保存 70 天，−20℃时可以保持 7 个月无显著变化。图 6-21 所示是由交联的聚苯乙烯出发合成高分子过氧酸的三条路线。

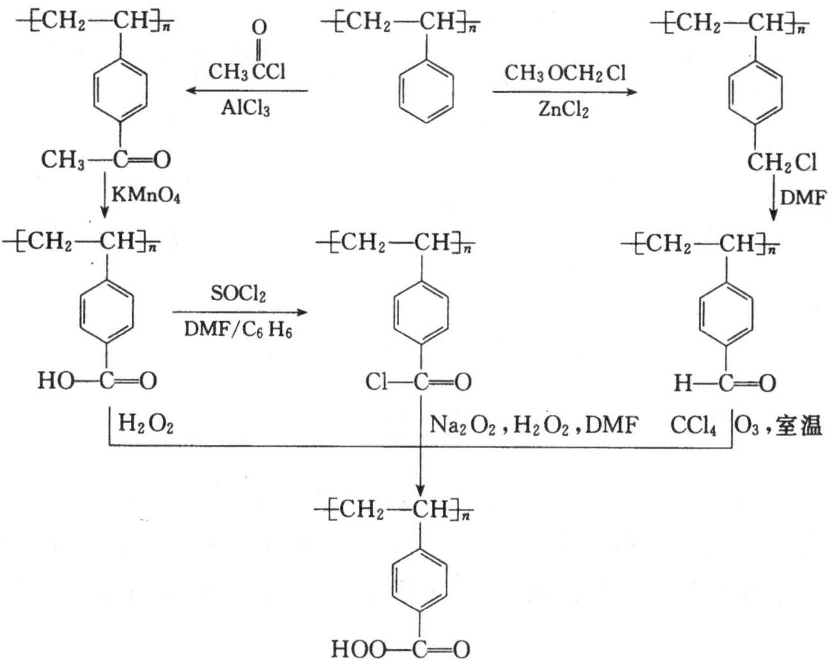

图 6-21　制备高分子过氧酸的路线

芳香族骨架的高分子过氧酸可以使烯烃氧化成环氧化合物，而脂肪族骨架的高分子过氧酸使烯烃氧化成邻二羟基化合物。这一反应在有机合成、精细化工和石油化工生产中是非常重要的。使用过的高分子过氧酸形成了相应的羧酸树脂，用过氧化氢氧化再生生成高分子过氧酸，可以反复使用。

6.5.1.2　高分子硒试剂

高分子硒试剂不仅消除了低分子有机硒化合物的毒性和令

人讨厌的气味，而且还具有良好的选择氧化性，可以选择性地将烯烃氧化成邻二羟基化合物，或者将芳甲基氧化成相应的醛。

高分子硒试剂的合成可以通过两条途径来进行：使用卤代单体生成含硒单体后聚合，得到还原型的高分子硒试剂，然后氧化得到；用交联的聚苯乙烯经溴代后与苯基硒化钠反应，然后氧化制备，如图 6-22 所示。

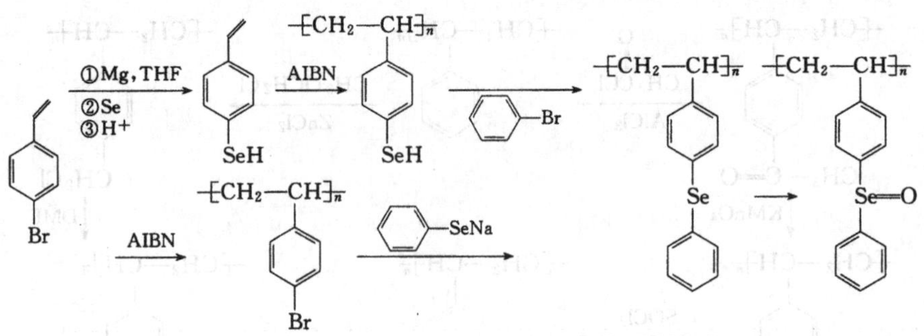

图 6-22　制备高分子硒试剂的路线

6.5.1.3　高分子高价碘试剂

与小分子的高价碘试剂一样，高分子高价碘试剂具有很好的氧化活性和选择性。如下所示结构的碘试剂能在温和的条件下使醇氧化成醛、苯乙酮氧化成醇、苯酚氧化成醌，并能发生氧化-脱水反应。

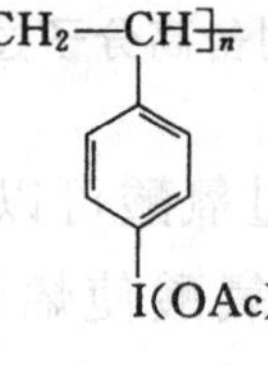

6.5.2　高分子还原试剂

不管是无机的还是有机的小分子还原剂都具有不稳定、易分解失效的缺点，但将低分子还原剂进行高分子化得到还原型高分子试剂，即高分子还原试剂，就能克服这些缺点。高分子还原试剂具有同类型低分子还原剂所不具备的稳定性好、选择性高、可再生等优点，主要包括高分子锡还原试剂、高分子磺酰肼试剂、硼氢化合物等。

6.5.2.1　高分子锡还原试剂

高分子锡还原试剂可以用交联的聚苯乙烯来制备。

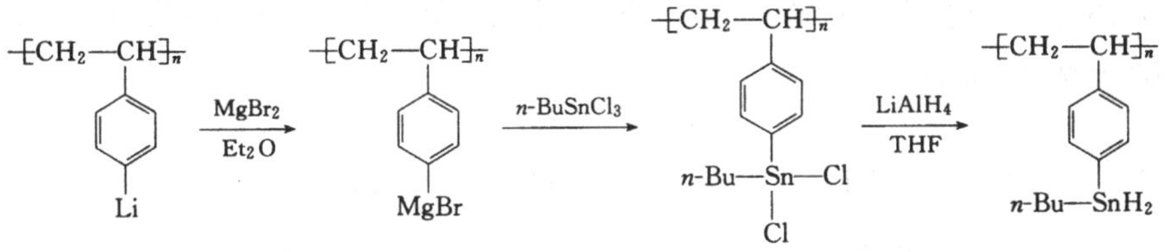

高分子锡还原试剂可以将苯甲醛、苯甲酮和叔丁基甲酮等邻位具有能稳定碳正离子基团的含羰基化合物还原成相应的醇类化合物，产率可达 91%～92%。与小分子锡氢还原剂不同，高分子锡试剂还原醛、酮时，首先发生 Sn—H 与 C ═ O 加成反应，然后水解 CH—O—Sn 键获得还原产物。这主要是由于高分子骨架限制了基团的活动性。这一特性使该试剂具有了较大的选择性，可以还原二元醛中的一个醛基。如对苯二甲醛与此高分子还原剂反应后，单醛基的产物（对羟甲基苯甲醛）占 86%，其余的产物为对二羟甲基苯。该还原剂还能还原脂肪族或芳香族的卤代烃类化合物，形成相应的烷烃和芳烃。

6.5.2.2　高分子磺酰肼试剂

高分子磺酰肼试剂可以用交联的聚苯乙烯经磺化反应后再与肼反应制备。

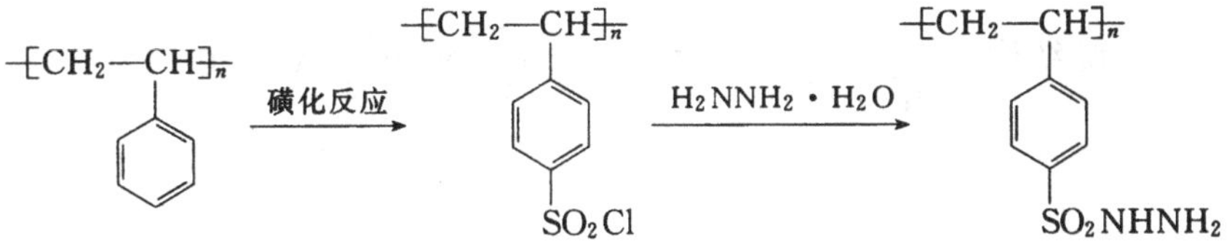

高分子磺酰肼试剂是一种选择型还原剂，主要用于对碳一碳双键的加氢反应，对同时存在的羰基不发生作用。

6.5.2.3 高分子硼氢化合物

高分子硼氢化合物是将小分子的硼氢化合物负载到高分子上形成的。如用聚乙烯吡啶吸附硼氢化钠，生成含 BH_3 的高分子还原剂，可以还原醛、酮。还原时，首先形成硼酸酯，再用酸分解生成产物醇。

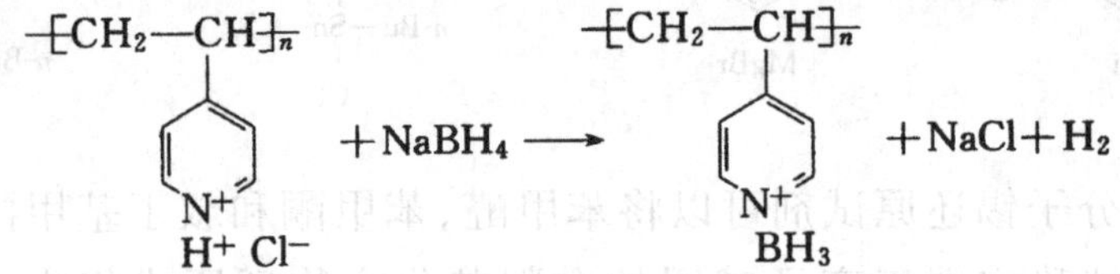

6.5.3 高分子氧化还原试剂

高分子氧化还原试剂是一类既有氧化作用，又有还原功能，自身具有可逆氧化还原特性的高分子试剂。特点是反应过后，经过氧化或还原反应，试剂易于根据其氧化还原反应的可逆性将试剂再生使用。

根据这一类高分子反应试剂分子结构中活性中心的结构特征，最常见的该类高分子氧化还原试剂可以分成图 6-23 所示的几种结构类型。

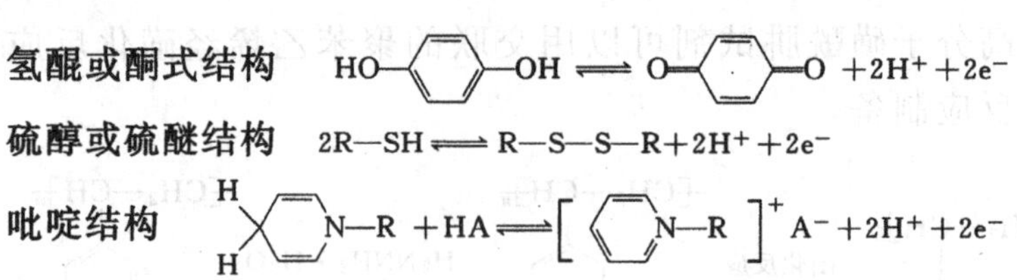

二茂铁结构

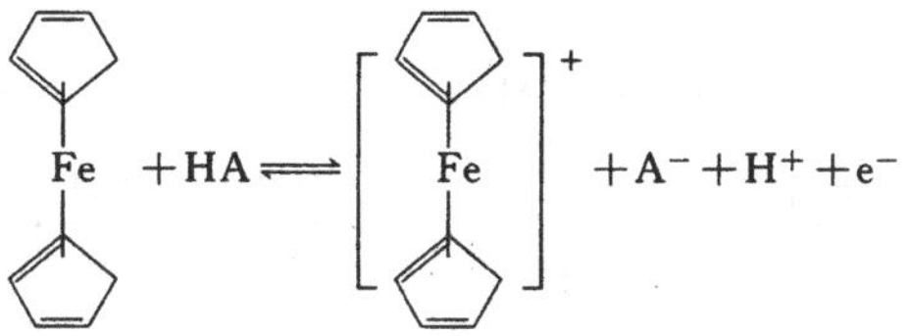

多核杂环芳烃结构

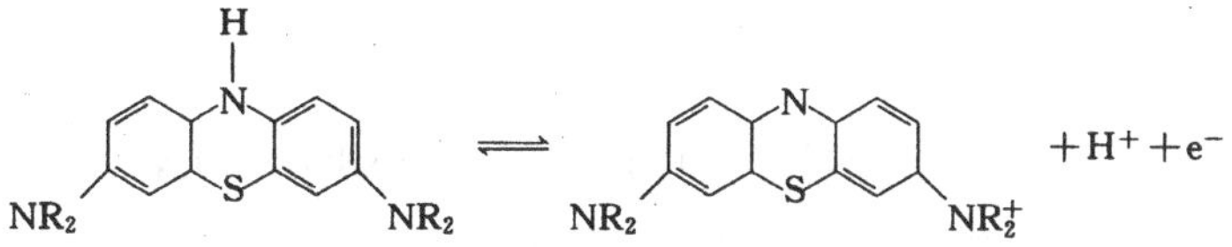

图 6-23　常见的高分子氧化还原试剂结构

下面举几个实例来说明氧化还原高分子试剂的合成。醌型氧化还原高分子试剂首先通过合成含被保护酚羟基的单体，其次在苯环上引入双键，最后进行自由基聚合制备。

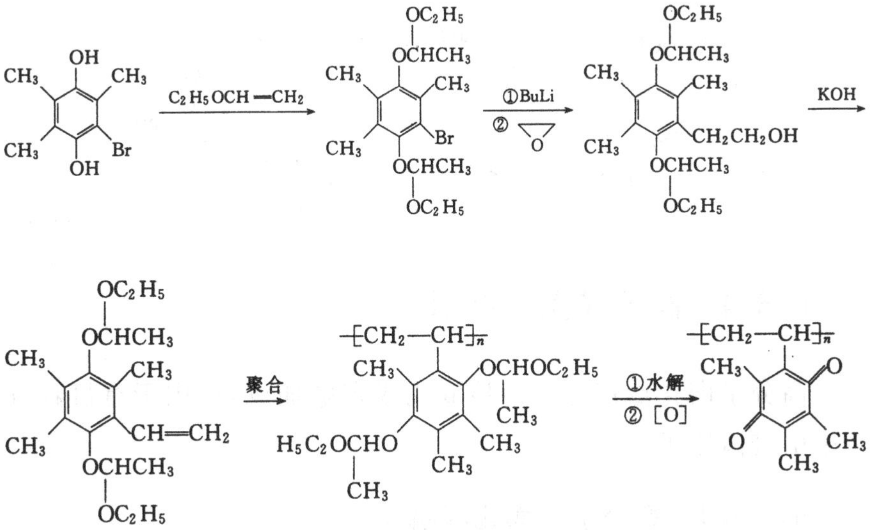

硫醇型氧化还原高分子试剂既可以通过合成的单体聚合后胺解制备(6-1)，又可以用交联的聚苯乙烯经氯甲基化后在适当溶剂中与 NaHS 反应制备(6-2)。由于苯甲硫醇比酚硫醇更容易氧化，高分子苯甲硫醇比相应的小分子活泼，所以高分子苯甲硫

醇是活性较高的氧化还原试剂。

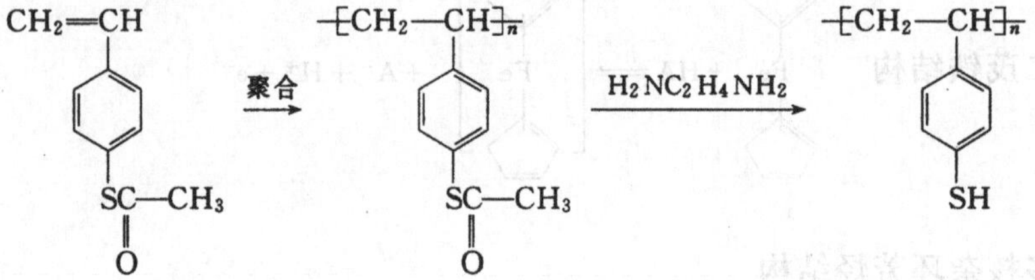

(6-1)

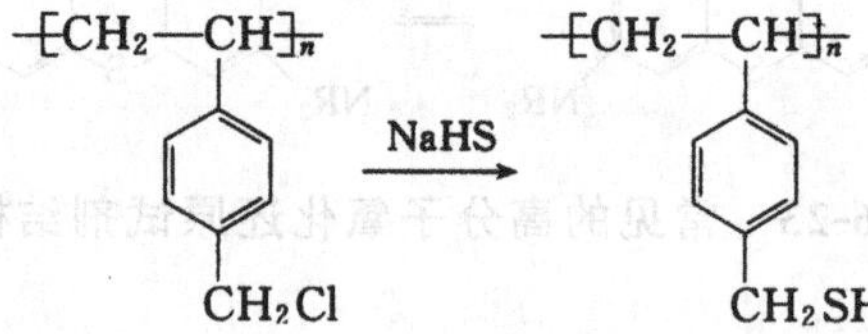

(6-2)

含吡啶的氧化还原高分子试剂用交联的聚苯乙烯经氯甲基化后与烟酰胺反应获得，或者用对氯甲基苯乙烯与烟酰胺反应[反应式(6-3)]生成带有吡啶氧化还原活性中心的单体再聚合制备。

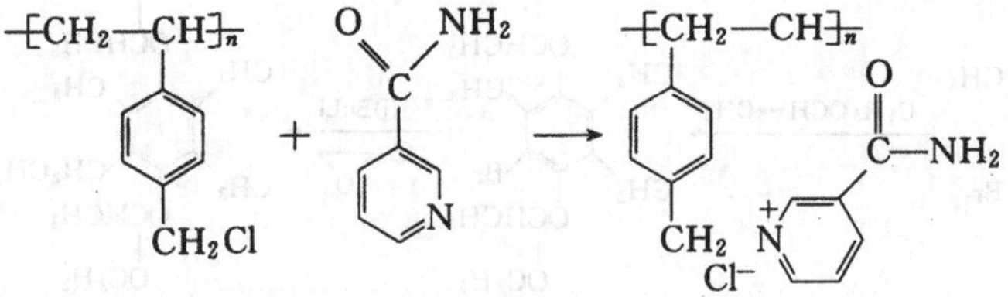

(6-3)

6.5.4 高分子卤化试剂

高分子卤化试剂通过亲核取代或亲电加成，可用于有机物分子中引进卤原子。

6.5.4.1 高分子二卤化叔膦

高分子二卤化叔膦的结构如下：

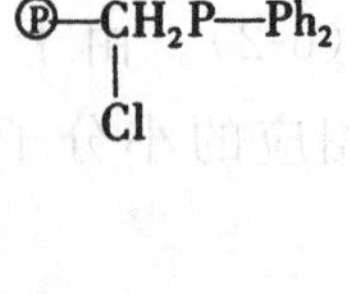

此类高分子试剂可用于酰氯的制备，还可以把醇转化为相应的卤代烷。

(1)制酰氯。

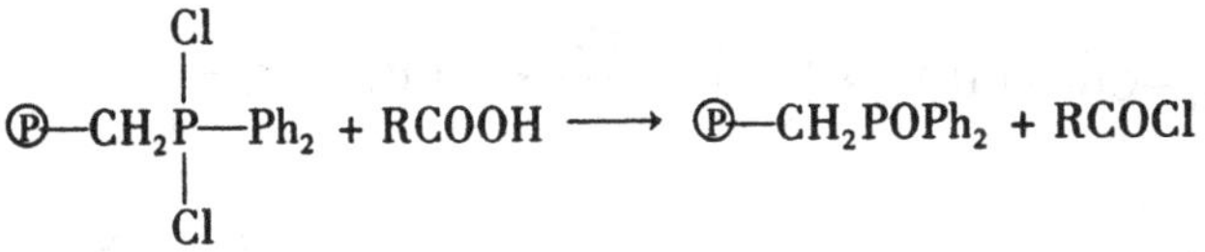

(2)醇转化成卤代烷。

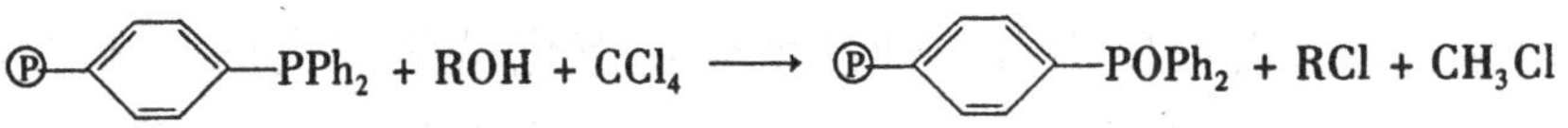

6.5.4.2　键联 N-溴-琥珀酰亚胺的高聚物(Ⓟ—NBS)

用马来酰胺作为原料进行聚合，得到聚马来酰亚胺，或用马来酸酐与乙烯共聚，形成聚乙烯马来酐，再与尿素反应，制得聚乙烯马来酰亚胺，不论是聚马来酰胺或聚乙烯马来酰胺，分别与 NaOBr 反应，都可以制成高分子，Ⓟ—NBS 见下式。

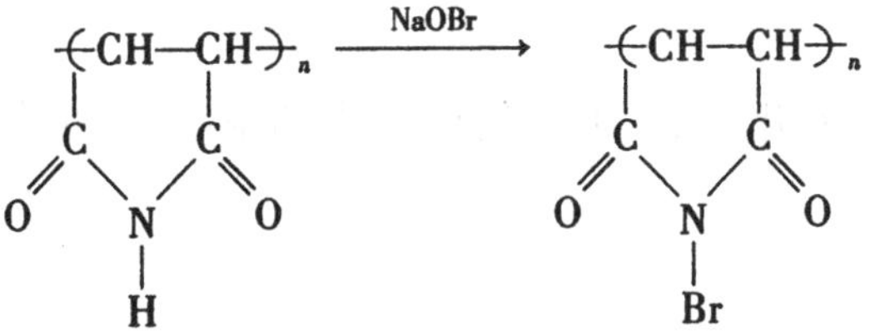

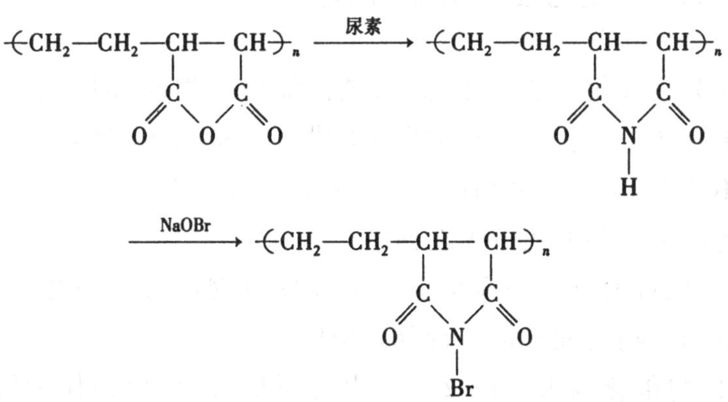

采用聚乙烯-N-溴代马来酰亚胺进行环己烯的烯丙位溴代，已取得成功。

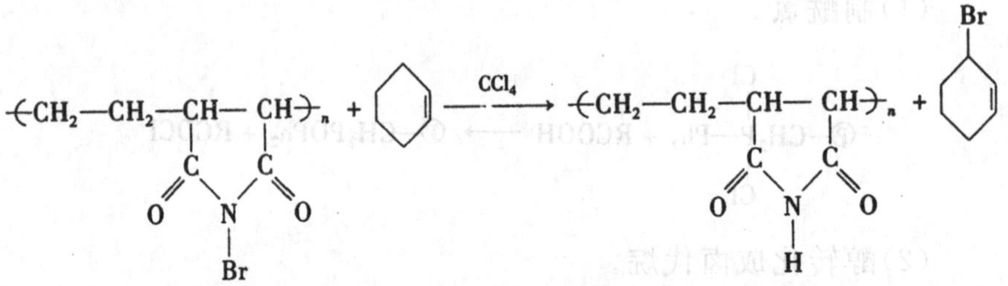

近年来，人们使用可溶性的聚合物卤化试剂非交联聚苯乙烯基二苯基膦与一种醇在 CCl_4 或二氯甲烷或六氯乙烷中反应生成烷基氯化物。

$$\mathrm{ROH} \xrightarrow[\text{非交联聚苯乙烯二苯基膦}]{\mathrm{CCl_4}} \mathrm{RCl}$$

6.6 高分子催化剂

将小分子催化剂高分子化或负载在高分子上便得到高分子催化剂。

6.6.1 高分子酸碱催化剂

高分子催化剂的作用与酸、碱性催化剂相同，阳离子交换树脂提供氢离子；阴离子交换树脂提供氢氧根离子，且离子交换树脂的不溶性，可用于多相反应。采用高分子酸碱催化剂进行催化反应有以下 3 种方式可供选择：

(1)像普通反应一样将催化剂和反应物混合在一起，反应后将得到的产物与催化剂进行分离操作。

(2)将催化剂固定在反应床上进行反应，反应物作为流体通过反应床，产物随流出物和催化剂分离。

(3)反应器为色谱柱,催化剂作为填料填入色谱柱中,反应与色谱分离过程相似,在一定的溶剂冲洗下通过具有催化剂的反应柱,当流体与产物混合从柱中流出时反应结束。

第三种反应装置可以连续进行,在工业上具有提高产量、节省成本、简化工艺的特点。

6.6.2 高分子金属络合物催化剂

高分子金属络合催化剂是在高分子骨架上引入配位基团和金属离子后反应得到的高分子化合物,由于它的溶解性低,可以用作多相催化剂。

目前,使用高分子金属络合催化剂越来越普遍,高分子络合催化剂的制备也成为热点。最常见的方法是通过共价键使金属络合物中的配位体与高分子骨架相连接,构成的高分子配位体再与金属离子进行络合反应形成高分子金属络合物。

6.6.3 高分子相转移催化剂

在一些液-液、液-固异相反应体系中加入相转移催化剂可大大加快反应速率。常用的相转移催化剂主要有两大类:

(1)一类是亲油性的鎓盐(如季铵盐和磷鎓盐),它们可通过离子交换作用,与阴离子形成离子对,从而可将阴离子从水相中转移到有机相中。

(2)另一类是冠醚和穴状配体,它们可与阳离子形成络合物,从而可将与阳离子配对的阴离子从水相中转移到有机相中。

高分子相转移催化剂除能保持小分子相转移催化剂的催化能力外,还能消除小分子相转移催化剂使用过程中的乳化现象。高分子相转移催化剂可重复使用,因而可降低成本,而且可以克服冠醚类催化剂的毒性问题。通常在催化剂与高分子骨架之间插入间隔基团,以利于提高高分子相转移催化剂的活性。

6.6.4 高分子负载 Lewis 酸和超强酸

用合适的溶剂将高分子载体溶胀后，加入 Lewis 酸充分混合，再将溶剂除去便可得到牢固地负载有无水 Lewis 酸、对水不敏感的高分子催化剂。如用交联聚苯乙烯负载 $AlCl_3$ 得到的温和 Lewis 酸催化剂可用于缩醛化反应和酯化反应。

强质子酸功能化的高分子载体负载 Lewis 酸后便可得到高分子超强酸。如果用聚苯乙烯作载体，所得超强酸有些不稳定，在使用过程中会发生降解。若用全氟化的聚合物载体负载全氟烷基磺酸，所得超强酸的稳定性要高得多，可用于多种用途，例如：

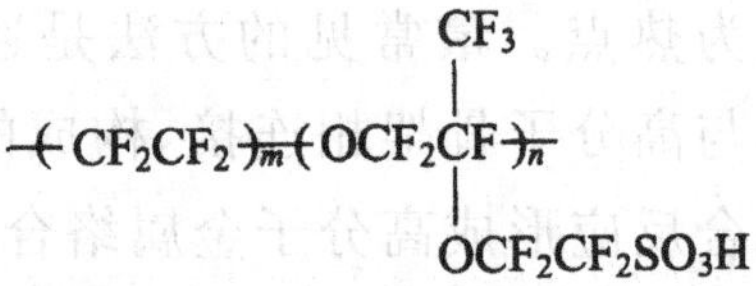

该高分子超强酸可用于烷基转移反应、醇的脱水反应、重排反应、烷基化反应、炔烃的水合反应、酯化反应、硝化反应、傅-克酰化反应等。

6.7 高分子絮凝剂

工业废水、生活污水及其他水悬浮体中所含的固体悬浮物属于难以自然沉降的胶体分散相或组分散相类物质。利用具有絮凝功能的絮凝剂进行固液分离，除去液相中的悬浮物质，是一种极其有效的分离方法。

为了加速悬浮粒子的沉降，必须设法破坏粒子在体系中的稳定性，促使其碰撞以达到增大，这就是絮凝作用的基本原理。

6.7.1　高分子电解质的特性

阳离子型及阴离子型高分子絮凝剂带有很多解离基，是溶解于水的高分子离子和离解于很多低分子离子（反离子）的高分子电解质。

高分子电解质溶解在水中，并离解出低分子离子，脱离高分子离子时，高分子离子作为超多价离子而带有很多正电荷或负电荷。这种高分子离子通过相同电荷的相互排斥，与离解前相比更倾向于拉伸或笔直的棒状。随着这一倾向，高分子离子的有效电荷将会增加。但是，高分子离子有效电荷一旦增加，曾一度脱离的低分子离子被较强的静电吸引力吸住，靠向高分子离子被固定在高分子周围，这时高分子离子的有效电荷开始减少，同种离子的排斥力减弱，进而高分子链由棒状向弯曲状过渡，结果高分子保持伸直和弯曲两个相反的作用，达到平衡状态。

以阴离子型聚丙烯酸钠为例，如图 6-24 所示，线状高分子由于带有很多电荷，故强烈地吸引着反离子，使其固定下来，于是反离子的浓度增大，对外部开始具有很大的渗透压。这样反离子便向外运动，开始脱离高分子相。其结果，高分子离子通过相互间同种电荷的排斥力而伸直，呈现棒状。两者如此保持着一种状态。另外，非电解质的高分子在溶液中则呈所谓“线团”状态。在黏度、渗透压等方面也显示出溶液中的特有性质。

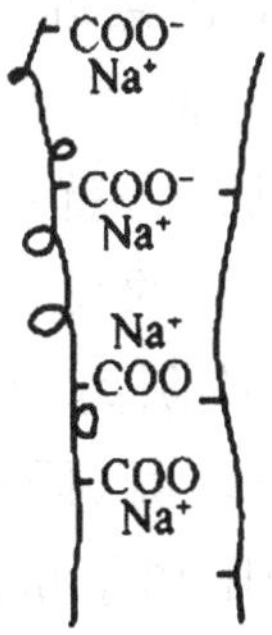

图 6-24　聚丙烯酸钠

6.7.2 高分子絮凝剂的凝集结构

胶体粒子降低其表面电位(电位)相互间黏结的现象称为凝结。而胶体粒子凝结所需的凝结剂的最小浓度称为凝结值。

凝集是指粗大分散的粒子凝结生成的絮凝体。这里主要是基于高分子凝集剂吸附的黏连起主导作用。

另外,通过吸附子悬浮粒子的高分子相互吸附作用也能引起絮凝。若絮凝剂过剩,则所有悬浮粒子表面的活性吸附点都会为絮凝剂所占据,絮凝剂将失去原来的交联作用。

因为絮凝剂本身是高分子电解质,亲水性强,所以它表示保护胶体的功能,将围住悬浮粒子使其趋于稳定化,从而悬浮粒子处于分散状态。当絮凝剂量较少时,相近的悬浮粒子的吸附活性点进行交联,表示其凝集作用。

有机高分子絮凝剂与无机类絮凝剂相比,在絮凝物的形成、颗粒大小及强度、添加量等方面都很优越。对于普通的废水,加入$(0.2\sim10)\times10^{-6}$高分子絮凝剂就相当于无机絮凝剂的1/200～1/30。

由于凝结作用使电荷中和的微小絮凝通过交联、吸附,使粒子粗大化的作用称为凝结。这种凝结作用受到溶解环境污染激光器或者中和分散微小粒子表面的荷电絮凝剂离子价影响。

离子价的测定如下:把阳离子高分子电解质和阴离子高分子电解质进行混合,当正负电荷比接近1∶1时,在当量关系开始成立情况下,形成负离子配位体而凝结,沉降下来。这时作为指示剂添加蓝色的甲苯胺色素,那么,就可通过标定已知的高分子电解质来滴定浓度或不明电荷价的反电荷的高分子电解质。即可以定量高分子絮凝阳离子价或阴离子价,这种方法称为胶体滴定法。一般用阳离子性高分子絮凝、阴离子性胶体粒子时,可测定其阳离子性高分子絮凝剂的阳离子价的大小。

6.7.3　高分子絮凝剂的适用范围

高分子絮凝剂在水处理中占有十分重要的地位，它不仅具有除浊、脱色的作用，还可除去废水中所含的高分子物质，如病毒、细菌、微生物、焦油、石油及其他油脂等有机物、表面活性剂、农药、含氮、磷等富营养物质以及汞、铬、镉、铅等金属和放射性物质。

根据絮凝机理，可将絮凝剂的大致应用分为以下几类，但通常是将不同类型的絮凝剂配合使用。

6.7.3.1　阴离子型高分子絮凝剂

对于阴离子型高分子絮凝剂，适用于带有正电荷的悬浮物，即适用于 pH 大于等电点条件下的污水处理。大部分无机盐类悬浮固体在中性及碱性条件下可用此类絮凝剂来进行处理。对于分散体系中固体含量高、微粒粒径大的悬浮液，也常优先选用阴离子型高分子絮凝剂，如造纸、选矿、电镀、洗煤及机械工业等行业的废水。

6.7.3.2　阳离子型高分子絮凝剂

阳离子型高分子絮凝剂则适用于 pH 在等电点以下的体系，即偏酸性条件比较适合。因此阳离子型高分子絮凝剂对各种有机酸、酚及酸性染料等有机物悬浊体系有较好的絮凝效果。对于分散体系中固体含量较低、微粒粒径小、呈现胶体状的有机分散体系，一般首先选择阳离子型高分子絮凝剂，它在印染行业、油漆、食品加工等工业废水等处理中有广泛的应用。

6.7.3.3　非离子型高分子絮凝剂

非离子型高分子絮凝剂的作用主要是靠高分子链上的极性基团与微粒的相互作用，通过吸附架桥来加快沉降和过滤速度。它对悬浮固体含量高、微粒粒径大、pH 为中性或酸性的体系较为合适，应用于沙砾开采、黏土废水和矿泥废水的处理。

第 7 章　医药功能高分子材料

7.1　生物惰性高分子材料

7.1.1 聚有机硅氧烷

聚有机硅氧烷，简称聚硅氧烷，属于元素高分子，其结构通式如下：

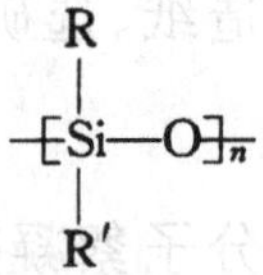

式中，R 和 R′为相同或不同的一价有机官能团，如甲基、苯基等。

7.1.1.1　聚有机硅氧烷的制备

聚有机硅氧烷的制备如图 7-1 所示。

$$SiO_2 + 2C \longrightarrow Si + 2CO$$

$$Si + 2CH_3Cl \xrightarrow[280\sim310℃]{Cu} (CH_3)_2SiCl_2 + \text{副产物}$$

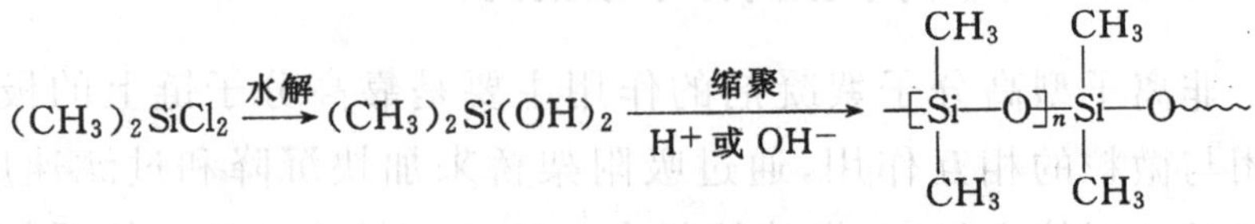

图 7-1　聚有机硅氧烷的制备

(1)石英和焦炭在高温电炉中反应，石英被还原成元素硅。

(2)元素硅在 280～310℃条件下，在铜的催化作用下与氯甲烷反应生成烷基氯化硅。

(3)精馏得到的纯二甲基二氯硅烷再经水解缩合得聚二甲基硅氧烷，控制缩聚反应的条件(如温度、催化剂等)可以得到不同分子量的聚硅氧烷。

此外，Si—OR、Si—N 和 Si—H 等化合物经水解缩合也可形成—Si—O—Si—结构。含相同官能团或不同官能团含硅化合物之间的直接缩合或某些含 Si—C 化合物通过 Si—C 键断裂也可得到—Si—O—Si—结构。

另外，改变主链上的两个取代基 R 和 R′，可以得到不同性能的聚硅氧烷。例如，用乙烯基取代二甲基硅氧烷中的部分甲基，就可得到易于交联硫化的产品：

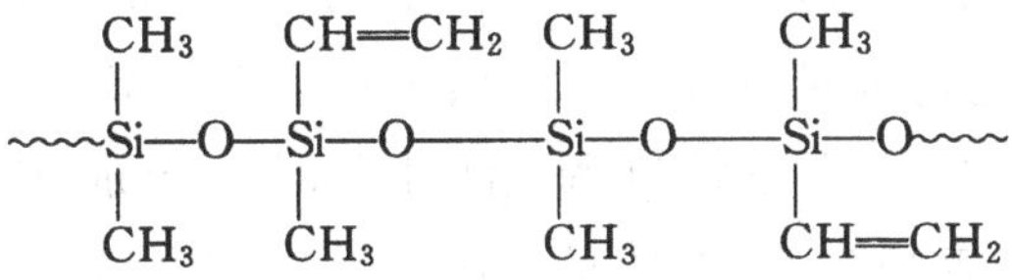
乙烯基取代的聚有机硅氧烷

又如，用三氟丙基取代，则可得到耐油性和血液相容性更好的氟硅橡胶：

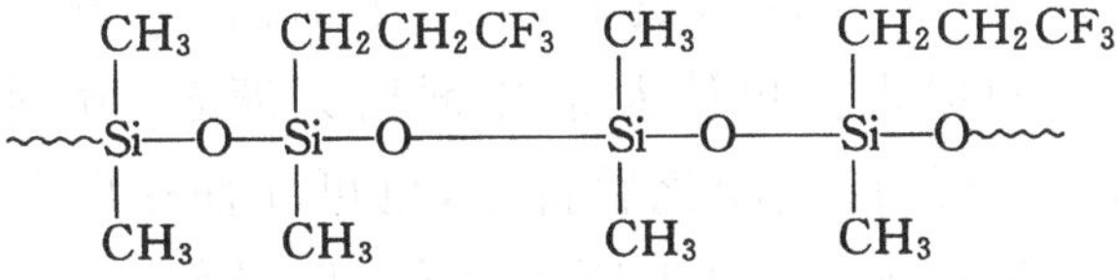
三氟丙基取代的聚有机硅氧烷

7.1.1.2　聚有机硅氧烷的应用

聚硅氧烷是临床应用中非常重要的一类高分子材料，包括硅油、硅橡胶、硅树脂和硅凝胶 4 种。

(1)硅油。硅油是分子量较小的聚有机硅氧烷,无色、无味、透明、无毒且不易挥发,能耐高温、抗氧化。其表面活性大,表面张力小,是优良的消泡剂,可用于抢救肺水肿病人,或配制胃肠道消胀药剂。硅油还可用于配制药用软膏,如含有硅油的烧伤软膏可使病人的疼痛和水肿迅速消失,促进肉芽生长。此外,硅油还被用作润滑剂,处理各种进入体内的导管、插管、内窥镜、注射针等,或用于处理与血液接触的表面,如血袋、储血瓶,减少血液和亲水表面的作用,延长血液的保存时间。

(2)硅橡胶。硅橡胶是有机硅聚合物的最重要的产品,是高分子量聚有机硅氧烷(相对分子质量在 148 000 以上)的交联体。它具有许多独特的性能,尤其是优良的生物惰性,长期植入人体,物理性能变化甚微,是医用高分子材料中的佼佼者。

当前使用最广泛的硅橡胶有以下两种:

①热硫化型硅橡胶。使用高黏度的硅油,加入高纯度的极细硅粉,以过氧化物为催化剂,在加热炉中,经高温硫化而成的弹性体。硫化过程也就是交联过程,通过交联而形成固态的聚合物。使用时可选择适当硬度的品种,预先雕削成所需形状备用,也可在手术台上临时雕削成型使用。

②室温硫化型硅橡胶。是硅油在一般室温环境下,通过催化剂的作用而完成硫化,形成半透明的柔软弹性体。其硫化过程需要的时间很短,仅数分钟或数十分钟,不需高热,也不产生高热,不致造成组织的损害。单体及催化剂均为液态,分别包装,既可在临用前调制塑形,待其硬化后备用,也可在使用时临时调制,在其尚为液态未硬化前,注射入所需部位,按局部形态的需要填充塑形。

表 7-1 展示了硅橡胶在医学上的主要应用情况。

表 7-1　硅橡胶在医学上的应用

种类	应用范围	
	体内植入	体外
热硫化型硅橡胶	人工心脏、人工食道、人工心瓣膜、人工气管、人工血管、人工胆管、心脏起搏器、人工喉、人工腹膜、人工肌腱、人工硬脑膜、人工肌肉、人工角膜、人工指关节、人工眼球、胸肌填充材料、人工膀胱、避孕环	人工耳、人工唇等外科整形材料，模式人工肺，模式人工肾，血液导管，各种插管，人工皮肤
室温硫化型硅橡胶	黏结剂、人工乳房、微胶囊、鼻	牙科印模材料

(3)硅树脂。硅树脂是一种热固性塑料，它含有更多的三官能度的链节。材料呈现塑性，不具备高弹性能。其用途是用于各种医疗器械的表面处理剂，使表面形成一层薄薄的有机硅硬膜，改善器械与人体组织之间的相互作用。

(4)硅凝胶。硅凝胶是在线形聚合物中含有三官能度的链节，呈流动的凝胶状或在添加催化剂后形成固体，可用作各种灌封材料或美容整形材料。

7.1.2　聚氨酯

聚氨酯是指主链上含有氨基甲酸酯基团的聚合物，简称 PU，其结构通式如下：

$$\left[R—O—CO—NH—R' \right]_n$$

7.1.2.1　聚氨酯的制备

聚氨酯是由异氰酸酯和羟基化合物通过逐步聚合反应制成的，包括两个基本化学过程：

(1)异氰酸酯和大分子多元醇反应生成预聚物。异氰酸基是一个非常活泼的官能团，它与活泼氢能发生加成反应，如二异氰酸酯和二元醇反应，羟基上的氢原子与异氰酸基中的C—N双键加成而转移到氮上。

(2)预聚物与低分子扩链剂反应制成高分子量的聚合物。

常用的异氰酸酯列举如下：

4,4′-二苯基甲烷二异氰酸酯(MDI)，其结构如下：

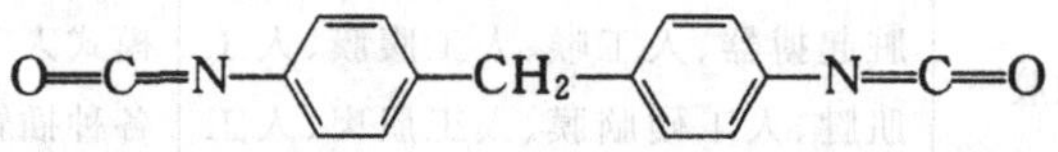

甲苯二异氰酸酯(TDI)，它是2,4-甲苯二异氰酸酯及2,6-甲苯二异氰酸酯两种异构体的混合物。结构分别如下：

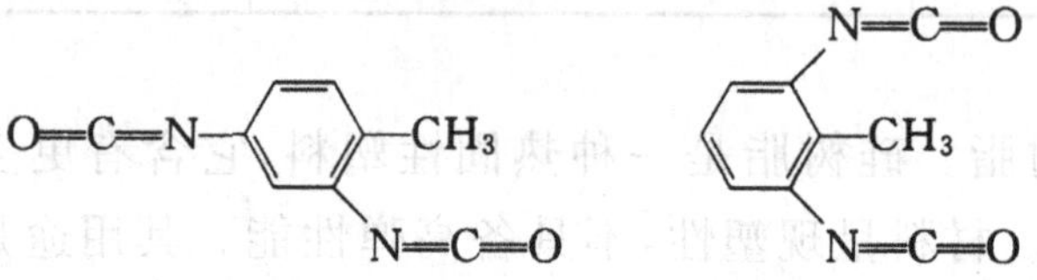

2,4-甲苯二异氰酸酯　　2,6-甲苯二异氰酸酯

多亚甲基多苯基多异氰酸酯(PAPI)，其结构如下：

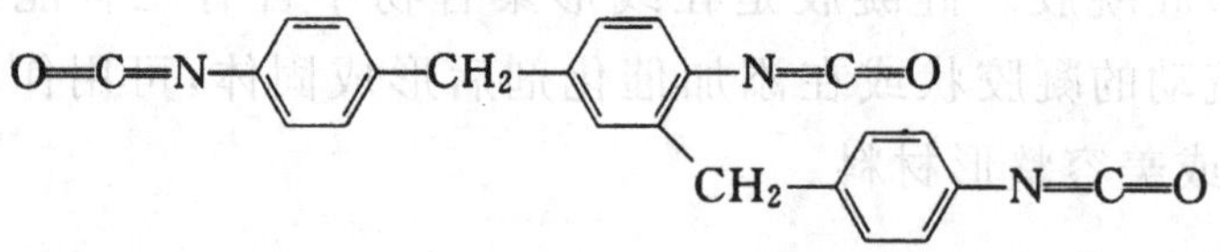

常用的大分子多元醇有含游离羟基、相对分子质量为2 000～5 000的聚酯或聚醚。聚醚型聚氨酯较聚酯型聚氨酯更耐水解，生物稳定性更好。

常用的扩链剂有低分子二醇或二胺，如乙二醇、1,4-丁二醇或1,4-丁二胺。

工业生产聚氨酯有一步法和两步法两种方法。两步法是先将大分子二醇与二异氰酸酯以一定比例混合，在低温下进行预聚反应，生成预聚体。接着再加入扩链剂(低分子的二醇或二胺)，进一步扩链生成大分子。一步法则是将上述步骤合二为一。一步法步骤和设备相对简单，反应周期短，生产成本低，但产品质量较两步法稍差。生产过程中，大分子二醇、二异氰酸酯和低分子扩链剂的比例对产品性能至关重要。通过调节配料比和反应条件,可得到从坚硬的塑料到柔软的弹性体,从纤维到涂料,从海绵到黏合剂等各种产品。

7.1.2.2　聚氨酯的应用

聚氨酯在生物医学领域中的应用包括以下几个方面：

(1)薄膜制品。如灼伤覆盖层、伤口包扎材料、取代缝线的外科手术用拉伸薄膜、用于病人退烧的冷敷冰袋、一次性给药软袋、填充液体的义乳、避孕套、医院床垫及床套等。

(2)医用导管、插管。如输液管、导液管、导尿管、胃镜软管、气管套管等。

(3)心血管系统用人工器官和器械。聚氨酯(尤其是聚醚聚氨酯)弹性体,由于具有优良的耐水解性和血液相容性,力学强度尤其是挠曲耐疲劳性优于硅橡胶(Biomer 可挠曲三亿多次,相当于心脏跳动 8 年),因此被广泛用于心血管系统中的柔性材料。如人工心脏搏动膜、心脏内反搏气囊、心脏瓣膜、体外血液循环管路、人工血管、介入导管等。国内广州中山医科大学采用聚醚型聚氨酯弹性体制作主动脉反搏气囊和助搏气囊,四川大学医用高分子及人工器官系曾采用 PTMEG-MDI-BDO 体系制作心脏内反搏气囊、血管、血泵等获得成功。

(4)聚氨酯弹性绷带。其综合性能明显优于石膏绷带。

(5)其他。如假肢、骨折复位固定材料、颌面修复材料、药物释放体系、人工膀胱、缝合线、组织黏合剂、血袋或血液容器等,采用弹性较好的聚氨酯软泡沫可制作人造皮。

7.1.3　聚丙烯酸酯

医用聚丙烯酸酯是指以丙烯酸酯为单体的均聚物或共聚物,其结构通式如下：

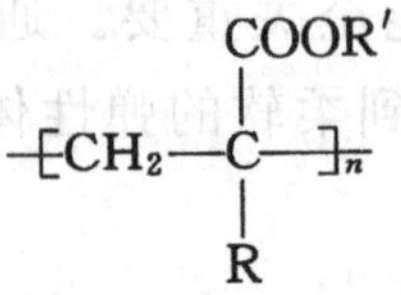

式中，R、R′不同，聚丙烯酸酯的性质也各不相同。

常见的医用聚丙烯酸酯有聚甲基丙烯酸甲酯(PMMA)、聚甲基丙烯酸羟乙酯(PHEMA)等。

7.1.3.1 聚甲基丙烯酸甲酯

当结构式中 $R=CH_3$、$R'=CH_3$ 时，称为聚甲基丙烯酸甲酯(PMMA)，具有生物相容性好、力学强度高、性能稳定等优点。

PMMA 可以用玻璃纤维增强的聚甲基丙烯酸甲酯/羟基磷灰石(HA)复合材料在骨科修复中具有很好的应用前景；用来制作硬质接触眼镜片、人工晶状体、齿科修复填充剂、骨水泥；用碳纤维增强的聚甲基丙烯酸甲酯制作成人工颅骨板作为修补颅骨损伤的材料，聚甲基丙烯酸甲酯制作的透析膜在透析过程中对红细胞的免疫功能影响比铜仿膜、聚砜膜小，血清肿瘤坏死因子α(TNF2)和细胞介素 6(IL-6)升高的幅度小，是慢性尿毒症维持性血液透析治疗中一种既安全又有效的透析器之一。使用亲水性单体与甲基丙烯酸甲酯共聚或对 PMMA 进行亲水改性，可以获得性能更好的透析膜。

7.1.3.2 聚甲基丙烯酸羟乙酯

当结构式中 $R=CH_3$、$R'=CH_3CH_2OH$ 时，称为聚甲基丙烯酸羟乙酯(PHEMA)，俗称亲水有机玻璃。用 PHEMA 粉末与聚氧化乙烯形成的凝胶薄膜或 PHEMA-Ⅲ型胶原复合物，可用作烧伤敷料薄膜。这种敷料薄膜透明，渗透性和塑性好，质地柔软，并可与抗生素协同使用，有抑制微生物生长的作用。适用于中、小面积Ⅱ度或Ⅲ度烧伤。PHEMA 是制作软接触镜片的材料之一，具有亲水性与润湿性好、柔软、富有弹性的优点，但透氧性较差。用含有机硅的单体与其共聚形成透氧性水凝胶软接触镜，含水率 52%，透氧性提高 4 倍，可连续戴一周以上没有刺激症状。

在口腔医学方面，PHEMA 水凝胶可用做软衬层材料，具有良好的生物相容性、安全性。在聚氨酯表面接枝 PHEMA 可以制得具有良好机械性能和优良血液相容性的医用高分子材料；以交联 PHEMA 树脂为载体，己二胺和多胺为功能基制备的吸附剂可以吸附胆红素。

PHEMA 作为介入疗法栓塞剂材料，将聚甲基丙烯酸羟乙酯制作成球状微粒，又称为微球栓子，是栓塞剂的一种，通过特制注射器注入癌变组织的血管中，可吸收血液中水分而溶胀，堵塞血管，切断癌细胞的营养供应而致使癌细胞死亡，达到治疗目的。

7.1.4　聚四氟乙烯

聚四氟乙烯(PTFE)是一种全氟代的聚烯烃，有极高的化学稳定性，在高分子材料中有“贵金属”的美誉，在医学上应用广泛。PTFE 是四氟乙烯单体的均聚物。四氟乙烯是无色无臭的气体，沸点 −76.3℃，聚合热非常大(20～25 kcal/mol)，因此聚合反应很少采用本体聚合，而多采用悬浮聚合或乳液聚合。

聚四氟乙烯的加工与其他热塑性塑料不同，即使加热到玻璃化温度 327℃以上，也只变成无晶质的凝胶态而不会流动，使得无法采用标准的热塑性塑料的加工方法进行加工，而是采用类似“粉末冶金”的冷压与烧结相结合的方法。

PTFE 具有极好的耐热性和耐化学品腐蚀性，俗称塑料王。它不受湿气、霉、菌、紫外线的影响，极度疏水，黏性小、摩擦系数极低，是一种无臭、无味、无毒的白色结晶性线形聚合物。PTFE 使用温度范围宽(−70～260℃)，能够经受反复高温消毒，流变性好。在结构上，聚四氟乙烯中的碳-氟键在空间上呈螺旋形排列，解离能高，耐强酸、强碱、强氧化剂，不溶于烷烃、油脂、酮、醚、醇等大多数有机溶剂和水等无机溶剂，不吸水、不黏、不燃，耐老化性能极佳，自润滑性好，耐磨耗。

作为医用高分子材料，聚四氟乙烯的优势在于可以耐受各种严酷的消毒条件，长期植入性能稳定，使用寿命长。由于表面能低，生物相容性好，不刺激机体组织，不易产生凝血现象。膨体聚四氟乙烯（ePTFE）是经特殊加工工艺制得的一类新型产品，有“纤维/节”的特殊超微结构，制成的人工血管容易形成假内膜，抗凝性能优良。

聚四氟乙烯在生物医学领域应用非常广泛，可用于制作人工心脏瓣膜、人工血管、人工关节、人工骨、人工喉、人工气管、人工食道、人工胆道、人工尿道和尿管、人工硬膜、人工腹膜、人工腿以及人工器官的接头、人工心脏瓣膜的底环、阻塞球、缝合环包布、人造肺气体交换膜、人造肾脏和人造肝脏的解毒罐、体内植入装置导线绝缘层、导引元件、心血管导管导丝钢丝的表面涂层等，还广泛用于整形外科，如腹壁、横膈膜修补，直肠和子宫脱垂的悬吊及胸壁缺损的修复、鼻成形及加高、下颌骨修复、悬吊治疗面瘫、上睑下垂、额部、面颊、口内软组织缺损的重建等。

7.2 生物吸收性高分子材料

7.2.1 天然生物吸收性高分子材料

7.2.1.1 胶原

胶原又称为胶原蛋白，是很多脊椎动物和无脊椎动物体内含量最丰富的蛋白质，占机体总蛋白的25%～30%，存在于骨、软骨、皮肤、肌腱和血管壁等组织中，也是细胞外基质的主要成分，至少包括Ⅰ、Ⅱ、Ⅲ和Ⅳ四种类型。

胶原在体内以纤维的形式存在。其基本结构单位为原胶原分子，长约300 nm直径约1.4 nm，相对分子质量为300 000。它由三条肽链组成，肽链间通过分子间氢键作用，相互缠绕形成右手大螺旋原胶原分子定向排列，分子间通过共价交联形成胶原微纤维。多个胶原微纤维聚集形成胶原纤维。

胶原作为医用材料具有以下几个特点：①良好的生物相容性，经处理可消除免疫原性，无异物反应，不致癌；②可降解吸收；③对细胞生长和组织修复有促进作用。因此其被广泛用于医学领域，如人工皮肤、人造血管、手术缝合线、伤口敷料等。此外，胶原还被大量用作组织工程支架材料，由于和天然细胞外基质极其类似，可促进细胞的黏附、铺展、增殖和细胞外基质的分泌。

7.2.1.2　纤维蛋白

纤维蛋白原是一种血浆蛋白质，含量 200～500 mg/dL。纤维蛋白原的功能是参与凝血过程，其机理是它首先在凝血因子(蛋白酶)的作用下裂解 Arg-Gly 键，除去带副电荷的纤维蛋白肽，失去纤维蛋白肽的部分聚合形成纤维蛋白。这种聚合反应可在尿素溶液中发生逆转。如果再有血浆因子Ⅷa(一种谷氨酰胺转移酶)的参与，使一条肽链上谷氨酰胺的 y-羰基酰化毗邻肽链上赖氨酸的 e-氨基，则形成交联的不溶性纤维蛋白。

纤维蛋白具有止血、促进组织愈合等功能，在生物医学领域有着重要用途。通常，在血浆或富含纤维蛋白原的 Cohn 血浆组分中加入氯化钙，即可激活其中的凝血因子，使纤维蛋白原转化为不溶性的纤维蛋白。通过洗涤、干燥和粉碎，可得到纤维蛋白粉。先打成泡沫，再进行冷冻干燥，可制备纤维蛋白飞沫。不溶性纤维蛋白加压脱水，可以制备纤维蛋白膜。据报道，不溶性的纤维蛋白在 170℃以下是稳定的，能够耐受 150℃处理 2 h 以降低免疫原性。纤维蛋白具有良好的生物相容性，采用纤维蛋白粉或压缩成型的植入体进行体内植入实验，无论动物实验还是临床试验均未出现发热和严重炎症等不良反应，周围组织反应与其他生物吸收性高分子材料相似。

7.2.1.3　明胶

纯化的医用级明胶比胶原成本低，在机械强度要求较低时可以替代胶原用于生物医学领域。

为了得到高纯度、高收率的明胶，工业上已采用3种工艺提取纯化明胶。在这些工艺中，均包括从原材料中除去非胶原杂质、将纯化的胶原转变为明胶、明胶的回收干燥3个步骤。酸提取工艺适用于从猪皮和骨胶原制备食用和医用明胶，用3%～5%的无机酸（盐酸、硫酸、磷酸等）浸泡原料10～30 h，洗出过量酸。皮中的非胶原蛋白质（往往具有免疫原性）可以分离除去。在碱提取工艺中，需要用饱和石灰水将原料浸泡数月，洗涤中和后再蒸煮提取，由此可得到高质量的明胶。高压蒸煮法是为了使处于骨组织内部（羟基磷灰石包裹之中）的胶原发生部分水解，变成可溶性形式，以便在较低温度提取时能够溶解出来。

7.2.1.4 透明质酸与硫酸软骨素

黏多糖是指一系列含氮的多糖，主要存在于软骨、腱等结缔组织中，构成组织间质。各种腺体分泌出来起润滑作用的黏液也多含黏多糖。其代表性物质有透明质酸、硫酸软骨素等（见图7-2）。

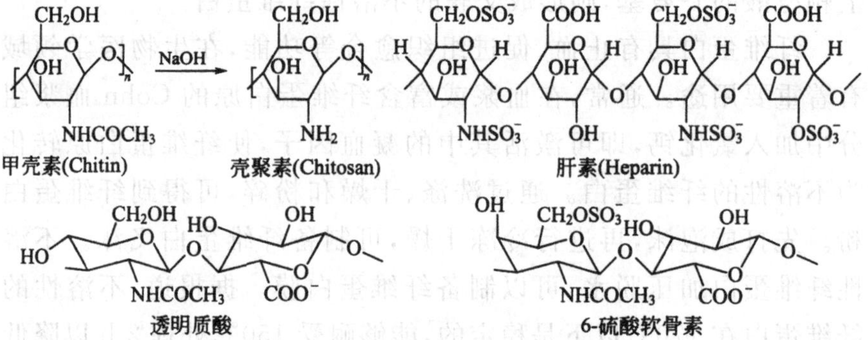

图7-2 几种医用多糖的化学结构

7.2.2 人工合成生物吸收性高分子材料

人工合成生物吸收高分子材料多数属于能够在温和生理条件下发生水解的生物吸收性高分子，降解过程一般不需要酶的参与。人工合成的生物吸收性高分子材料，尤其是由短链羟基酸合成的聚酯及其共聚物，在临床上具有广泛应用。图7-3所示为几种脂肪族聚酯及其共聚物的合成路线。

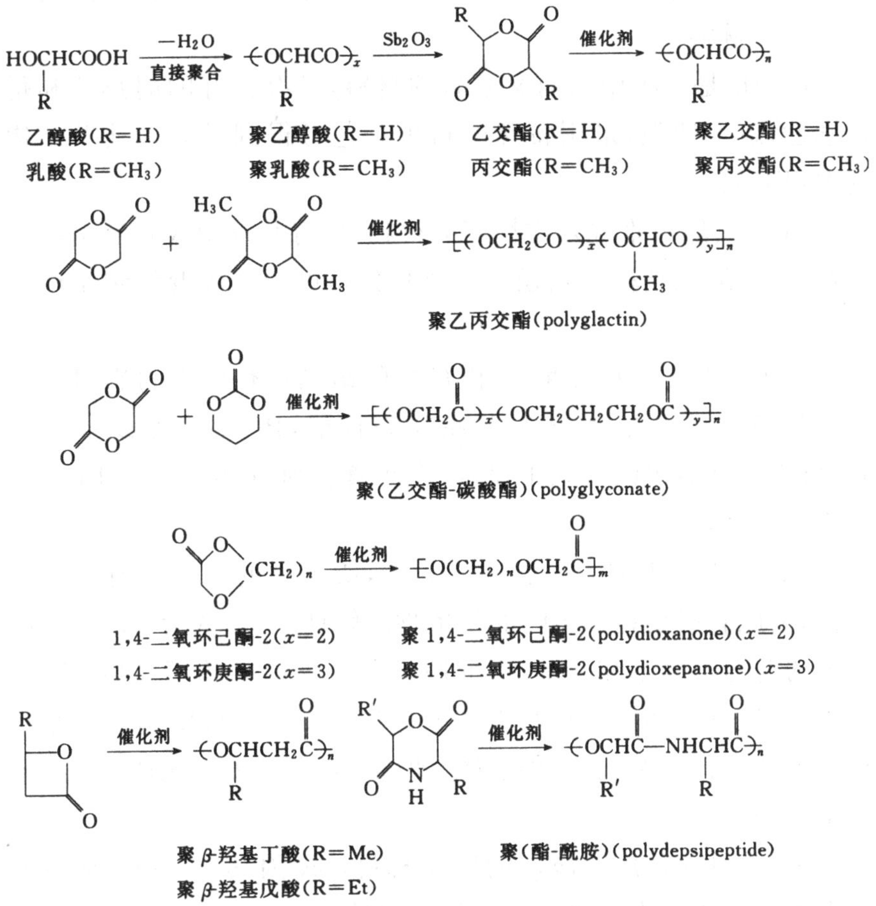

图 7-3　几种脂肪族聚酯及其共聚物的合成路线

7.3　修复性医用高分子材料

7.3.1　软组织修复材料

应用于软组织修复的高分子材料是一些生物惰性的生物相容性高分子材料，常用的有聚四氟乙烯(PTFE)、苯二甲酸乙二酯

(PET)、聚丙烯(PP)、聚氨酯(PU)和硅橡胶(SR),最近报道聚异丁烯(PIB)-聚苯乙烯(PS)嵌段共聚物有可能成为一种新型的软组织修复材料。

PTFE是一种坚韧而又柔软的材料,具有很好的耐热性和耐化学性,疏水性强,采用特殊的挤出工艺可得到具有多孔壁结构的PTFE管。

PET虽然很难说是柔性好的材料,但将其编织成布后可提高其弯曲性,编织结构的孔径大小及其分布可通过改变编织密度来控制。

等规PP是一种强度大、模量高的结晶性热塑性材料,PP具有非常好的弯曲寿命、优异的抗压裂性能,PP纱可编织成复丝管,可用于制造单组分人工血管,在小直径血管移植上比PET和PTFE有优势。

PU可水解生成二元胺和二元醇,所生成的二元胺有一定的毒性,因此有必要提高PU的耐生物降解性,一般认为PU分子结构中的弱键是酯基和醚基,因此减少分子中的醚基可提高PU的耐生物降解性,如用二羟基聚碳酸酯作为PU合成中的二羟基预聚物可消除分子结构中的醚键。此外,芳香族PU比脂肪族PU稳定性好。

SR是目前最广泛应用的医用材料,SR因其Si—O—Si主链具有很高的化学惰性和非常好的弯曲性,并且在生物环境下具有独特的高稳定性,与其他弹性材料相比,其移植性在体内长期放置也很少降解,SR还具有高的撕裂强度、在宽温度范围内突出的高弹性等特殊性能。医用级的SR通常填充有二氧化硅颗粒,以提高其力学性能和生物相容性。

PIB-PS嵌段共聚物热塑性弹性体是最近新兴的生物医用材料,其突出的特性是基于其中聚异丁烯嵌段的非常低的渗透性,与聚异丁烯相似,其渗透性比其他橡胶都低,具有优异的化学稳定性、氧化稳定性和环境稳定性,很好的低温性能、高阻尼,其力学性能可通过改变其中PIB嵌段与PS嵌段的组成来调节,使其性能介乎 PU 和 SR 之间；而 PIB-PS 的稳定性比 PU 和 SR 高得多，有望成为新型的软组织用医用材料。

7.3.1.1　伤口包扎材料

(1)高分子绷带材料。最常用的骨折外科治疗法是在接驳后用绷带和夹板包扎骨折部位，再用石膏固定，以保证骨折部位不会移位。由于石膏质重且不透气，在治疗过程会给病人带来诸多的不便。新型的高分子绷带材料是用医用纱布浸渍聚氨酯预聚体制成，平时密封在铝箔复合膜包装袋中保存。使用时，将绷带材料先在水中浸润，然后逐层包裹在待固定部位，聚氨酯预聚体在水的作用下很快发生固化反应，形成坚硬的包裹层，从而对骨折部位起固定作用。由于所用的负载材料是医用纱布，有较大的孔隙，有利于空气流通，因此使用这种绷带不仅质轻，而且不会有闷热的感觉。

(2)烧伤包敷材料。对于烧伤病人常需进行包敷处理。作为包敷材料需满足几个要求，首先必须能适应不规则的表面，这就要求材料必须是柔韧而有弹性的，其次它必须能阻止体液、电解质和其他生物分子从伤口流失并阻隔细菌进入，同时它又必须有足够的渗透性，一些生物降解性高分子如骨胶、壳多糖、PLLA 是常用的伤口包敷材料。

(3)医用胶黏剂。为有利于创口愈合，常用的方法是用缝线将创口缝合。缝合手术不仅操作复杂费时，而且在创口愈合后会留下瘢痕，有时还会引起创口感染发炎、瘢痕增生等不良反应。使用医用黏合剂是替代缝线的理想选择，不仅创口黏结严密，愈合快、瘢痕小，而且可免除缝合、拆线以及感染等痛苦。

(4)外科缝合线。聚乳酸及其共聚物做成的外科缝合线，由于具有生物降解性能，在伤口愈合后可自动降解被人体吸收，不需再作拆线手术。

7.3.1.2　血管移植材料

血管移植材料必须具有血液相容性，不仅材料与血液的表面相互作用，而且其力学性能与疲劳性能也必须与主体血管相近。多孔性是人造血管最重要的性能。一定的多孔结构可以促进组织生长以及移植血管与主体组织的相容性。但大多的多孔结构可能导致血液渗漏。大多数的高分子人造血管在移植前都需经预凝结处理，以减少血液渗漏，也可注入骨胶原或明胶封闭孔径，并提高其尺寸稳定性。高分子材料用作血管移植目前只在中等直径和大直径的血管移植上取得成功。用于中等直径(6～12 mm)的是聚四氟乙烯管，聚四氟乙烯经特殊的挤出工艺可得到具有多孔壁的聚四氟乙烯管，其力学性能与主体血管相配；用于大直径(12～38 mm)血管移植的是聚酯布作的人造血管。为了提高人造血管的抗纠结性能，常需经压褶处理，使其更具弹性、更柔软。

7.3.1.3 填充材料

填充材料是用来弥补一些容貌缺陷、萎缩或者发育不完全，使之符合审美要求的医用材料。常用的高分子材料有硅橡胶、聚乙烯和四氟乙烯。以隆胸材料为例，其植入件主要由外壳和内填充材料两部分组成，外壳由弹性材料制成，目前硅橡胶是外壳材料的唯一选择；内填充物可以是盐水、硅胶或两者的混合物，填充用的硅胶由交联的硅橡胶和低分子量的硅油组成。硅橡胶的交联度、硅油的分子量对于控制硅油的渗出很重要。为了减少小分子二甲基硅烷的渗透，可在外壳上再加上一层其他橡胶，如甲基苯基硅橡胶或氟化硅橡胶。PIB-PS 热塑性弹性体由于良好的弹性、比硅橡胶高的力学性能和低得多的渗透性，有望成为一种新型的隆胸材料。

7.3.1.4 导液管

导液管是用于插入人体深处输入液体或通过血管插入心脏进行有关检查的导管。由于导液管会与血液接触，因此其制造材料必须是血液相容、不凝血、不感染的材料。PU 和 SR 由于良好的弯曲性和易于加工成不同的大小和长度，是应用广泛的导液管材料。SR常用二氧化硅颗粒增强以提高其撕裂强度，降低其润湿性。

7.3.2 硬组织修复材料

7.3.2.1 牙科修复材料

高分子材料可用于牙冠填充和制备假牙。牙科复合树脂主要组分包括基体树脂、填料、降黏单体、引发剂和稳定剂。

基体树脂主要有BIS-GMA(双酚A与甲基丙烯酸缩水甘油酯的反应产物)或聚氨酯双甲基丙烯酸树脂。

填料包括石英、钡玻璃和硅胶，其作用是减少树脂聚合时的体积收缩以及降低树脂与牙之间的热膨胀系数差，赋予复合材料高硬度、高强度和良好的耐磨性，为提高填料与树脂之间的黏附力，可用硅烷偶联剂对填料进行表面改性。

常用的降黏单体是三甘醇双甲基丙烯酸酯，其作用是降低复合树脂黏度，以使树脂能够完全填满牙洞。

聚合反应可由热引发剂(如BPO)或光引发剂(如安息香烷基醚)引发。

常用的阻聚剂是2,4,6-三叔丁基苯酚，其作用是防止树脂在储存时聚合。

7.3.2.2 骨固定材料

最常用的骨折内固定方式是使用骨夹板和骨螺钉。常用的材料是不锈钢和钛钢合金，但由于金属的生物相容性差，与骨的膨胀系数相差大，容易给病人带来不适，而且在骨折愈合后，通常在1～2年后还必须进行二次手术将金属物取出，给病人带来极大的痛苦。更严重的是，由于金属夹板的模量(不锈钢的模量为210～230 GPa)比骨的模量(10～18 GPa)高得多，因此夹板对骨具有应力屏蔽作用，导致夹板下的骨萎缩，在去除夹板后，可能因骨萎缩导致再次骨折。

为了解决夹板的应力屏蔽问题，制备力学性能与骨相近的夹板是必需的。理想的骨夹板材料应具有足够高的疲劳强度和适宜的硬度。高分子复合材料由于可通过调节其组成满足不同的性能需要，并且易加工成特殊的形状，因而具有特殊的优势。

热塑性高分子复合材料由于不会释放毒性单体，比热固性复合材料更受关注。常用的非再吸收性热塑性高分子复合材料有碳纤维/聚丙烯、碳纤维/聚甲基丙烯酸甲酯、碳纤维/聚乙烯、碳纤维/聚苯乙烯、碳纤维/聚酰胺、碳纤维/聚醚醚酮等。其中，聚醚醚酮具有良好的生物相容性、耐水解和辐射降解，因而受到更多的关注。

更理想的骨固定材料是一些生物降解性（可再吸收性）高分子复合材料，如聚（L-乳酸）纤维或磷酸钙玻纤增强的聚乳酸或聚羟基乙酸复合材料作的夹板，随着骨折的愈合，夹板材料也逐渐地被人体分解吸收，夹板的力学性能逐渐下降，因而夹板对骨的应力屏蔽作用也逐渐减少，愈合的骨受到的应力逐渐增大，这对骨的愈合是非常有利的。更具优势的是，由于夹板材料的生物降解性，在骨折愈合后，夹板材料能被人体完全分解吸收，而不需要像金属材料或非再吸收性材料一样需要进行二次手术将夹板等除去。

7.3.3 组织工程支撑材料

组织工程中的一个重要领域是以高分子材料为支撑材料。高分子支撑材料的作用是引导细胞生长、合成细胞外基质和其他生物分子以及促进功能组织和器官的形成。组织工程支撑材料必须满足以下几个基本要求：

（1）一般要求有生物降解性，并且其生物降解速度与新组织的形成速度相匹配。

（2）必须具有高的表面积。

(3)必须含有多孔结构和合适的孔径。

(4)必须具有保持预定组织结构所需的机械完整性。

(5)支撑材料必须是无毒的,即必须具有生物相容性。

(6)支撑材料与细胞之间的相互作用必须是正面的,如可提高细胞附着性,促进细胞的生长、移植,区分功能等。

组织工程支撑材料包括多孔固体支撑材料和水凝胶支撑材料。用于组织工程多孔固体支撑材料的高分子主要是一些线形脂肪族聚酯,包括聚乳酸(PLA)、聚羟基乙酸(PGA)、羟基乙酸和乳酸的共聚物(PLGA)和聚(富马酸丙二酯)(PPF)等。

PGA 是应用最广的高分子支撑材料之一,由于其较好的亲水性,在水溶液和生物体内水解一生物降解很快,在 2～4 周内就会失去其机械完整性。PGA 常被加工成无纺纤维布,用作组织工程支架。

PLA 的单体单元比 PGA 的单体单元多一个甲基,因而亲水性相对要低,相应地,水解-生物降解速度比 PGA 较慢,PLA 支架在体内需数月甚至数年才会失去其机械完整性。

PLGA 的降解速度介乎 PGA 和 PLA 之间,并可通过改变 GA 和 LA 的比例进行调节。其他脂肪族聚酯,如聚(ε-己内酯)和聚羟基丁酸也可用于组织工程,但由于其生物降解速度比 PGA 和 PLA 慢得多,其应用不如 PGA 和 PLA 普及。

7.4　人工器官用高分子材料

7.4.1　人工心脏与心脏瓣膜

7.4.1.1　人工心脏

人工心脏是推动血液循环完全替代或部分替代人体心脏功能的机械心脏。在人体心脏因疾患而严重衰弱时,植入人工心脏暂时辅助或永久替代人体心脏的功能,推动血液循环。

最早的人工心脏是1953年Gibbons的心肺机,其利用滚动泵挤压泵管将血液泵出,犹如人的心脏搏血功能,进行体外循环。1969年美国Cooley首次将全人工心脏用于临床,为一名心肌梗塞并发室壁痈患者移植了人工心脏,以等待供体进行心脏移植。虽因合并症死亡,但这是利用全人工心脏维持循环的世界第一个病例。1982年美国犹他大学医学中心Devries首次为61岁患严重心脏衰竭的克拉克先生成功地进行了人工心脏移植。靠这颗重300 g的Jarvik-7型人工心脏,他生活了112天,成为世界医学史上的一个重要的里程碑。人工心脏的关键是血泵,从结构原理上可分为囊式血泵、膜式血泵、摆形血泵、管形血泵、螺形血泵5种。由于后3类血泵血流动力学效果不好,现在已很少使用。膜式和囊式血泵的基本构造由血液流入道、血液流出道、人工心脏瓣膜、血泵外壳和内含弹性驱动膜或高分子弹性体制成的弹性内囊组成。在气动、液动、电磁或机械力的驱动下促使血泵的收缩与舒张,由驱动装置及监控系统调节心律、驱动压、吸引压收缩张期比。

7.4.1.2 人工心脏瓣膜

人工心脏瓣膜是指能使心脏血液单向流动而不返流,具有人体心脏瓣膜功能的人工器官。人工心脏瓣膜主要有机械瓣和生物瓣两种。

(1)机械瓣。最早使用的是笼架一球瓣,其基本结构是在一金笼架内有一球形阻塞体(阀体)。当心肌舒张时阀体下降,瓣口开放血液可从心房流入心室,心脏收缩时阀体上升阻塞瓣口,血液不能返流回心房,而通过主动脉瓣流入主动脉至体循环。

(2)生物瓣。全部或部分使用生物组织,经特殊处理而制成的人工心脏瓣膜称为生物瓣。由于取材来源不同,生物瓣可分为自体、同种异体、异体3类。如果按形态来分类,则分为异体或异体主动瓣固定在支架上和片状组织材料经处理固定在关闭位两类。

通常采用金属合金或塑料支架作为生物瓣的支架,外导包绕涤纶编织物。生物材料主要用作瓣叶。由于长期植入体内并在血液中承受一定的压力，生物瓣材料会发生组织退化、变性与磨损。生物瓣材料中的蛋白成分也会在体内引起免疫排异反应，从而降低材料的强度。为解决这些问题虽采用过深冷、抗菌素漂洗、甲醛、环氧乙烷、γ 射线、丙内酯处理等，但效果甚差，直到采用甘油浸泡和戊二醛处理，才大大地提高了生物瓣的强度。

7.4.2　氧富化膜与人工肺

氧富化膜又称为富氧膜，是为将空气中的氧气富集而设计的一类分离膜。将空气中的氧富集至 40%（质量分数）甚至更高，有许多实际用途。空气中氧的富集有许多种方法，例如，空气深冷分馏法、吸附-解吸法、膜法等。用作人工肺等医用材料时，考虑到血液相容性、常压、常温等条件，上述诸法中，以膜法最为适宜。

在进行心脏外科手术中，心脏活动需暂停一段时间，此时需要体外人工心肺装置代行其功能；呼吸功能不良者，需要辅助性人工肺；心脏功能不良者需要辅助循环系统，用体外人工肺向血液中增加氧。所有这些，都涉及人工肺的使用。

目前人工肺主要有以下两种类型：

(1)氧气与血液直接接触的气泡型。具有高效、廉价的特点，但易溶血和损伤血球，仅能短时间使用，适合于成人手术。

(2)膜型。气体通过分离膜与血液交换氧和二氧化碳。膜型人工肺的优点是容易小型化，可控制混合气体中特定成分的浓度，可连续长时间使用，适用于儿童的手术。

人工肺所用的分离膜要求气体透过系数 p_m 大，氧透过系数 p_{O_2} 与氮透过系数 p_{N_2} 的比值 p_{O_2}/p_{N_2} 也要大。这两项指标的综合性好，有利于人工肺的小型化。此外，还要求分离膜有优良的血液相容性、机械强度和灭菌性能。

可用作人工肺富氧膜的高分子材料很多，其中较重要的有硅橡胶(SR)、聚烷基砜(PAS)、硅酮聚碳酸酯等。

硅橡胶具有较好的 O_2 和 CO_2 透过性，抗血栓性也较好，但机械强度较低。在硅橡胶中加入二氧化硅后再硫化制成的含填料硅橡胶 SSR，有较高的机械强度，但血液相容性降低。因此，将 SR 与 SSR 粘合成复合膜，SR 一侧与血液接触，血液相容性好，SSR 一侧与空气接触，这样即保持优良的血液相容性，又可增加膜的强度。此外，也可用聚酯、尼龙绸布或无纺布来增强 SR 膜。

聚烷基砜膜的 O_2 分压和 CO_2 分压都较大，而且血液相容性也很好，因此可制得全膜厚度仅 25 μm、聚烷基砜膜层仅占总厚度 1/10 的富氧膜，它的氧透过系数为硅橡胶膜的 8 倍，CO_2 透过系数为硅橡胶膜的 6 倍。

硅酮聚碳酸酯是将氧透过性和抗血栓性良好的聚硅氧烷与力学性能较好的聚碳酸酯在分子水平上结合的产物。用它制成的富氧膜是一种均质膜，不需支撑增强，而且氧富集能力较强。能将空气富集至含氧量 40%。

7.4.3 透析人工肾

透析原理是血液与透析液间，通过透析膜实现溶质浓度的扩散，如图 7-4 所示。金属离子尿素肌酐等低相对分子质量物质可通过透析膜扩散到透析液中，而像细菌血球病毒等高相对分子质量的物质则不能通过。

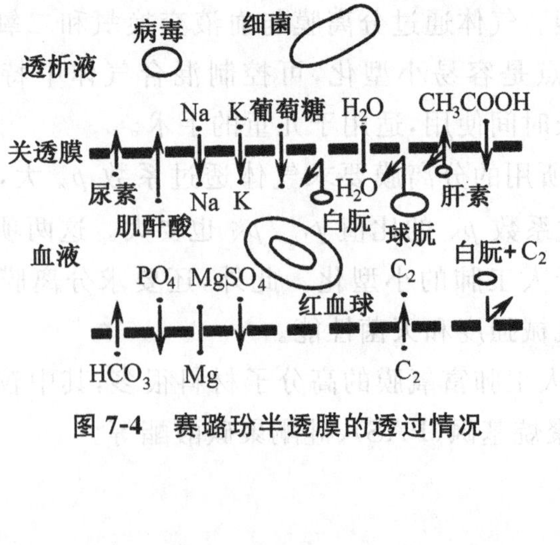

图 7-4 赛璐玢半透膜的透过情况

透析人工肾的类型有平板型、中空纤维型等。如图 7-5 和图 7-6 所示分别是两种人工肾的结构示意图。

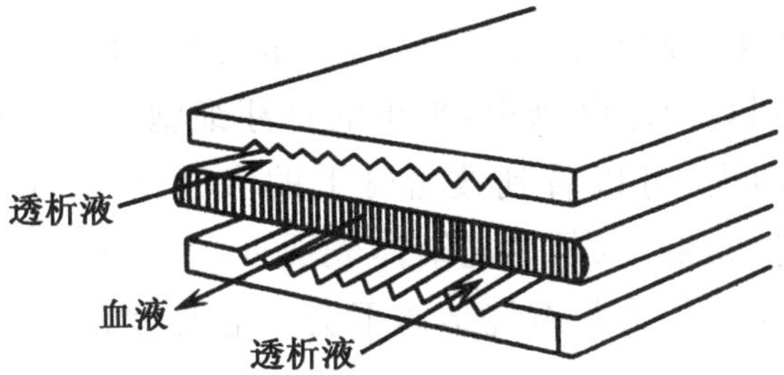

图 7-5　平板型人工肾

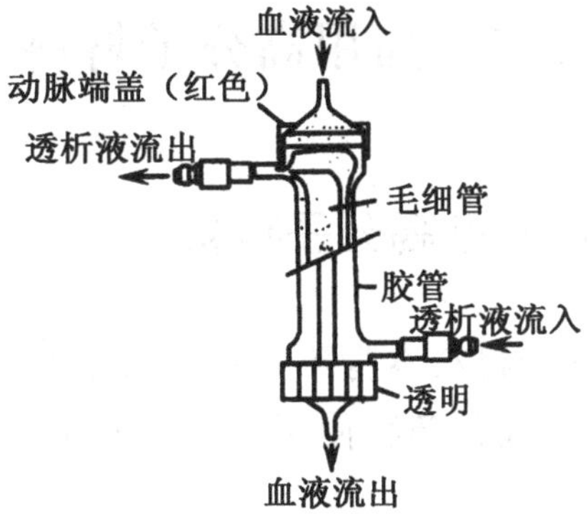

图 7-6　中空纤维型人工肾

7.4.4　人工骨

骨是支撑整个人体的支架，骨骼承受了人体的整个重量，因此，最早的人工骨都是金属材料和有机高分子材料，但其生物相容性不好。随着人对骨组织的认识和生物医学材料的发展，人们开始向组织工程方向努力。通过合成纳米羟基磷灰石和计算机模拟对人工骨铸型，与生长因子一起合成得到活性人工骨。

羟基磷灰石的分子式是 $Ca_{10}(PO_4)_6(OH)_2$，属六方晶系，天然磷矿的主要成分 $Ca_{10}(PO_4)_6F_2$ 与骨和齿的主要成分羟基磷灰石[$Ca_{10}(PO_4)_6(OH)_2$]类似。

对羟基磷灰石的研究有很多，例如，把100%致密的磷灰石烧结体柱(4.5 mm×2 mm)埋入成年犬的大腿骨中，对6个月期间它的生物相容性做了研究。埋入3周后，发现烧结体和骨之间含有细胞(纤维芽细胞和骨芽细胞)的要素，而且用电子显微镜观察界面可以看到骨胶原纤维束，平坦的骨芽细胞或无定形物；6个月后纤维组织消失，可以看到致密骨上的大裂纹，在界面带有显微方向性的骨胶原束，以及在烧结体表面60～1 500 Å范围可看到无定形物。结论是磷灰石烧结体不会引起异物反应，与骨组织会产生直接结合。

7.5 药用高分子材料

7.5.1 药用辅助高分子材料

药用辅助高分子材料本身不具备药理和生理活性，仅在药品制剂加工中添加，以改善药物使用性能。常见药用辅助高分子材料见表7-2。

表7-2 常见药用辅助高分子材料

填充材料	润湿剂	聚乙二醇、聚山梨醇酯、环氧乙烷和环氧丙烷共聚物、聚乙二醇油酸酯等
	稀释吸收剂	微晶纤维素、粉状纤维素、糊精、淀粉、预胶化淀粉、乳糖等
黏合剂和黏附材料	黏合剂	淀粉、预胶化淀粉、微晶纤维素、乙基纤维素、甲基纤维素、羟丙基纤维素、羧甲基纤维素钠、西黄蓍胶、琼脂、葡聚糖、海藻酸、聚丙烯酸、糊精、聚乙烯基吡咯烷酮、瓜尔胶等
	黏附材料	纤维素醚类、海藻酸钠、透明质酸、聚天冬氨酸、聚丙烯酸、聚谷氨酸、聚乙烯醇及其共聚物、瓜尔胶、聚乙烯基吡咯烷酮及其共聚物、羧甲基纤维素钠等
崩解性材料		交联羧甲基纤维素钠、微晶纤维素、海藻酸、明胶、羧甲基淀粉钠、淀粉、预胶化淀粉、交联聚乙烯基吡咯烷酮等

续表 7-2

包衣膜材料	成膜材料	明胶、阿拉伯胶、虫胶、琼脂、淀粉、糊精、玉米朊、海藻酸及其盐、纤维素衍生物、聚丙烯酸、聚乙烯胺、聚乙烯基吡咯烷酮、乙烯一醋酸乙烯酯共聚物、聚乙烯氨基缩醛衍生物、聚乙烯醇等
	包衣材料	羟丙基甲基纤维素、乙基纤维素、羟丙基纤维素、羟乙基纤维素、羧甲基纤维素钠、甲基纤维素、醋酸纤维素钛酸酯、羟丙基甲基纤维素钛酸酯、玉米朊、聚乙二醇、聚乙烯基吡咯烷酮、聚丙烯酸酯树脂类(甲基丙烯酸酯、丙烯酸酯和甲基丙烯酸等的共聚物)、聚乙烯缩乙醛二乙胺醋酸酯等
保湿材料	凝胶剂	天然高分子(琼脂、黄原胶、海藻酸、果胶等),合成高分子(聚丙烯酸水凝胶、聚氧乙烯/聚氧丙烯嵌段共聚物等),纤维素类衍生物(甲基纤维素、羧甲基纤维素、羧乙基纤维素等)
	疏水油类	羊毛脂、胆固醇、低相对分子质量聚乙二醇、聚氧乙烯山梨醇等

7.5.2　高分子药物

高分子药物依靠连接在大分子链上的药理活性基团或高分子本身的药理作用,进入人体后,能与机体组织发生生理反应,从而产生医疗或预防效果。高分子药物可分为高分子载体药物、微胶囊化药物和药理活性高分子药物。

7.5.2.1　高分子载体药物

低分子药物分子中常含有氨基、羧基、羟基、酯基等活性基团,这些基团可以与高分子反应,结合在一起,形成高分子载体药物。高分子载体药物中产生药效的仅仅是低分子药物部分,高分子部分只减慢药剂在体内的溶解和酶解速度,达到缓/控释放、长效、产生定点药效等目的。例如,将普通青霉素与乙烯醇-乙烯胺(2%)共聚物以酰胺键结合,得到水溶性的青霉素,其药效可延长

30～40 倍，而成为长效青霉素（见图 7-7）。

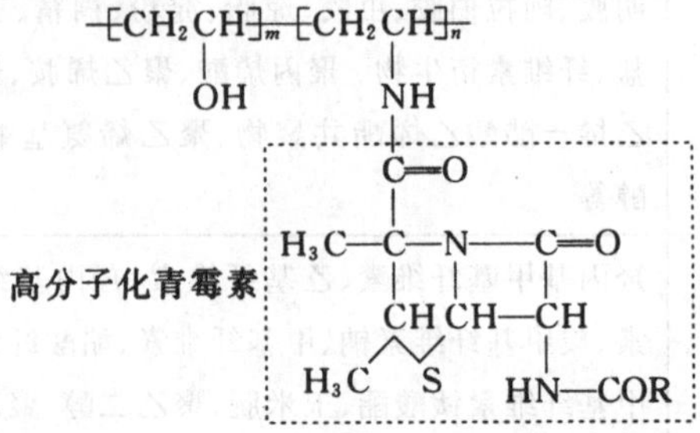

图 7-7　乙烯醇-乙烯胺共聚物载体青霉素

7.5.2.2　微胶囊化药物

微胶囊是指以高分子膜为外壳来密封保护药物的微小包囊物。以鱼肝油丸为例，外面是明胶胶囊，里面是液态鱼肝油。经过这样处理，液体鱼肝油就转变成了固体粒子，便于服用。微胶囊药物的粒径要比传统鱼肝油丸小得多，一般为 5～200 μm。

按应用目的和制造工艺不同，微胶囊的大小和形状变化很大，包裹形式多样，如图 7-8 所示。

图 7-8　微胶囊的类型

7.5.2.3　药理活性高分子药物

药理活性高分子药物是真正意义上的高分子药物，自身有与人体生理组织作用的物理、化学性质，从而克服机体的功能障碍，治愈人体病变，促进人体的康复。

药理高分子化合物包括天然的和人工合成两种。天然高分子药物包括激素、肝素、酶制剂等；人工合成高分子药物包括聚阳离子季铵盐、聚乙烯磺酸钠、聚丙烯酰胺等。

7.5.3　高分子药物缓释材料

药物服用后通过与机体的相互作用而产生疗效。以口服药为例，药物服用经黏膜或肠道吸收进入血液，然后经肝脏代谢，再由血液输送到体内需药的部位。要使药物具有疗效，必须使血液的药物浓度高于临界有效浓度，而过量服用药物又会中毒，因此血液的药物浓度又要低于临界中毒浓度。为使血药浓度变化均匀，发展了释放控制的高分子药物，包括生物降解性高分子（聚羟基乙酸、聚乳酸）和亲水性高分子（聚乙二醇）作为药物载体（微胶囊化）和将药物接枝到高分子链上，通过相结合的基团性质来调节药物释放速率。

高分子药物缓释载体材料有以下几种：

（1）天然高分子载体。天然高分子一般具有较好的生物相容性和细胞亲和性，因此可选作高分子药物载体材料，目前应用的主要有壳聚糖、琼脂、纤维蛋白、胶原蛋白、海藻酸等。

（2）合成高分子载体。聚磷酸酯、聚氨酯和聚酸酐类不仅具有良好的生物相容性和生理性能，而且可以生物降解。

水凝胶是当前药物释放体系研究的热点材料之一。水凝胶是一类亲水性高分子载体，具有较好的生物相容性。

第8章 新型功能材料

8.1 智能凝胶材料

智能凝胶通常是高分子水凝胶，在水中可溶胀到一平衡体积而仍能保持其形状。在外界环境条件刺激下，它可以发生溶胀或收缩。

8.1.1 温度敏感性凝胶

在 Tanaka 提出“智能凝胶”这一概念后几十年，许多相关研究都集中在随温度改变而发生体积变化的温度敏感性凝胶上。当环境温度发生微小改变时，就可能使某些凝胶在体积上发生数百倍的膨胀或收缩(可以释放出 90%的溶剂)，而有些凝胶虽然不发生体积膨胀，但它们的物理性质会发生相应变化。

温度敏感性凝胶对温度的响应有两种类型：一种是当温度低于低温临界溶解度(LCST)时呈收缩状态，当温度高于低温临界溶解度(LCST)时则处于膨胀状态，这类凝胶属于低温收缩型温度敏感性凝胶；另一种是当温度高于低温临界溶解度(LCST)时呈收缩状态，则是高温收缩型温度敏感性凝胶。温度的变化影响了凝胶网络中氢键的形成或断裂，从而导致凝胶体积发生变化。

单一组分温度敏感性凝胶存在两种不同的相态：溶胀相和存在于液体中的收缩相。凝胶响应外界温度变化产生体积相转变时，表面微区和粗糙度亦发生可逆变化。凝胶表面粗糙度随温度的变化对应于宏观上的体积相转变。微区变化对温度可逆这一事实表明，这是本体相转变所引起的平衡相粗糙度的变化。

聚丙烯酸(PAAC)和聚 N，N-二甲基丙烯酰胺(PDMAAM)网络互穿形成的聚合物网络凝胶，在低温时凝胶网络内形成氢键，体积收缩；高温时氢键解离，凝胶溶胀。网络中 PAAC 是氢键供体，PDMAAM 是氢键受体。这种配合物在 60℃ 以下水溶液中很稳定，但高于 60℃时配合物解离。

8.1.2　pH 敏感性凝胶

pH 敏感性凝胶最早是由 Tanaka 在测定陈化的聚丙烯酰胺凝胶溶胀比时发现的。具有 pH 响应性的凝胶网络中大多含可以水解或质子化的酸性或碱性基团，如—COO^-、—OPO^{3-}、—NH_3^+、—NRH_2^+、—NR_3^+ 等。外界 pH 和离子强度变化时，这些基团能够发生不同程度的电离和结合的可逆过程，改变凝胶内外的离子浓度；另外，基团的电离和结合使网络内大分子链段间的氢键形成和解离，引起不连续的体积溶胀或收缩变化。

pH 敏感性凝胶主要有轻度交联的甲基丙烯酸甲酯和甲基丙烯酸-N，N′-二甲氨基乙酯共聚物、聚丙烯酸/聚醚互穿网络、聚(环氧乙烷/环氧丙烷)-星型嵌段-聚丙烯酰胺/交联聚丙烯酸互穿网络以及交联壳聚糖/聚醚半互穿网络等。

凝胶发生体积变化的 pH 范围取决于其骨架上的基团，当凝胶含弱碱基团，溶胀比随 pH 升高而减小；若含弱酸基团时，溶胀比随 pH 升高而增大。根据 pH 敏感基团的不同，可分为阳离子型、阴离子型和两性型 pH 敏感性凝胶。

(1)阳离子型。敏感基团一般是氨基，如 N，N-二甲基氨乙基甲基丙烯酸酯、乙烯基吡啶等，其敏感性来自氨基质子化。氨基含量越多，凝胶水合作用越强，体积相转变随 pH 的变化越显著。

(2)阴离子型。敏感基团一般是—COOH，常用丙烯酸及衍生物作单体，并加入疏水性单体甲基丙烯酸甲酯/甲基丙烯酸乙酯/甲基丙烯酸丁酯(MMA/EMA/BMA)共聚,来改善其溶胀性能和机械强度。

(3)两性型。大分子链上同时含有酸、碱基团,其敏感性来自高分子网络上两种基团的离子化。如由壳聚糖和聚丙烯酸制成的聚电解质半互穿网络(*semi*-IPN)凝胶。在高 pH 与阴离子性凝胶类似,在低 pH 与阳离子性凝胶类似,都有较大溶胀比,在中间 pH 范围内溶胀比较小,但仍有一定的溶胀比。

pH 敏感性凝胶还可以根据是否含有聚丙烯酸分为下面两类:

(1)不含丙烯酸链节的 pH 敏感性凝胶。一些对 pH 敏感的凝胶分子中不含丙烯酸链节。如分子链中含有聚脲链段和聚氧化乙烯链段的凝胶是物理交联的非极性结构与柔韧的极性结构组成的嵌段聚合物。用戊二醛交联壳聚糖(Cs)和聚氧化丙烯聚醚(POE)制成半互穿聚合物网络凝胶,在 pH=3.19 时溶胀比最大,pH=13 时趋于最小。这种凝胶的 pH 敏感性是由于壳聚糖(Cs)氨基和聚醚(POE)的氧之间氢键可以随 pH 变化可逆地形成和离解,从而使凝胶可逆地溶胀和收缩。

(2)与丙烯酸类共聚的 pH 敏感性凝胶。这类 pH 敏感性凝胶含有聚丙烯酸或聚甲基丙烯酸链节,溶胀受到凝胶内聚丙烯酸或聚甲基丙烯酸的离解平衡、网链上离子的静电排斥作用以及胶内外 Donnan 平衡的影响,尤其静电排斥作用使得凝胶的溶胀作用增强。改变交联剂含量、类型、单体浓度会直接影响网络结构,从而影响网络中非高斯短链及勾结链产生的概率,导致溶胀曲线最大溶胀比的变化。

用甲基丙烯酸(MMA)、含 2-甲基丙烯酸基团的葡萄糖为单体,加入交联剂可以合成含有葡萄糖侧基的新型 pH 敏感性凝胶。该凝胶在 pH=5 时发生体积的收缩和膨胀。溶胀比在 pH 小于 5 时减小,高于 5 时增加。凝胶网络的尺寸在 pH=2.2 时仅有 18~35,而 pH=7 时,凝胶处于膨胀状态,网络尺寸达到 70~111,体积加大了 2~6 倍。凝胶共聚物中 MMA 含量增大时，凝胶网络尺寸在 pH＝2.2 时减小，pH＝7 时增大；而将交联密度提高后，凝胶网络尺寸在 pH＝2.2 或 7 时均减小。该凝胶有望作为口服蛋白质的输送材料。

乙烯基吡咯烷酮与丙烯酸-β-羟基丙酯的共聚物和聚丙烯酸组成的互穿网络凝胶具有温度和 pH 双重敏感性。在酸性环境中，由于 P(NVP)与 PAA 间络合作用，凝胶的溶胀比随温度升高而迅速降低；在碱性环境中，凝胶的溶胀比远大于酸性条件下溶胀比，且随温度升高而逐渐增大。

含丙烯酸和聚四氢呋喃的 pH 敏感性凝胶，当凝胶中聚四氢呋喃含量低时，凝胶的 pH 响应性和常规的聚丙烯酸凝胶一致；当四氢呋喃含量增加，凝胶行为反之。当凝胶溶液 pH 由 2 升至 10 时，聚四氢呋喃状态改变，导致凝胶收缩，较传统聚丙烯酸凝胶行为反常。

8.1.3　光敏感性凝胶

光敏感性凝胶一般是将感光性化合物添加到高分子凝胶中，感光物质吸收光能易引起温度、电场或电离状态的改变，从而导致凝胶的溶胀或收缩。常添加的感光化合物有叶绿酸、重铬酸盐类、芳香叠氮化合物与重氮化合物、芳香硝基化合物和有机卤素化合物。光敏感性凝胶也可通过在高分子主链或侧链引入感光基团制得，凝胶受到光照后感光基团发生电子跃迁成为激发态，激发态的分子通过分子内或分子间的能量转移而发生异构化，引起分子构型的变化，使凝胶内部的某些物理或化学性质发生改变，凝胶宏观上表现为溶胀收缩或颜色的改变。

Sumaru 等以自由基聚合方法将 NIPAAm 和侧基含有螺吡喃的乙烯基单体在交联剂 N,N-二亚甲基双丙烯酰胺存在下聚合成 pSPNIPAAm 凝胶。图 8-1 所示为 pSPNIPAAm 的化学结构和光致异构化。

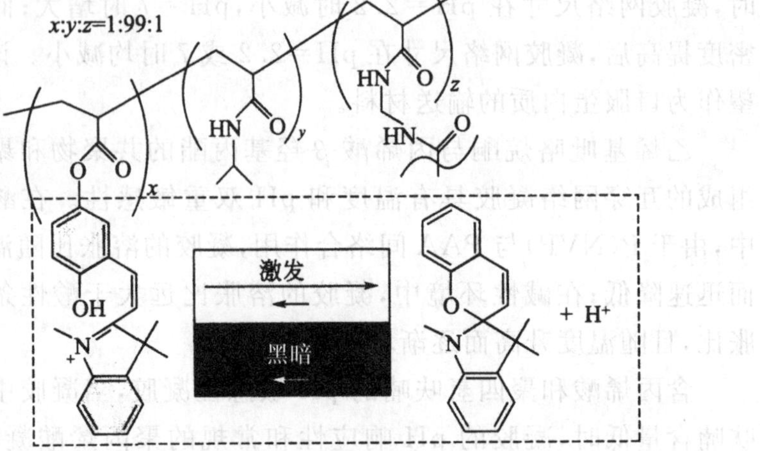

图 8-1　pSPNIPAAm 的化学结构和光致异构化

在酸性介质黑暗条件下，大多数螺吡喃呈质子化的开环形态，凝胶溶胀透明，呈黄色；当蓝光辐照时，螺吡喃立刻异构化成去质子化的闭环形态而疏水，凝胶收缩。光照关闭后，发色团自动返回质子化的开环状态，这一过程是可逆的。将 pSPNIPAAm 凝胶制成薄膜，通过蓝光的辐照和关闭可控制盐酸的渗透。

为了发挥刺激响应的协同作用，研究人员除了研制单一光敏感性凝胶外，还开发了光-温度，光-pH 敏感凝胶。光敏感性凝胶可用于调光材料、光传感器等，不需要任何电池、电动机、齿轮的介入，材料易小型化，在微型机器人、生物医学领域的光控药物投递等方面具有广阔的应用前景。

8.1.4　磁场敏感性凝胶

磁场敏感性凝胶是将磁粒子包埋在高分子凝胶中，在磁场作用下，高分子凝胶发生形状或体积的变化。在磁场驱动下，磁性凝胶会向靶向移动，达到靶向治疗的目的，在振荡磁场下，可获得药物的脉冲释放，因此这类凝胶在药物靶向投递中应用广泛。Chen 等将 Fe_3O_4 磁粒子与 PVA 凝胶混合制成磁性凝胶，也被称为钢化凝胶。

在直流电场下，包埋在凝胶内的药物累积在凝胶周围，但是当关掉磁场，累积的药物立即涌出。可以通过磁场的关开调控药物的快慢释放，药物的释出强烈依赖于磁粒子的大小。由于较强的饱和磁化和较小的矫顽力，最佳的磁敏感效应在含有较大磁粒子的凝胶中出现。可能的磁敏感药物释放机理可由图 8-2 示意描述。

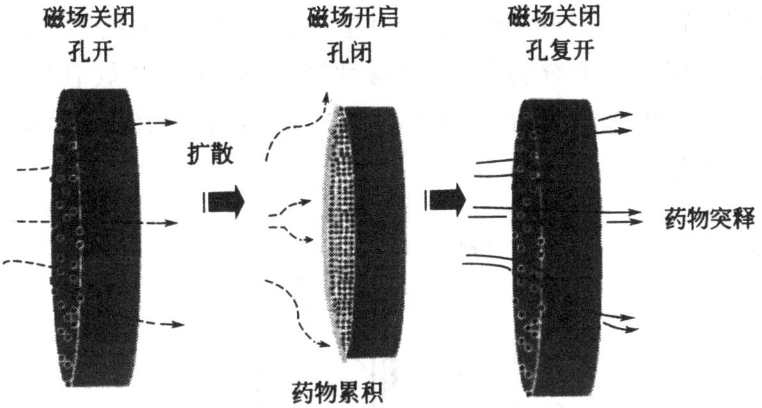

图 8-2　在磁场作用下因磁粒子聚集而造成的磁性凝胶关闭使凝胶孔隙率降低的机理

当无外加磁场，磁矩无规取向，磁性凝胶磁化为零，药物以扩散模式释出；当施加外磁场，磁矩沿磁场取向，产生一个体磁矩，凝胶中的磁粒子聚集到一起，导致孔隙的减小，磁凝胶呈关闭形态，因此药物受限于凝胶内，释放急速变慢。当磁场关闭，孔隙开启，导致药物的突释，但不久又呈扩散释放。因此药物释放量可由开关时间调控，这一体系有望用于药物的程序控制释放。

8.1.5　电场敏感性凝胶

电场敏感性凝胶一般由高分子电解质网络组成。由于高分子电解质网络中存在大量的自由离子可以在电场作用下定向迁移，造成凝胶内外渗透压变化和 pH 不同，从而使得该类凝胶具有独特的性能，比如电场下能收缩变形、直流电场下发生电流振动等。

电场敏感性凝胶主要有聚(甲基丙烯酸甲酯/甲基丙烯酸/N,N′-二甲氨基乙酯)和甲基丙烯酸与二甲基丙烯酸的共聚物等。在缓冲液中，它们的溶胀速度可提高百倍以上。这是因为，未电离的酸性缓冲剂增加了溶液中弱碱基团的质子化，从而加快了凝胶的离子化，而未电离的中性缓冲剂促进了氢离子在溶胀了的荷电凝胶中的传递速率。

聚[(环氧乙烷-共-环氧丙烷)星型嵌段-聚丙烯酰胺]交联聚丙烯酸互穿网络聚合物凝胶，在碱性溶液(碳酸钠和氢氧化钠)中经非接触电极施加直流电场时，试样弯向负极(见图 8-3)，这与反离子的迁移有关。

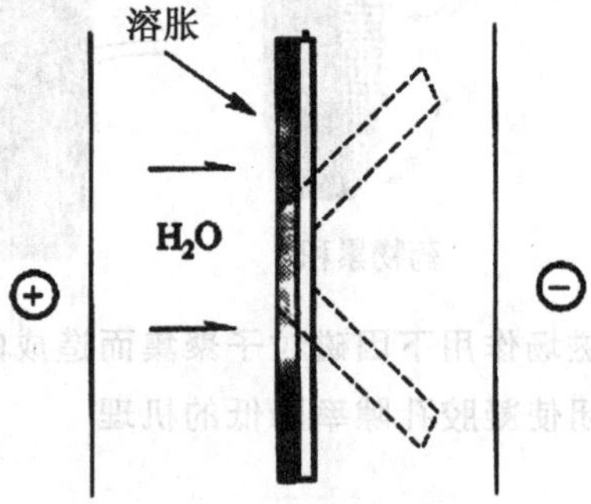

图 8-3　弯曲示意

电场下，电解质水凝胶的收缩现象是由水分子的电渗透效果引起的。外电场作用下，高分子链段上的离子由于被固定无法移动，而相对应的反离子可以在电场作用下泳动，附近的水分子也随之移动。到达电极附近后，反离子发生电化学反应变成中性，而水分子从凝胶中释放，使凝胶脱水收缩，如图 8-4 所示。

水凝胶常在电场作用下因水解产生氢气和氧气，降低化学机械效率，并且由于气体的释放缩短了凝胶的使用期限。电荷转移络合物凝胶则没有这样的问题，但凝胶网络中需要含挥发性低的有机溶剂。聚{N-[3-(二甲基)丙基]丙烯酰胺(PDMA-PAA)作为电子给体，7,7,8,8-四氰基醌基二甲烷作为电子受体掺杂，溶于 N,N-二甲基甲酰胺中形成聚合物网络。这种凝胶体积膨胀,颜色改变。当施加电场后,凝胶在阴极处收缩,并扩展出去,在阳极处释放 DMF,整个过程没有气体放出。

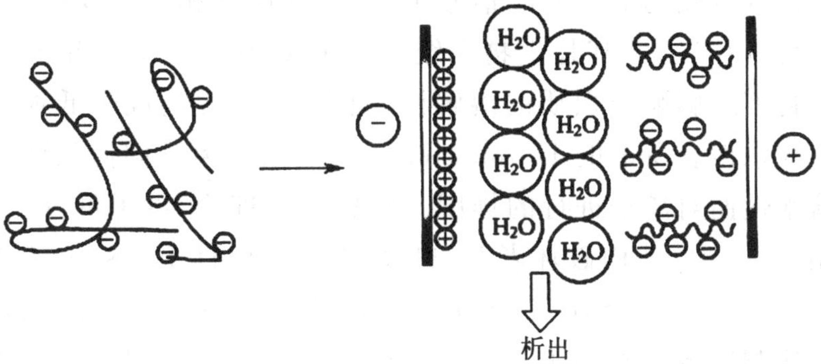

图 8-4　水凝胶收缩机理

一般来说,自由离子的水合数很小,仅有几个;而电泳发生时,平均一个可动离子可以带动的水分子数正比于凝胶的含水量。例如,凝胶膨胀度为 8 000 时,1 000 个水分子可以跟着一个离子泳动。另外,在一定电场强度下,高分子链段在不同膨胀度情况下对水分子的摩擦力是导致凝胶电收缩快慢的原因。凝胶的电收缩速率与电场强度成正比,与水黏度成反比;单位电流引起的收缩量则与凝胶网络中的电荷密度成正比,而与电场强度无关。

另一大类电场敏感性凝胶是由电子导电型聚合物组成,大都具有共轭结构,导电性能可通过掺杂等手段得以提高。将聚(3-丁基噻吩)凝胶浸于 0.02 mol/L 的 Bu_4NClO_4(高氯酸四丁基铵)的四氢呋喃溶液中,施加 10 V 电压,数秒后凝胶体积收缩至原来的 70%,颜色由橘黄色变成蓝色,没有气体放出。当施加−10 V 电压后,凝胶开始膨胀,颜色回复成橘黄色。红外及电流测试结果显示,聚噻吩链上的正电荷与 ClO_4^- 掺杂剂上的负电荷在库仑力作用下形成络合物。外加电场作用下,由于氧化还原反应和离子对的流入引起凝胶体积和颜色的变化。有研究者认为是电场使聚噻吩环间发生键的扭转,引起有效共轭链长度变化导致上述现象的发生。

8.1.6 离子敏感性凝胶

在水凝胶的诸多刺激信号中，离子效应是相当重要的，因为离子普遍存在，尤其是生物系统。Hofmeister 于 1888 年发现盐不同程度地影响蛋白质的溶解性，通常，盐会提高或降低水中溶质的疏水性。所谓的 Hofmeister 系列是根据离子如何强烈地影响疏水性而对离子进行的排序。根据这一理论，离子可分为“结构制造者”和“结构破坏者”。典型的阴离子 Hofmeister 序列是 $SO_4^{2-}>F^->Cl^->Br^->NO_3^->ClO_4^->I^->SCN^-$。左侧离子，即结构制造者能够与水分子强烈的水合，因此，它们易引起盐析或增加水中溶质的疏水性；右侧的离子（结构破坏者）水合性较弱，倾向于引起“盐入”，或增加水中非极性溶质的溶解度。不同的盐对凝胶溶胀行为和溶胶-凝胶转变行为的影响近年来也多见文献报道。中性的交联 PNIPAAm 凝胶被意外发现在临界氯化钠浓度时呈现尖锐的体积相转变，其他的盐在盐析范围外没有发现此种现象。因为钠离子在所测试的盐中是普遍的，因而氯离子在相转变中起到重要的作用，提高氯离子浓度会降低 LCST，这被认为是氯离子的结构破坏效应所致。

新加坡学者 Li 等用微量热仪系统地研究了不同离子对于甲基纤维素（MC）溶液的溶胶-凝胶转变的影响。对于 MC 体系，加入 NaCl 有助于 MC 的凝胶化，降低峰值转变温度，且 NaCl 浓度越高，降低越显著。这是由于 NaCl 强烈的水合能力，吸引了更多的水分子到自身周围，破坏了氢键和笼型结构水，引起 MC 溶解度的降低，NaCl 浓度越高，造成 MC 周围的自由水分子越少，MC 的疏水环境越强，凝胶化移向更低的温度。在相同的阳离子情况下，不同的卤素阴离子对 MC 的凝胶化影响不同，它们的效应按 Hofmeister 序列是 $F^->Cl^->Br^->I^-$。F^-、Cl^-、Br^- 使凝胶温度降低，而 I^- 却使凝胶温度升高（见图 8-5）。这里，影响溶剂化能力的重要因素是卤素离子的离子半径。F^-、Cl^-、Br^-、I^- 的离子半径(0.1 nm)分别为 1.36、1.81、1.95、2.16，显然，溶剂化强度按 $F^- > Cl^- > Br^- > I^-$ 递减，与对凝胶化的影响一致。当阴离子电荷数不同，离子的电荷数和大小都要考虑。多价离子更容易促进 MC 的凝胶化，按 $PO_4^{2-} > SO_4^{2-} > NO_3^- > SCN^-$ 递减。I^-、SCN^- 对于凝胶温度的提高与上面提及的结构破坏者一致。另一直接的原因被认为是加入的盐入离子对水分子无作用，而是替换了溶质水合层中的一些水分子，相当于加入另外的溶剂，因此 MC 很好地分散到溶液中，相互接触的机会较低，在加热时，形成疏水微区较困难。相比而言，阳离子对 MC 的凝胶化转变影响较弱。这可能是由于水的氢原子更易接近阴离子，阴离子与水的氢原子形成更强的氢键，而水的氧原子较大，不易接近阳离子，与阳离子仅形成孤电子对，所以阴离子对水的干扰较大，引起凝胶化的效应更显著。

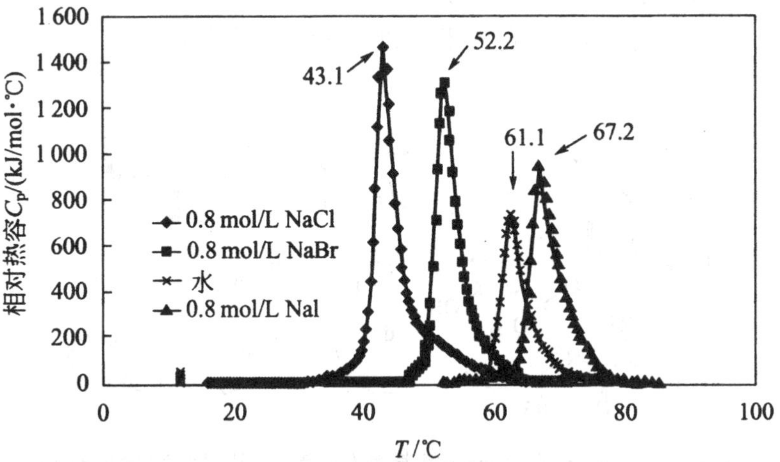

图 8-5　含有不同离子的 MC 溶液(0.03 mmol/L)的相对热容峰值温度为溶胶-凝胶转变温度

8.1.7　酶敏感性凝胶

生物可降解高分子在组织工程和再生医学领域具有重要的应用价值，这些高分子能够被特定的酶消化。酶敏感性凝胶可以由这些可降解高分子制得，一些酶作为重要的诊断信号用于监测生理变化，特定器官的特殊酶已经成为特定药物释放的靶点。因此，酶敏感性凝胶作为酶传感器和酶敏感药物投递系统是很有前途的。微生物酶普遍存在于结肠内，可以用作结肠特异药物释放的传感信号。Hovgaard 等注意到结肠中的葡聚糖酶能够降解葡聚糖的事实，他们制备了二异氰酸酯交联的葡聚糖水凝胶作为结肠靶向药物释放，所研制的凝胶在体外葡聚糖酶和体内均能降解。在葡聚糖酶的存在下，药物从葡聚糖凝胶中的释放是可控的，而无葡聚糖酶时，释放仅是被动的扩散过程。

高分子凝胶一方面可通过单体的聚合形成，另一方面通过小分子的自组装也可形成凝胶，尤其是酶反应作为选择性的生物刺激可促发凝胶的形成。酶催化反应具有化学、立体和手性选择性以及反应条件温和（pH＝5～8，温度 37℃）等优点。Ulijin 等报道了蛋白酶催化可逆的反应（肽合成、逆水解反应）制备两亲性肽凝胶子，这些肽分子组装成纳米纤维结构（见图 8-6）。

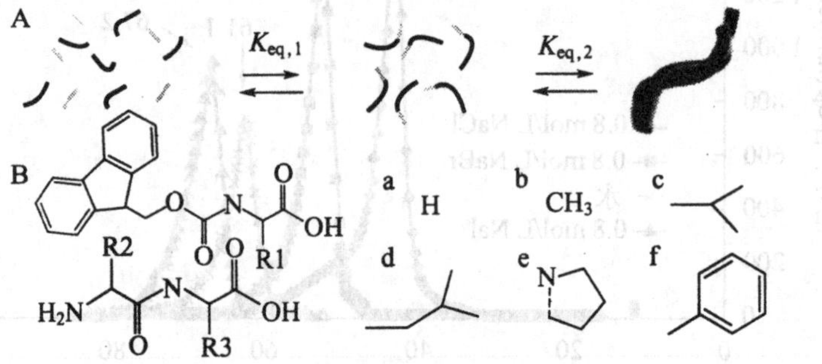

图 8-6 （A）酶催化 Fmoc-氨基酸（灰色）二肽（黑色）偶联形成 Fmoc-三肽，由于芴基 π-π 堆积进一步组装成高级的聚集体。$k_{eq,1}$ 代表肽合成/水解平衡常数；$k_{eq,2}$ 代表自组装常数；（B）Fmoc-氨基酸化学结构：a—甘氨酸；b—丙氨酸；c—缬氨酸；d—亮氨酸；e—脯氨酸；f—苯丙氨酸

这里的自组装机理是芴甲氧羰基（Fmoc）改性的两亲分子肽

因高度缀合的芴基的 π-堆积形成相互交织的纳米纤维结构，螺旋结构进一步起稳定作用。

8.1.8　压力敏感性凝胶

压力敏感性凝胶是体积相转变温度随压力改变的凝胶。水凝胶的压力依赖性最早是由 Marchetti 通过理论计算提出的，其计算结果表明：凝胶在低压下出现坍塌，在高压下出现膨胀。

温度敏感性凝胶聚 N-正丙基丙烯酰胺（PNNPAAm）和聚 N-异丙基丙烯酰胺（PNIPAAm）在实验中确实表现出体积随压力的变化改变的性质。压力敏感性的根本原因是其相转变温度能随压力改变，并且在某些条件下，压力与温度敏感胶体积相转变温度还可以进行关联。

8.1.9　生物分子敏感性凝胶

有些凝胶的溶胀行为会因某些特定生物分子的刺激而突变。目前研究较多的是葡萄糖敏感凝胶。例如，利用苯硼酸及其衍生物能与多羟基化合物结合的性质制备葡萄糖传感器，控制释放葡萄糖。N-乙烯基-2-吡咯烷酮和 3-丙烯酰胺苯硼酸共聚后与聚乙烯醇（PVA）混合得到复合凝胶，复合表面带有电荷，对葡萄糖敏感。其中硼酸与聚乙烯醇（PVA）的顺式二醇键合，形成结构紧密的高分子络合物。当葡萄糖分子渗入时，苯基硼酸和 PVA 间的配价键被葡萄糖取代，络合物解离，凝胶溶胀。该聚合物凝胶可作为载体用于胰岛素控制释放。体系中聚合物络合物的形成、平衡与解离随葡萄糖浓度而变化，因此能传感葡萄糖浓度信息，从而执行药物释放功能。

抗原敏感性水凝胶是利用抗原抗体结合的高度特异性，将抗体结合在凝胶的高分子网络内，可识别特定的抗原，传送生物信息，在生物医药领域有较大的应用价值。

8.2 隐身材料

8.2.1 隐身技术概述

隐身技术是现代武器装备发展中出现的一项高新技术，是当今世界三大军事尖端技术之一，是一门跨学科的综合技术，涉及空气动力学、材料科学、光学、电子学等多种学科。它的成功应用标志着现代国防技术的重大进步，具有划时代的历史意义。

隐身技术又称为低可探测技术，是指通过弱化呈现目标存在的雷达、红外、声波和光学等信号特征，最大限度地降低探测系统发现和识别目标能力的技术。通过有效地控制目标信号特征来提高现代武器装备的生存能力和突击能力，达到克敌制胜的效果。

隐身技术可达到的目的与效果如下：

(1)降低噪声。使用低噪声发动机，并运用消音隔音蜂窝状或泡沫夹层结构，控制信号特征，达到声波隐身之目的。

(2)减少雷达回波。通过精心设计武器装备外形，减少雷达波散射截面(RCS)，使结构吸波材料或贴片或涂层吸收掉部分雷达波或透过部分雷达波，以实现隐身之目的。

(3)减少红外辐射。适当改变发动机排气系统，减少发射热量。采用多频谱涂料和防热伪装材料，改变目标的红外特征，以实现红外隐身。

(4)伪装遮障。涂覆迷彩涂料、视觉伪装网、施放遮蔽烟幕，降低目视特征达到可见光隐身之目的。

8.2.2　雷达吸波隐身材料

吸波材料是指能够通过自身吸收作用减少目标雷达散射截面的材料，按吸收机理不同，可分为吸收型、谐振型和衰减型三大类。

8.2.2.1　吸波型吸波材料

(1)磁性吸波材料。磁性吸波剂主要由铁氧体和稀土元素等制成；基体聚合物材料由合成橡胶、聚氨酯或其他树脂基体组成，如聚异戊二烯、硅树脂、聚氯丁橡胶、氟树脂和其他热塑性或热固性树脂等。通常制成磁性塑料或磁性复合材料。制备时，通过对磁性和材料厚度的有效控制和合理设计，使吸波材料具有较高的磁导率。当电磁波作用于磁性吸波材料时，可使其电子产生自旋运转，在特定的频率下发生铁磁共振，并强力吸入电磁能量。

设计良好的磁性吸波隐身材料在一个或两个频率点上可使入射电磁波衰减 20～25 dB，也就是说，可吸收电磁能量高达 99％～99.7％；而在两个频率之间峰值处其吸收电磁波能量能力更大，即可衰减电磁能量 10～15 dB，即吸收电磁能量的 90％～97％。典型的宽频吸波材料可将电磁波能量衰减 12 dB，即吸收 95％的电磁能量。

(2)介电吸波材料。介电吸波材料由吸波剂和基体材料组成，通过在基体树脂中添加损耗性吸波剂制成导电塑料，常用的吸波剂有碳纤维或石墨纤维、金属粒子或纤维等。在吸波材料设计和制造时，可通过改变不同电性能的吸波剂分布达到其介电性能随其厚度和深度变化的目的。而吸波剂具有良好的与自由空间相匹配的表面阻抗，其表面反射性较小，可耗散或吸收大部分进入吸波材料体内的雷达波。

8.2.2.2　谐振型吸波材料

谐振型吸波材料又称为干涉型吸波材料，是通过对电磁波的干涉相消原理来实现回波的缩减。当雷达波入射到吸波材料表面时,一部分电磁波从表面直接反射,另一部分透过吸波材料从底部反射。当入射波与反射波相位相反而振幅相同时,二者便相互干涉而抵消,从而衰减掉雷达回波的能量。

8.2.2.3 衰减型吸波材料

材料的结构形式为把吸波材料蜂窝结构夹在非金属材料透射板材中间,这样既有衰减电磁波,使其发生散射的作用,又可承受一定载荷作用。在聚氨酯泡沫蜂窝状结构中,通常添加石墨、碳和羰基铁粉等吸波剂,这样可使入射的电磁能量部分被吸收,部分在蜂窝芯材中再经历多次反射干涉而衰减,最后达到相互抵消之目的。

上述3种形式基本上均为导电高分子材料体系。电磁波的作用基本上是由电场和磁场构成,两者在相互垂直区域内发射电磁波。电磁波在真空中以约 3×10^{8} m/s 的速度发射,并以相同的速度穿过非导电材料。当遇到导电高分子材料时,就部分地被反射并部分地被吸收。电磁波在吸波材料中能量成涡流,从而对电磁波起到衰减作用。

8.2.3 红外隐身材料

红外隐身材料是近年来发展最快的隐身材料。目前,研制的红外隐身材料主要有热隐身涂料、低发射率薄膜、宽频谱兼容的隐身材料等。

8.2.3.1 红外隐身涂料

红外隐身涂料是表面用热红外隐身材料最重要的品种之一。在中远红外波段,目标与背景的差别就是红外辐射亮度的差别,影响目标红外辐射亮度有表面温度和发射率两个因素。只需改变其中一个因素即可减小其辐射亮度,降低目标的可探测性。一个简单可行的办法就是使用红外隐身涂料来改变目标的表面发射率。

红外隐身涂料一般由胶黏剂和掺入的金属颜料、着色颜料或半导体颜料微粒组成。选择适当的胶黏剂是研制这种涂料的关键。作为热隐身材料的胶黏剂有热红外透明聚合物,导电聚合物和具有相应特性的无机胶黏剂。热红外透明聚合物具有较低的热红外吸收率和较好的物理力学性能,已成为热隐身涂料用胶黏剂研究的重点。胶黏剂通常采用烯基聚合物,丙烯酸和氨基甲酸乙酯等。从发展趋势看,最有可能实用化的胶黏剂是以聚乙烯为基本结构的改性聚合物。一种聚苯乙烯和聚烯烃的共聚物 Kraton 在热红外波段的吸收作用明显的低于醇酸树脂和聚氨酯等传统的涂料胶黏剂。它的红外透明度随苯乙烯含量的减少而增加,在 8～14 μm 远红外波段,透明度可达 0.8,且对可见光隐身无不良影响,有希望成为实用红外隐身涂料的胶黏剂。此外,还有氯化聚丙烯,丁基橡胶也是热红外透明度较好的胶黏剂。一种高反射的导电聚合物或半导体聚合物将是较好的胶黏剂,因为它不仅是胶黏剂,而且自身还具有热隐身效果。

美国研制的一种发动机排气装置用热抑制涂层,它是用黑镍和黑铬氧化物喷涂在坦克发动机排气管上的。试验证明,它可大大降低车辆排气系统热辐射强度。此外,在坦克发动机内壁和一些金属部件上还可以采用等离子技术涂覆氧化锆隔热陶瓷涂层,以降低金属热壁的温度。

美国 20 世纪 70 年代推出了“热红外涂层”,可用来降低目标的热辐射强度和改变目标的热特征和热成像。20 世纪 80 年代美国又研制出具有较高水平的混合型涂料和其他红外隐身涂料,已用于坦克隐身,提高其生存能力。美国洛克希德公司已研制出一些红外吸收涂层,可使任何目标的红外辐射减少到 1/10,而又不会降低雷达吸波涂层的有效性。

8.2.3.2　低发射率薄膜

低发射率薄膜是一类极有潜力的热隐身材料,适用于中远红外波段，可弥补目标与环境的辐射温差。按其结构组成可分为类金刚石碳膜、半导体薄膜和电介质/金属多层复合膜等。

(1)类金刚石碳膜。类金刚石碳膜可用作坦克车辆等表面的热隐身材料，抑制一些局部高温区的强烈热辐射，其厚度约为 1 μm，发射率为 0.1～0.2。英国的 RSRE 公司曾采用气相沉积法在薄铝板上制成碳膜(DHC)，硬度与金刚石相不分伯仲。

(2)半导体薄膜。半导体薄膜是以金属氨化物为主体，加入载流子给予体掺杂剂，其厚度一般在 0.5 μm 左右，发射率小于 0.05，只要掺杂剂控制得当，载流子具有足够大的数量和活性，可望得到满意的隐身效果。现已应用的半导体膜有 SnO_2 和 In_2O_3 两种。

(3)电介质/金属多层复合膜。电介质/金属多层复合膜的典型结构为半透明氧化物面层/金属层/半透明氧化物底层，总厚度范围在 30～100 μm 之间，发射率一般在 0.1 左右，其缺点是在雷达波段反射率高，不利于雷达隐身。

8.2.3.3　宽频带兼容的隐身材料

雷达吸波材料已在美国 B-2 型和 F-117A 型隐身飞机上成功应用，军事专家已把注意力转移到频率更高的红外波段，因此未来的隐身材料必须具有宽频带特性，能够对付厘米波至微米波的主动式或被动式探测器。

要实现以上目的，可以采用的技术途径有以下两种：

(1)分别研制高性能的雷达吸波材料和低比辐射率的材料，热后再把二者复合成一体，使材料同时兼顾红外隐身和雷达隐身。这类材料以涂料型最为适合。研究结果表明，这两种材料复合后，在一定厚度范围内能同时兼顾两种性能，且雷达波吸收性能基本保持不变，这种叠加复合结构固然也能满足兼容的要求，然而，它仍然受到涂层厚度的限制。

(2)一体化的多波段兼容的隐身材料。它们吸收频带宽,反射衰减率高,具有吸收雷达波能,还具有吸收红外辐射和声波及消除静电等作用,有很大的发展潜力。这种兼容材料通常为薄膜型和半导体材料,美、俄两国就正在研制含有放射性同位素的等离子体涂料和半导体涂料。

8.2.4　可见光隐身材料

可见光是人的眼睛可以看见的光线,其波长范围是0.4～0.75 μm。要实现可见光伪装,必须消除目标与背景的颜色差别。只要伪装目标的颜色与背景色彩协调一致,就能实现伪装,这就是可见光伪装的原理。

8.2.4.1　伪装涂料

对地面目标实施迷彩伪装是最早采用的伪装技术之一。采用迷彩伪装涂料将目标的外表面涂敷成各种大小不一的斑块和条带等图案,可防可见光探测和紫外光及近红外雷达的探测。这是一种最基本的伪装措施。

自坦克出现开始,就应用了伪装涂料。其图案主要由多块棕、绿、黑色斑组成坦克的迷彩伪装,涂料的颜色、形状和亮度等随地形地貌、季节和环境的气候条件而变化,以使坦克与周围环境的色彩一致,减小了车辆的目视特征。

德国研制出了一种三色迷彩图案,这种涂料是由聚氨酯和丙烯酸盐为基料,添加棕、绿、黑三色配制而成,非常适于对付作用距离大的光学侦察器材。它涂敷方便、成本低,成为美国与德国的标准伪装迷彩涂料,已被广泛采用。

伪装迷彩分为3种:

(1)适用于草原、沙漠、雪地等单色背景上目标的保护迷彩。

(2)适用于斑驳背景上活动目标的变形迷彩。

(3)适用于固定目标的仿造迷彩。

8.2.4.2 伪装遮障

伪装遮障是一种设置在目标附近或外加在目标之上的防探测器材，主要包括各种伪装网和伪装覆盖物等，通过采用不同的伪装技术分别对抗可见光、近红外、中远红外和雷达波段的侦察与探测。

瑞典的 Barracuda 公司是专门研制和生产伪装器材的企业，该公司生产的热伪装网系统实为双层式热伪装遮障，它由具有防光学和防热红外探测性能的伪装网和隔热毯组成，其中隔热毯的作用是将有源热目标变为无源“冷”目标，热毯上有眼睑式通风孔，可散逸发动机产生的热量，使坦克在热成像仪上仅显示出一个不完整的热图形。隔热毯实际上很薄很轻，其质量每平方米不足 180 g。热网之上附装有电阻膜，可起防毫米波、厘米波雷达的作用。这是一种多功能伪装网，能对付可见光、近红外光、雷达和热红外波段的探测。该公司还推出一种伪装罩，用于覆盖军事目标，如坦克的热表面。此伪装罩有一聚酯纤维底层，其上为一层聚酯薄膜，两表面用铝层覆盖，还有超吸收纤维，如丙烯酸纤维、人造纤维和聚丙烯纤维制成的薄条以及结合在一起的两层绿色聚丙烯纤维层，绿色层应预先浸透水分，以便在使用中保持冷态。此伪装罩可在可见光、红外和雷达范围内起伪装效果。

Barracuda Technology 公司推出一种热伪装系统。它由一种可拼成各种伪装图形的不规则材料件和掩蔽材料构成，两种材料间的发射系数之差至少要在 0.3 以上。掩蔽材料一般为覆盖有软质 PVC 膜的网状结构，而不规则材料件则一般是内层为低发射率的铝层，表层为可透热辐射的有色聚乙烯伪装层的叠层结构，其中含有增强层。将这种不规则材料拼成树叶状或眼睑状，覆盖在掩蔽材料之上，覆盖面为 30%～40%。这种热伪装网在可见光、近红外和热辐射范围内具有良好的伪装效果。

美国 Teledyne Brown 工程公司研制的超轻型伪装网系统。质量很轻，每平米只有 88 g，它是在筛网的网基上连接一薄膜材料，并按所需伪装图案着色，以一定间隔的连接线与网基连接，在连接网基的两相邻连线之间切花。以模拟自然物（如树叶或簇叶）的外貌。该网需适当地涂上所需的伪装图案。一般来说，支撑连续薄膜的网状基层可染成黑色或自然背景的色调，而连续薄膜可用绿、棕、黑三色图案，使它与伪装网使用地域相吻合。如需要，伪装结构可做成正反两面，使用不同的伪装色型，即一面为林地图案，另一面为沙漠图案。它适用于目标和装备的战术隐身。

德国 Sponeta 公司推出了一种复合薄膜伪装网，适用于可见光和雷达范围内军事目标的伪装。该公司在德国专利中介绍其中的层压导电薄膜的制法，即将聚氨酯粒料加到由乙炔炭黑，聚氨酯溶液，阻燃增塑剂和表面活性剂组成的分散剂中，使各组分混合均匀，用得到的膏状物制成薄膜，厚度 0.08～0.1 mm，这种导电薄膜在热合时可作为热熔胶，同覆盖层牢牢地结合在一起，形成复合薄膜。其中的导电层具有良好的电磁波吸收功能。

随着侦察与制导技术的发展，现代侦察广度与深度的增大，对于军事目标的伪装越来越重要，任务越来越艰巨。笨重复杂的伪装器材逐步被淘汰，便捷的超轻型伪装网已经出现。伪装网所能对付的电磁波段越来越宽，同时向着多频谱兼容的方向发展。已经研制出多频谱兼容型伪装网，它将逐步取代性能单一的伪装网，它是战场上较为理想的伪装器材，主要用于重要军事目标，如坦克的伪装。

用于静止目标的传统伪装属于被动防御型，远远不能满足现代化战场的需要，必须变被动为主动，向积极的方向发展，动目标也需要伪装。目前已研制成功的有瑞典 Barracuda 公司 1990 年推出的名叫 ADDCAM 的热伪装器材，用于运动中的坦克车辆。这种新型伪装器材的使用明显地提高了战场上运动车辆的生存能力。不过，实现动目标伪装的关键在于各种军事目标本身，即在现代武器装备的研制过程中就必须考虑到伪装要求，一种全新概念的“内在式”伪装。

8.3 形状记忆合金

形状记忆合金是一种在加热升温后能完全消除其在较低的温度下发生的变形,恢复其变形前原始形状的合金材料,即拥有“记忆”效应的合金。

8.3.1 形状记忆合金的晶体结构

8.3.1.1 母相的晶体结构

形状记忆合金母相的晶体结构,一般为具有较高对称性的立方点阵,并且大都是有序的。例如,Ag-Cd、Au-Cd、Cu-Zn、Ni-Al、Ni-Ti 和 Cu-Zn-X(X=Si、Sn、Al)等合金母相是 B2 结构,如图 8-7 所示;而 Cu-Al-Ni、Cu-Sn、Cu-Zn(Ga 或 Al)等合金母相是 DO_3 结构,如图 8-8 所示。

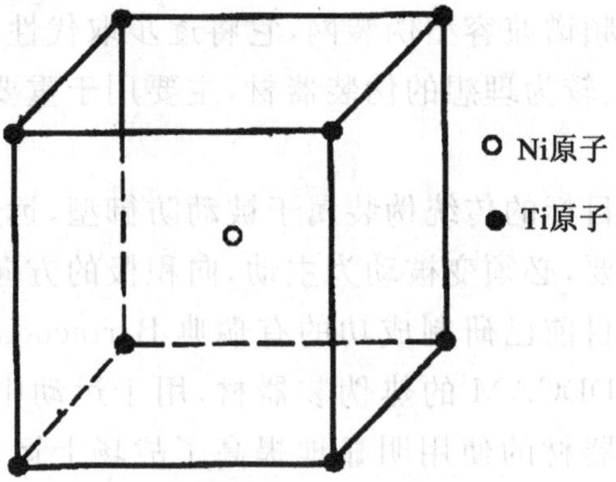

图 8-7 B2(CsCl)结构

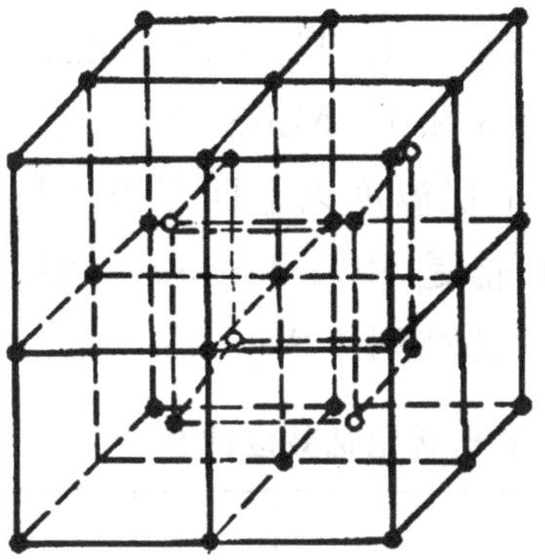

图 8-8　$DO_3(Fe_3Al)$结构

8.3.1.2　马氏体的晶体结构

相对于母相，马氏体的晶体结构更复杂一些，而且对称性低，大多为长周期堆垛，同一母相可以有几种马氏体结构。各种长周期堆垛的马氏体基面都是由母相的一个{110}面畸变而成。对母相 B2、DO_3 等结构，如考虑到原子种类不同，那么从不同母相的{110}面得出的马氏体堆垛面各不相同。

马氏体和母相间位向关系为 3R、6R、9R、18R 和 2H 等，马氏体的{100}面平行于母相的{011}密排面，通常用$\{110\}_p$ 来描述相变时的晶体学特征。

如考虑内部亚结构，则马氏体结构显得更为复杂，9R、18R 马氏体的亚结构为层错，3R、2H 马氏体的亚结构为孪晶。3R 中的孪晶面与 9R、18R 中的层错面相同，是上述堆垛基面。但 2H 马氏体中的孪晶面并不是堆垛基面，而是出自母相的另一{110}面。9R 和 18R 在晶体学上是相同的，但 9R 马氏体是从 B2 母相转变而来，18R 则来自 DO_3。

8.3.2　形状记忆合金材料

迄今为止，已发现十几种记忆合金体系，可以分为 Ti-Ni 系、铜系、铁系合金三大类，包括 Ag-Cd、Au-Cd、Cu-Zn、Cu-Zn-Al、Cu-Zn-Sn、Cu-Zn-Si、Cu-Sn、Cu-n-Ga、In-Ti、Au-Cu-Zn、Ni-Al、Fe-Pt、Ti-Ni、Ti-Ni-Pd、Ti-Nb、U-Nb 和 Fe-Mn-Si 等。它们有两个共同特点：弯曲量大，塑性高；在记忆温度以上回复以前形状。

最早发现的记忆合金可能是 50% Ti+50% Ni。一些比较典型的形状记忆合金材料及其特性列于表 8-1。

表 8-1 具有形状记忆效应的合金

合金	组成/%	相变性质	T_{M_s}/℃	热滞后/℃	体积变化/%	有序无序	记忆功能
Ag-Cd	44～49Cd(原子分数)	热弹性	−190～−50	≈15	−0.16	有	S
Au-Cd	46.5～50Cd(原子分数)	热弹性	−30～100	≈15	−0.41	有	S
Cu-Zn	38.5～41.5Zn(原子分数)	热弹性	−180～−10	≈10	−0.5	有	S
Cu-Zn-X	X = Si, sn, Al, Ga(质量分数)	热弹性	−180～100	≈10	—	有	S,T
Cu-Al-Ni	14 ～ 14.5Al-3 ～ 4.5Ni(质量分数)	热弹性	−140～100	≈35	−0.30	有	S,T
Cu-Sn	约 15Sn(原子分数)	热弹性	−120 ～−30	—	—	有	S
Cu-Au-Sn	23 ～ 28Au-45 ～ 47Zn(原子分数)	—	−190～−50	≈6	−0.15	有	S
Fe-Ni-Co-Ti	33Ni-10Co-4Ti(质量分数)	热弹性	约−140	≈20	0.4～2.0	部分有	S
Fe-Pd	30Pd(原子分数)	热弹性	约−100	—	—	无	S
Fe-Pt	25Pt(原子分数)	热弹性	约−130	≈3	0.5～0.8	有	S
In-Tl	18～23Tl(原子分数)	热弹性	60～100	≈4	−0.2	无	S,T

续表 8-1

合金	组成/%	相变性质	T_{M_s}/℃	热滞后/℃	体积变化/%	有序无序	记忆功能
Mn-Cu	5～35Cu(原子分数)	热弹性	−250～185	≈25	—	无	S
Ni-Al	36～38Ai(原子分数)	热弹性	−180～100	≈10	−0.42	有	S
Ti-Ni	49～51Ni(原子分数)	热弹性	−50～100	≈30	−0.34	有	S,T,A

注:S 为单向记忆效应;T 为双向记忆效应;A 为全方位记忆效应。

8.3.2.1　Ti-Ni 系形状记忆合金

Ti-Ni 系形状记忆合金具有丰富的相变现象、优异的形状记忆和超弹性性能、良好的力学性能、耐腐蚀性和生物相容性以及高阻尼特性,因而受到材料科学和工程界的普遍重视。

Ti-Ni 系形状记忆合金是目前应用最为广泛的形状记忆材料,其应用范围已涉及航天、航空、机械、电子、交通、建筑、能源、生物医学及日常生活等领域,特别在医学与生物上的应用是其他形状记忆合金所不能替代的。

8.3.2.2　铜系形状记忆合金

铜系形状记忆合金最早发现于 20 世纪 30 年代,可是许多铜系合金材料的形状记忆效应的发现,铜系合金作为智能性实用材料受到重视还是在 20 世纪 70 年代以后。在所有发现的形状记忆合金材料中,铜系形状记忆合金的记忆特性等虽然比不上 Ti-Ni 系形状记忆合金,但是 Ti-Ni 系形状记忆合金的生产成本约为铜系形状记忆合金的 10 倍,加上铜系形状记忆合金加工性能好,使得铜系形状记忆合金材料的研究受到了很大的关注。对铜系形状记忆合金的研究是从单晶开始的,因为铜系形状记忆合金的单晶比较容易制作。之后对多晶材料也进行了系统研究。在发现的形状记忆合金材料中,铜系形状记忆合金材料占的比例最大。在铜系形状记忆合金中最有实用意义的材料是 Cu-Zn 系和 Cu-Al 系三元合金，且主要是 Cu-Zn-Al 合金和 Cu-Al-Ni 合金。

8.3.2.3 铁系形状记忆合金

到目前为止，发现的铁系形状记忆合金已有多种。最早发现 Fe-Pt、Fe-Pd 合金具有形状记忆效应，而且马氏体相变为热弹性型。但是，Pt 和 Pd 都是贵金属，在实际应用中非常不利。之后，又发现了其他铁系形状记忆合金。这几年对铁系形状记忆合金的研究主要放在不锈钢为基体的合金上，近年来又主要在 Fe-Mn-Si 合金为基体的开发中获得了很大的进展。铁系形状记忆合金中，Fe-Mn-Si 合金是迄今为止应用前景最好的一种合金。Fe-Mn-Si 合金是利用应力诱发马氏体相变而成的一种形状记忆合金。

8.3.3 形状记忆合金材料的应用

8.3.3.1 在医疗领域的应用

Ti-Ni 形状记忆合金对生物体有较好的相容性，可以埋入人体作为移植材料，医学上应用较多。在生物体内部作固定折断骨架的销、进行内固定接骨的接骨板，由于体内温度使 Ti-Ni 形状记忆合金发生相变，形状改变，不但能将两段骨固定住，而且能在相变过程中产生压力，迫使断骨很快愈合。另外，假肢的连接、矫正脊柱弯曲的矫正板，都是利用形状记忆合金治疗的实例。

在内科方面，形状记忆合金可作为消除凝固血栓用的过滤器（见图 8-9）。将细的 Ti-Ni 丝插入血管，由于体温使其回复到母相的网状，阻止 95％的凝血块不流向心脏。用记忆合金制成的肌纤维与弹性体薄膜心室相配合，可以模仿心室收缩运动，制造人工心脏。

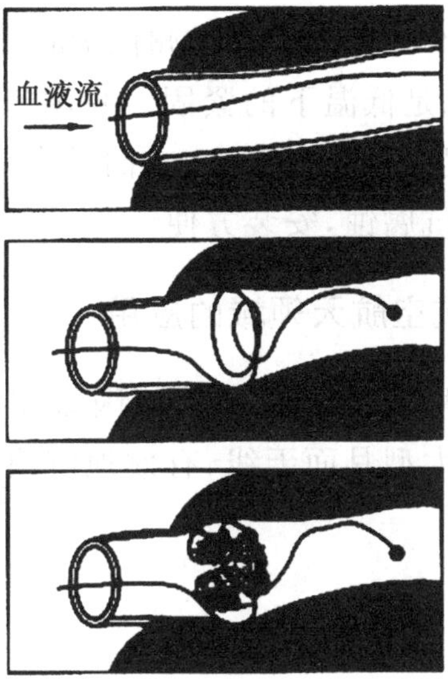

图 8-9　形状记忆合金制成的血凝过滤器

8.3.3.2　在工程领域的应用

用作连接件是形状记忆合金用量最大的一项用途。图 8-10 所示为 Ti-Ni 形状记忆合金在紧固销上的一种最简单的应用，从外部不能接触到的地方可以利用这种方法，这是其他材料不能代替的。它可应用于原子能工业、真空装置、海底工程和宇宙空间等方面。

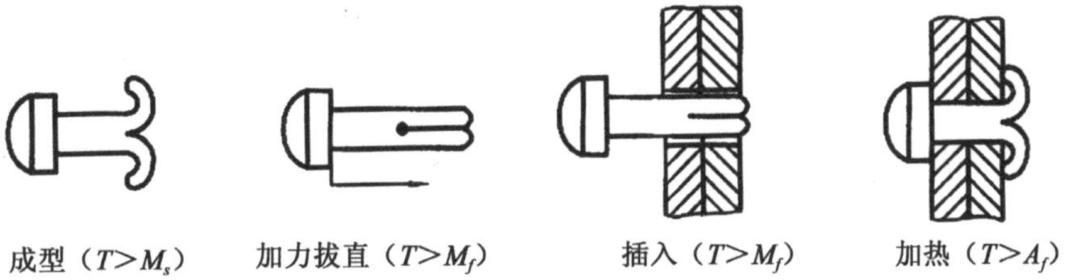

图 8-10　Ti-Ni 合金在紧固销上的应用实例

选用记忆合金作管接头可以防止用传统焊接所引起的组织变化，更适合于严禁明火的管道连接，而且具有操作简便、性能可靠等优点。Ti-Ni 形状记忆合金的第一个工业应用是作为自动紧固管接头，它是于 1968 年由美国加州的 Raychem 公司生产的，取名为“Cryofit”，意思是低温下的紧固。我国研制出了 Ti-Ni-5Co、Ti-Ni-2.5Fe 形状记忆合金管接头，它们具有双程记忆效应，密封性好，耐压强度高，抗腐蚀，安装方便。

8.3.3.3 在航空航天领域的应用

最早报道的应用实例之一是美国国家航空和宇航航行局用形状记忆合金做成大型月面天线，有效地解决了体态庞大的天线运输问题。

参考文献

[1]陈卫星,田威.功能高分子材料[M].北京:化学工业出版社,2014.

[2]邓少生,纪松.功能材料概论——性能、制备与应用[M].北京:化学工业出版社,2012.

[3]丁会利,袁金凤,钟国伦,等.高分子材料及应用[M].北京:化学工业出版社,2012.

[4]樊美公,姚建年,等.光功能材料科学[M].北京:科学出版社,2015.

[5]何领好,王明花.功能高分子材料[M].武汉:华中科技大学出版社,2017.

[6]黄丽.高分子材料[M].2版.北京:化学工业出版社,2010.

[7]贾红兵,宋晔,杭祖圣.高分子材料[M].2版.南京:南京大学出版社,2013.

[8]江津河,王林同.典型高性能功能材料及其发展[M].北京:科学出版社,2018.

[9]姜左.功能材料基础[M].北京:中国书籍出版社,2012.

[10]焦剑.功能高分子材料[M].2版.北京:化学工业出版社,2016.

[11]李弘.先进功能材料[M].北京:化学工业出版社,2011.

[12]李继新.高分子材料应用基础[M].北京:中国石化出版社,2016.

[13]李坚,俞强,万同,等.高分子材料导论[M].北京:化学工业出版社,2014.

[14]李奇，陈光巨. 材料化学[M]. 2 版. 北京：高等教育出版社，2010.

[15]李青山. 功能高分子材料学[M]. 北京：机械工业出版社，2009.

[16]李延希，张文丽. 功能材料导论[M]. 长沙：中南大学出版社，2011.

[17]李垚. 新型功能材料制备原理与工艺[M]. 哈尔滨：哈尔滨工业大学出版社，2017.

[18]李长青，张宇民，张云龙，等. 功能材料[M]. 哈尔滨：哈尔滨工业大学出版社，2014.

[19]罗祥林. 功能高分子材料[M]. 北京：化学工业出版社，2010.

[20]马建标. 功能高分子材料[M]. 2 版. 北京：化学工业出版社，2010.

[21]强亮生. 新型功能材料制备技术与分析表征方法[M]. 哈尔滨：哈尔滨工业大学出版社，2017.

[22]汪济奎，郭卫红，李秋影. 新型功能材料导论[M]. 上海：华东理工大学出版社，2014.

[23]王国建. 功能高分子材料[M]. 2 版. 上海：同济大学出版社，2014.

[24]王慧敏. 高分子材料概论[M]. 2 版. 北京：中国石化出版社，2010.

[25]王澜. 高分子材料[M]. 北京：中国轻工业出版社，2013.

[26]王选伦. 高分子材料与应用[M]. 重庆：重庆大学出版社，2015.

[27]温变英. 高分子材料与加工[M]. 北京：中国轻工业出版社，2011.

[28]辛志荣，韩冬冰. 功能高分子材料概论[M]. 北京：中国石化出版社，2009.

[29]徐斌. 新型功能材料铁电材料、铁磁材料和热电材料的

研究[M]. 北京:中国水利水电出版社,2015.

[30]殷景华,王雅珍,鞠刚. 功能材料概论[M]. 哈尔滨:哈尔滨工业大学出版社,2017.

[31]尤俊华. 新型功能材料的制备及应用[M]. 北京:中国水利水电出版社,2016.

[32]于洪全. 功能材料[M]. 北京:北京交通大学出版社,2014.

[33]张春红,徐晓冬,刘立佳. 高分子材料[M]. 北京:北京航空航天大学出版社,2016.

[34]张骥华,施海瑜. 功能材料及其应用[M]. 2 版. 北京:机械工业出版社,2017.

[35]张留成,王家喜. 高分子材料进展[M]. 2 版. 北京:化学工业出版社,2014.

[36]赵文元,王亦军. 功能高分子材料化学[M]. 2 版. 北京:化学工业出版社,2013.

[37]周静. 功能材料制备及物理性能分析[M]. 武汉:武汉理工大学出版社,2012.

[38]周馨我. 功能材料学[M]. 北京:北京理工大学出版社,2011.